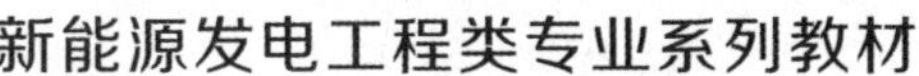

风力发电技术原理及应用

主编 ◎ 彭宽平

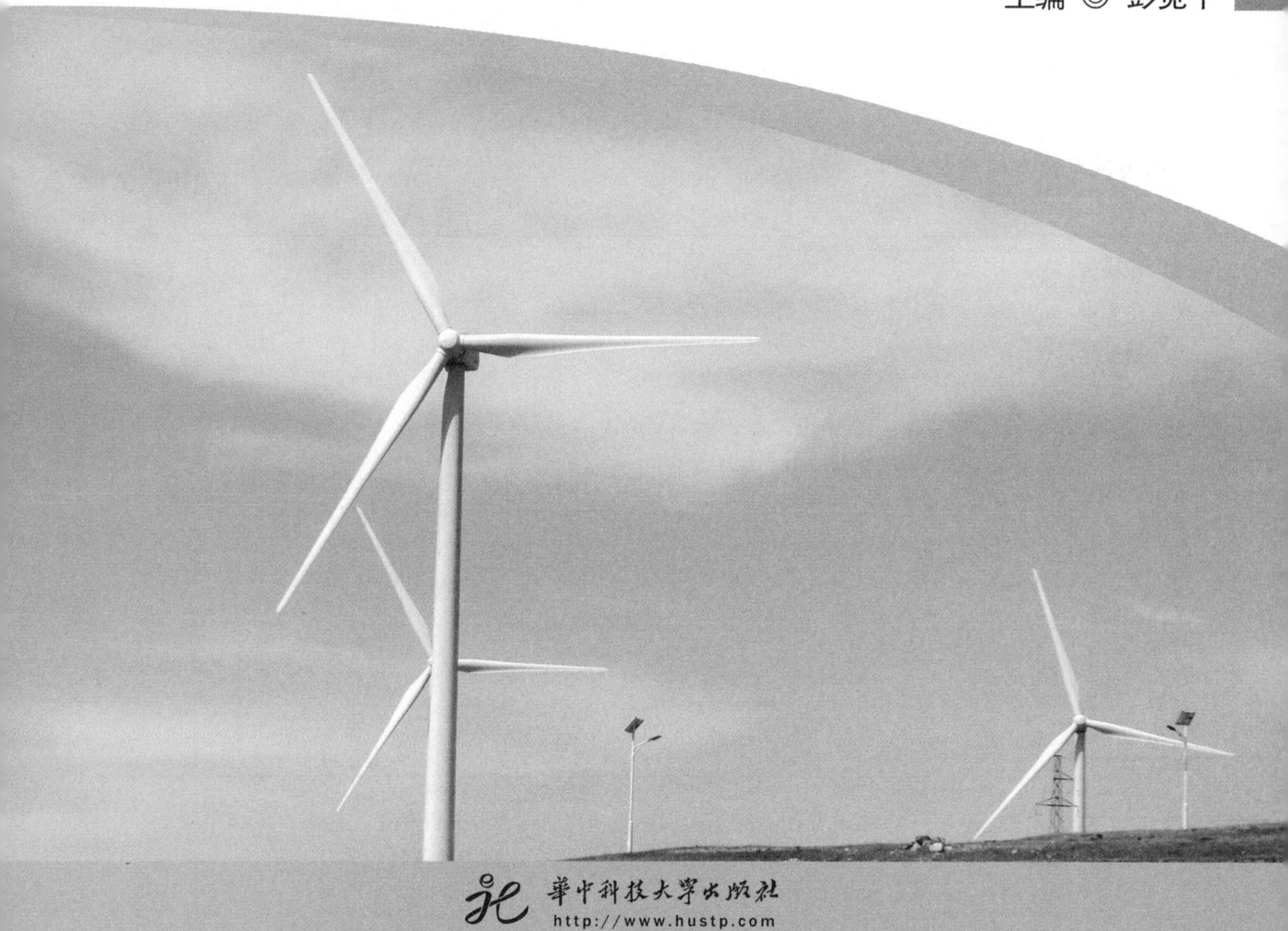

華中科技大學出版社
http://www.hustp.com
中国·武汉

内 容 简 介

本书主要介绍风力发电技术的基本知识，包括风与风能、风力机的空气动力学基础、风力机与风力发电机组、风力发电系统、储能装置、风力发电机组的控制系统、互补运行发电系统、海上风电场、偏远地区供电系统等。通过对本书的学习，学生能够对风力发电有全面的了解。

本书比较全面地介绍了风力发电的基本知识、基本理论和基本构成，并介绍了风力机、发电系统和其他各部分的组成和工作原理。本书图文并茂，语言通俗易懂，切合实际。

本书可作为应用型本科和高职高专风能与动力技术、机械制造、机电一体化、电气及其他相关专业学生的学习教材，也可作为相关教师和工程技术人员的参考用书，还可作为风力发电知识的普及读本。

图书在版编目(CIP)数据

风力发电技术原理及应用/彭宽平主编. —武汉：华中科技大学出版社，2022. 4
ISBN 978-7-5680-8094-1

Ⅰ. ①风… Ⅱ. ①彭… Ⅲ. ①风力发电 Ⅳ. ①TM614

中国版本图书馆 CIP 数据核字(2022)第 059441 号

风力发电技术原理及应用
Fengli Fadian Jishu Yuanli ji Yingyong

彭宽平 主编

策划编辑：张 毅
责任编辑：史永霞
封面设计：孢 子
责任监印：朱 玢

出版发行：华中科技大学出版社(中国·武汉) 电话：(027)81321913
武汉市东湖新技术开发区华工科技园 邮编：430223

录 排：华中科技大学惠友文印中心
印 刷：武汉开心印印刷有限公司
开 本：787mm×1092mm 1/16
印 张：12.5
字 数：336 千字
版 次：2022 年 4 月第 1 版第 1 次印刷
定 价：42.00 元

前言 QIANYAN

能源和环境问题是当今世界面临的重大问题。煤、石油等常规能源不仅资源有限，而且易对环境造成污染。新能源具有可持续性、清洁等特点，日益受到各国的重视，将成为未来能源的支柱。

在各类新能源中，风能作为一种清洁的可再生能源，是目前可再生能源中应用技术相对成熟，并具备规模化和商业化发展前景的一种能源形式。目前中国在风电发展方面继续领先，成为风电装机的最大市场。据国家能源局消息，目前中国风力发电装机总容量已突破3亿千瓦，占全国电源总装机比例约13％，发电量占全社会比例约7.5％。

为了适应我国风电行业的迅猛发展对高技能型人才的需求，应用型本科和高职高专院校陆续设置了新能源应用技术等相关专业，或者在相关专业开设了新能源课程。在此背景下，我们编写了本书。

本书主要介绍了风与风能、风力机的空气动力学基础、风力机与风力发电机组、风力发电系统、储能装置、风力发电机组的控制系统、互补运行发电系统、海上风电场、偏远地区供电系统等内容。在编写过程中，对各章节的内容做了较为合理的编排，内容全面，图文并茂，语言通俗易懂，方便教学。

本书第1～9章由彭宽平编写，第10章由邹建华参与编写。本书由彭宽平统稿和定稿。

本书在编写过程中得到了很多专家的指导和建议，在此表示衷心的感谢。

由于编者水平有限，书中难免存在错误和不当之处，敬请广大读者批评指正。

编　者

目录 MULU

第1章
绪论

1

本章概要

本章概括地叙述了能源的概念和分类，太阳能和风能的特点，风能的利用历史，风力发电的意义、特点及存在的问题，我国和世界风力发电的现状及发展趋势。

一、能源的概念

能源是人类活动的物质基础。从某种意义上讲，人类社会的发展离不开优质能源的出现和先进能源技术的使用。在当今世界，能源的发展、能源和环境，是全世界、全人类共同关心的问题，也是我国社会经济发展的重要问题。

"能源"这一术语，过去人们谈论得很少，正是两次石油危机（1973 年和 1979 年）使它成为人们议论的热点。能源是整个世界发展和经济增长的最基本的驱动力，是人类赖以生存的基础。自工业革命以来，能源安全问题就开始出现。在全球经济高速发展的今天，国际能源安全已上升到了国家的高度，各国都制定了以能源供应安全为核心的能源政策。在稳定能源供应的支持下，世界经济规模取得了较大增长。但是，人类在享受能源带来的经济发展、科技进步等利益的同时，也遇到了一系列无法避免的能源安全挑战，能源短缺、资源争夺以及过度使用能源造成的环境污染等问题威胁着人类的生存与发展。

那么，究竟什么是"能源"呢？关于能源的定义，目前约有 20 种。例如：《科学技术百科全书》说"能源是可从其获得热、光和动力之类能量的资源"；《不列颠百科全书》说"能源是一个包括所有燃料、流水、阳光和风的术语，人类用适当的转换手段便可让它为自己提供所需的能量"；《日本大百科全书》说"在各种生产活动中，我们利用热能、机械能、光能、电能等来做功，可利用来作为这些能量源泉的自然界中的各种载体，称为能源"；我国的《能源百科全书》说"能源是可以直接或经转换提供人类所需的光、热、动力等任一形式能量的载能体资源"。可见，能源是一种呈多种形式的，且可以相互转换的能量的源泉。

确切而简单地说，能源是自然界中能为人类提供某种形式能量的物质资源。

通常凡是能被人类加以利用以获得有用能量的各种来源都可以称为能源。

能源亦称能量资源或能源资源，是指可产生各种能量（如热量、电能、光能和机械能等）或可做功的物质的统称，也指能够直接取得或者通过加工、转换而取得有用能的各种资源，包括煤炭、原油、天然气、煤层气、水能、核能、风能、太阳能、地热能、生物质能等一次能源和电力、热力、成品油等二次能源，以及其他新能源和可再生能源。

清洁能源，即绿色能源，是指不排放污染物，能够直接用于生产生活的能源，包括核能和可再生能源。可再生能源是指原材料可以再生的能源，如水能、风能、太阳能、生物能（沼气、生物乙醇等）、地热能、海潮能等。可再生能源不存在能源耗竭的可能，因此，可再生能源的开发利用日益受到许多国家的重视，尤其是能源短缺的国家。

新能源的概念是与过去的石油、天然气等传统能源相对而言产生的。发展新能源，除了发展太阳能、生物能或风能等清洁能源或者可再生能源外，还包括发展核能。核能虽然几乎不排放污染物，但消耗铀燃料，不是可再生能源，且产生核废料，投资也较高，而且几乎所有的国家，包括技术和管理最先进的国家，都不能保证核电站的绝对安全。苏联的切尔诺贝利核事故和美国的三里岛核事故的影响都非常大，日本也出现过核泄漏事故，核电站尤其是战争或恐怖主义者袭击的主要目标，核电站遭到袭击后可能会产生严重的后果，所以目前发达国家都在缓建核电站，德国准备逐渐关闭目前所有的核电站，用可再生能源代替，但可再生能源的成本比其他能源的要高。不过在全球变暖的情况下，发展核能可以大量减少二氧化碳的排放，减少对化石能源的依赖，因此许多国家都在考虑大力发展核能。

可再生能源可以不受能源短缺的影响，但受自然条件的影响，如需要有水力、风力、太阳能等资源，而且最主要的是投资和维护费用高，效率低。目前，许多科学家正在积极寻找提高利用可再生能源效率的方法，相信随着地球资源的短缺，可再生能源将发挥越来越大的作用。

中国能源消费结构和中国未来能源构成变化趋势分别如图1-1和图1-2所示。

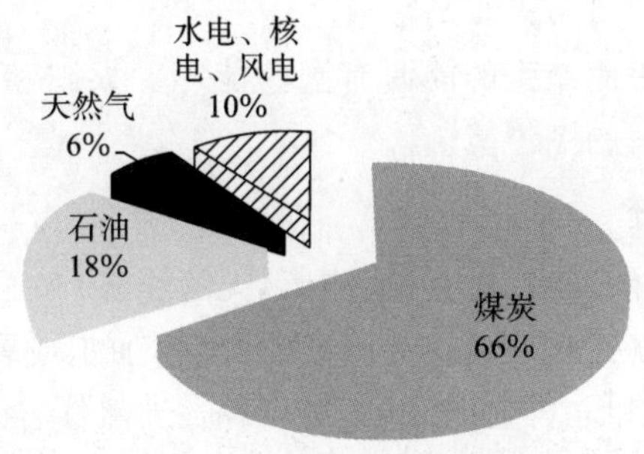

图1-1 中国能源消费结构

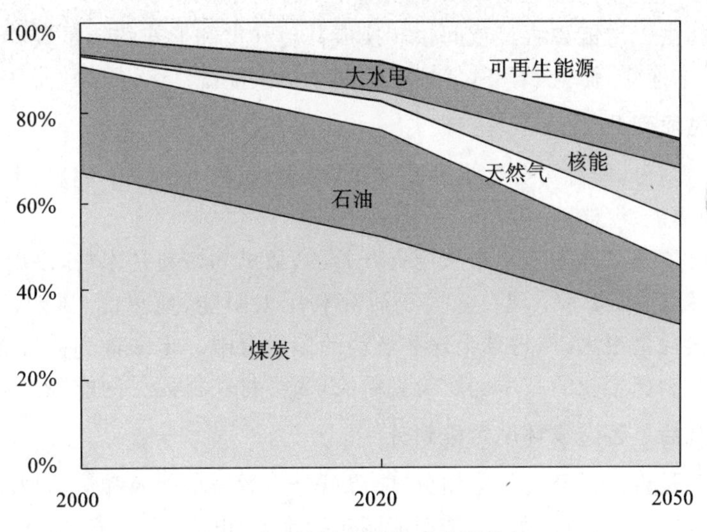

图1-2 中国未来能源构成变化趋势

二、能源的分类

能源种类繁多，而且经过人类不断的开发与研究，更多的新型能源已经开始能够满足人类需求。根据不同的划分方式，能源可分为不同的类型。

1. 按能源的来源划分

1）地球本身蕴藏的能源

地球本身蕴藏的能源通常指与地球内部的热能和原子核反应有关的能源，如原子核能、地热能等。温泉和火山爆发喷出的岩浆就是地热的表现。地球可分为地壳、地幔和地核三层，它是一个大热库。地壳就是地球表面的一层，厚度一般为几千米至70千米不等。地壳下面是地幔，它大部分是熔融状的岩浆，厚度为2900千米。火山爆发一般是这部分岩浆喷出。地球内部为地核，地核的中心温度为2000摄氏度。可见，地球的地热资源储量很大。

2）来自地球外部天体的能源（主要是太阳能）

地球外部天体除直接辐射外，还为风能、水能、生物能和矿物能等的产生提供基础。人类所需能量的绝大部分都直接或间接地来自太阳。正是各种植物通过光合作用把太阳能转变成化学能在植物体内储存下来。煤炭、石油、天然气等化石燃料也是由古代埋在地下的动植物经过漫长的地质年代而形成的，它们实质上是由古代生物固定下来的太阳能。此外，水能、风能、波浪能、海流能等也都是由太阳能转换来的。

3)地球和其他天体相互作用而产生的能源

地球和其他天体相互作用而产生的能源有潮汐能等。太阳和月亮等星球对大海的引潮力所产生的涨潮和落潮拥有巨大的潮汐能。

2. 按能源的基本形态划分

按能源的基本形态划分，能源可分为一次能源（天然能源）和二次能源（人工能源）。

一次能源是指自然界中以天然形式存在，且没有经过加工或转换的能量资源，包括可再生能源（水能、风能及生物质能）和非再生能源（煤炭、石油、天然气、油页岩等）。其中水能、石油和天然气这三种能源是一次能源的核心，它们成为全球能源的基础。除此以外，太阳能、地热能、海洋能以及核能等可再生能源也属于一次能源。

二次能源是指由一次能源直接或间接转换成其他种类和形式的能量资源，例如电力、煤气、汽油、柴油、焦炭、洁净煤、激光和沼气等能源都属于二次能源。

3. 按能源的性质划分

按能源的性质划分，能源可分为燃料型能源（煤炭、石油、天然气、泥炭、木材）和非燃料型能源（水能、风能、地热能、海洋能）。

人类利用自己体力以外的能源是从用火开始的，最早的燃料是木材，以后用各种化石燃料，如煤炭、石油、天然气、泥炭等。现在人类正研究利用太阳能、地热能、风能、潮汐能等新能源。当前化石燃料的消耗量很大，但地球上这些燃料的储量有限。未来铀和钍将提供世界所需的大部分能量。一旦控制核聚变的技术问题得到解决，人类将获得无尽的能源。

4. 按能源消耗后是否造成环境污染划分

按能源消耗后是否造成环境污染划分，能源可分为污染型能源和清洁型能源。

污染型能源包括煤炭、石油等，清洁型能源包括水力、电力、太阳能、风能以及核能等。

5. 按能源的使用类型划分

按能源的使用类型划分，能源可分为常规能源和新型能源。

利用技术比较成熟、使用比较普遍的能源叫作常规能源。常规能源包括一次能源中的可再生的水力能源和不可再生的煤炭、石油、天然气等能源。新型能源是相对于常规能源而言的，新近利用或正在着手开发的能源叫作新型能源，包括太阳能、风能、地热能、海洋能、生物质能，以及用于核能发电的核燃料等能源。由于新型能源的能量密度较小，或品位较低，或具有间歇性，按已有的技术条件转换利用的经济性尚差，还处于研究、发展阶段，只能因地制宜地开发和利用，但新型能源大多是可再生能源，资源丰富，分布广阔，是未来的主要能源之一。

6. 按能源的形态特征或转换与应用的层次划分

世界能源委员会推荐的能源类型有固体燃料、液体燃料、气体燃料、水能、电能、太阳能、生物质能、风能、核能、海洋能和地热能。其中，前三种能源类型统称为化石燃料或化石能源。已被人类认识的上述能源，在一定条件下可以转换为人们所需的某种形式的能量。比如薪柴和煤炭，把它们加热到一定温度，它们能和空气中的氧气化合并放出大量的热能。我们可以用热来取暖、做饭或制冷；也可以用热来产生蒸汽，用蒸汽推动汽轮机，使热能转变成机械能，还可以用汽轮机带动发电机，使机械能转变成电能。如果把电送到工厂、企业、机关、农牧林区和住户，它又可以转换成机械能、光能或热能。

7. 商品能源和非商品能源

凡进入能源市场作为商品销售的，如煤炭、石油、天然气和电等，均为商品能源。国际上的统计数字均限于商品能源。非商品能源主要是指薪柴和农作物残余(秸秆等)。

8. 可再生能源和非再生能源

人们对一次能源进一步加以分类。凡是可以不断得到补充或能在较短周期内再产生的能源称为可再生能源，反之则称为非再生能源。风能、水能、海洋能、潮汐能、太阳能和生物质能等是可再生能源；煤炭、石油和天然气等是非再生能源。地热能基本上是非再生能源，但从地球内部巨大的蕴藏量来看，它又具有再生的性质。核能的新发展将使核燃料循环而具有增值的性质。核聚变能比核裂变能高出 5～10 倍，核聚变最合适的燃料重氢(氘)又大量地存在于海水中，可谓“取之不尽，用之不竭”。核能是未来能源系统的支柱之一。

随着全球各国经济发展对能源需求的日益增加，现在许多发达国家都更加重视对可再生能源、环保能源以及新型能源的开发与研究；同时我们也相信，随着人类科学技术的不断进步，专家们会不断开发、研究出更多的新能源来代替现有能源，以满足全球经济发展与人类生存对能源的高度需求，而且我们能够预计地球上还有很多尚未被人类发现的新能源正等待我们去探寻与研究。

三、太阳能和风能的特点

太阳能和风能是大自然馈赠给我们的两种最重要的天然能源，也是取之不尽的可再生的清洁能源。太阳能是地球上一切能源的来源，没有太阳，世间万物都将不复存在，而风能则是太阳能在地球表面的另外一种表现形式。地球表面的不同形态(如沙土地面、植被地面和水面)对太阳光照的吸热系数不同，从而在地球表面形成温差，这种温差就可形成空气对流，即风能。

1. 太阳能和风能的优点

太阳能和风能是目前应用得比较广泛的两种可再生的清洁能源。太阳能和风能与其他常规能源相比，在利用上具有以下优点。

1)取之不尽，用之不竭

太阳内部由于氢核的聚变热核反应，会释放出巨大的光和热，这就是太阳能的来源。在氢核聚变产能区中，氢核稳定燃烧的时间可在 60 亿年以上。也就是说，太阳能至少还可像现在这样有 60 亿年的利用时间，故人们常用“取之不尽，用之不竭”来形容它的长久性。尤其在常规能源越来越少的情况下，太阳能的这一特点对人们具有极大的吸引力。太阳辐射出的能量，地球上仅获得二十万分之一，其余部分都散失到太空中了。即使这样，其能量也是很可观的。地球表面一年仍可获得 7.034×10^{24} J 的能量，它相当于燃烧 200 万亿吨煤炭所释放出的巨大热量。

2)就地可取，不需运输

矿物能源煤炭和石油的分布不均匀和工业布局的不均衡，造成了煤炭和石油运输的不均衡。这些能源开采后必须通过长途运送到目的地，这给交通运输带来了压力。即使能够靠电网供电，但在一些高山、孤岛、草原和高原等电网不易到达的地方，充分利用清洁能源会带来方便。

3)分布广泛，分散使用

虽然太阳能和风能的分布也有一定的局限性，但与矿物能、水能和地热能等相比较，仍可视其为分布较广的一种能源。如世界石油资源在地球上的分布极不均匀，世界探明的石油储量，仅在中东地区就占世界总储量的 57%，而有些消耗石油较多的国家拥有的石油储量和产量却相对较少，有的甚至不生产石油。煤炭资源的分布也极为不均匀。世界煤炭资源绝大部分埋藏在北纬 30°以上的地区，俄罗斯、美国和中国所拥有的煤炭资源约占世界煤炭储量的 90%。

4）不污染环境，不破坏生态

人类利用矿物燃料的过程中，必然会排放出大量的有害物质，使人类赖以生存的环境受到破坏和污染。大气污染的主要原因是矿物燃料的大量使用。特别是将煤炭作为燃料，每年要排出几亿吨煤渣，排放大量的煤尘或有害气体到大气中去，仅以 SO_2 而论，全世界每年的排放量就有几千万吨。大气中的另一个有害物质是 CO_2，它也是矿物燃料在燃烧过程中排放出来的。此外，新型能源中的水能、电能、核能、地热能等在开发利用过程中，也都存在一些不能忽视的环境问题。但太阳能和风能在利用过程中则不会给大气带来污染，也不会破坏生态环境。

5）周而复始，可以再生

在自然界可以不断生成并有规律地得到补充的能源，称为可再生能源，太阳能和风能就属于这种能源。煤炭、石油和天然气等是经过几十亿年形成的，短期是无法生成的。当今世界消耗石油、天然气和煤炭的速度比大自然生成它们的速度要快一百万倍，也就是说，几十亿年生成的矿物能源在几个世纪就会被消耗掉。

2. 太阳能和风能的缺点

太阳能和风能尽管在利用上具有以上优点，但也存在以下缺点。

1）能量密度低

空气的密度在标准状况下为 1.29 kg/m^3，仅为水密度的 1/773，所以在风速为 3 m/s 时，其能量密度为 0.02 kW/m^2，水流速为 3 m/s 时，能量密度为 20 kW/m^2。在相同的流速下，要获得与水能同样大的功率，风轮的直径应为水轮的 27.8 倍。太阳能的能量密度，在晴天白天平均为 1 kW/m^2，在夜间平均为 0.16 kW/m^2，也很低，故必须安装具有相当大的受光面积的太阳能板，才能采集到足够的功率。所以不论是太阳能还是风能，都是一种能量密度极其小的能源，也就是说单位面积上所获得的能量小，而且还不能像水那样可以用水库来控制、积蓄起来，所以其利用具有一定困难。

2）能量不稳定

太阳能、风能对天气和气候非常敏感，所以它们是一种随机能源。虽然各地区的太阳辐射和风的特性在一段较长时间内大致上有一定的统计规律可循，但是其强度无时无刻不在变化，不但各年间有变化，甚至在很短时间内也有无规律的脉动变化。太阳能还有昼夜规律的变化。这种时大时小的不稳定性为其使用带来了很大的困难。

由于存在以上困难，所以要想把这两种能源转变为经济而又可靠的电能，存在着很多技术难题，这也是几个世纪以来太阳能和风能一直发展缓慢的原因。但是，随着现代科学技术的发展，太阳能和风能的利用在技术上有了突破，很多相关产品已经进入商业性应用领域。

四、风能的利用历史

风能是一种可再生的滔滔能源，是太阳能的一种转化形式。风能是人类利用历史最悠久的能源和动力之一，如风力磨坊、风力提水、风帆助航，以及后来的风力发电等。

1. 风力发电技术出现以前的风能利用

风能利用已有数千年的历史。风能最早的利用方式是“风帆行舟”。我国是最早使用帆船和风车的国家之一。我国在商代就出现了帆船，明代航海家郑和七下西洋，开创了中国辉煌的风帆时代。同时，风车也得到了广泛的使用，人们利用风车驱动水车灌溉农田。沿海地区利用风力提水灌溉和制盐的做法一直延续到 20 世纪 50 年代。古代波斯和中国的垂直轴风车如图 1-3 所示。

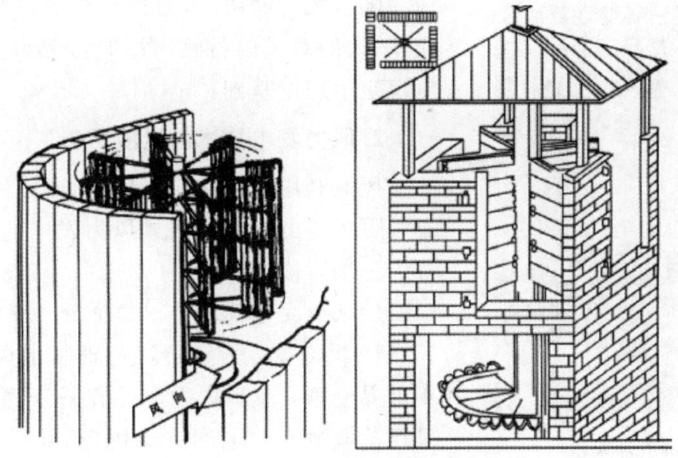

图 1-3 古代波斯和中国的垂直轴风车

在国外，约公元前 200 年，波斯人也开始利用垂直轴风车碾米。10 世纪，伊斯兰人利用风车提水；到 11 世纪，风车广泛应用在中东地区；13 世纪风车技术传到欧洲；14 世纪风车成为欧洲不可缺少的原动机。

风力磨坊是当时最具代表性的利用风能的风力机械。早期的风力磨坊通常有四个叶片，并且垂直于主风向安装，叶片不能自动跟踪风向，风能不能得到充分利用。为了解决叶片自动对风的问题，德国人发明了一种栅架式风力磨坊，如图 1-4 所示。栅架固定在地面上，叶片和风力磨坊的主体建筑由栅架支承，并且叶片可以随风向转动，但这种风力磨坊的造价很高。

图 1-4 德国栅架式风力磨坊

风力提水机也是早期人们广泛使用的风力机械。10 世纪伊斯兰人就利用风车提水。19 世纪的欧洲大约有数十万台风力提水机，风轮直径最大可达 25 m，功率为 30 kW。特别是 19 世纪的美国，有数百万台多叶片风力提水机，风轮直径为 3～5 m，功率为 0.5～1 kW，如图 1-5 所示。由于叶片数量较多，风轮转速较低，能够产生较大的转矩，因此可以直接驱动恒定转矩的水泵。在风轮的背风面安装一块尾翼，从而保证风轮旋转平面和风向垂直。当尾翼转动90°时，风轮和风向平行，风力提水机停止运行。

图 1-5　风力提水机

随着风力磨坊、风力提水机等一些风力机械的广泛应用，人们对风的特性有了进一步认识，从而为风力发电奠定了理论基础。

2. 风力发电技术的发展历史

风能利用具有悠久的历史，而将风能用于发电却只有一百多年的时间。回顾风力发电的发展历程，大致可分为三个阶段。

1）风力发电技术的创始阶段

19世纪末，丹麦人首先研制了风力发电机。1891年世界上第一座风力发电站在丹麦建成，该风力发电站采用蓄电池充放电的方式供电，获得了成功，并得到了推广。丹麦人研制的风力发电机组如图1-6所示。到1910年，丹麦已建成100座容量为5～25 kW的风力发电站，风力发电量占全国总发电量的1/4。从1891年至1930年，小容量的风力发电机组技术已经基本成熟，并得到了广泛的推广和应用。

2）风力发电技术的徘徊发展阶段

20世纪30年代初到60年代末为风力发电的第二个发展阶段，此时风力发电处于徘徊阶段。在这一阶段，美国、丹麦、英国、法国等欧美国家开始大力研发技术相对复杂的大、中型风力发电机组，渴望探索到廉价的能源。

图 1-6　丹麦人研制的风力发电机组

美国在20世纪30年代还有许多电网未到达的地区，独立运行的小型风力发电机组在实现农村电气化方面起了很大作用。当时的风力发电机组多采用木制叶片、固定轮毂和侧偏尾舵调速，单机容量的范围为0.5～3 kW，其结构如图1-7所示。

对于如何将风力发出的电送入常规电网，科技工作者曾经做过许多尝试。美国制造的1250 kW的风力发电机组，其风轮直径为53 m，安装在佛蒙特州，于1941年10月作为常规电站并入电网，后因一个叶片在1945年3月脱落而停止运行。

另外，法国、苏联和丹麦也研制过百千瓦级的风力发电机组，其中对后来的风力发电机组技术的发展产生过重要影响的是丹麦200 kW Gedser风力发电机组，它从1957年运行到1966年，平均年发电量为45万千瓦时。该风力发电机组采用异步发电机、定桨距风轮和叶片端部有制动翼片的结构，后来这种结构方式成为丹麦风力发电机组的主流，在市场上获得了巨大成功。丹麦采用异步发电机、定桨距风轮和叶片端部有制动翼片结构的风力发电机组如图1-8所示。

3）风力发电技术的迅猛发展阶段

20世纪70年代到80年代中期，美国、英国和德国等国的政府投入巨资开发单机容量在1000 kW以上的风力发电机组，承担该课题的都是著名的大企业，如美国波音公司研制的单机容量为2500 kW的风力发电机组的风轮直径约为100 m，塔高为80 m，安装在夏威夷的瓦胡

图 1-7　美国采用木制叶片的小型风力发电机组

图 1-8　丹麦采用异步发电机、定桨距风轮和叶片端部有制动翼片结构的风力发电机组

岛。1983 年，波音公司研制的 MOD-5b 型风力发电机组投入运行，其额定功率为 3200 kW，风轮直径达 98 m，如图 1-9 所示。英国的宇航公司和德国的 MAN 公司分别研制了 3000 kW 的风力发电机组，但是这些巨型的风力发电机组都未能正常运行，因为其发生故障后维修非常困难，经费也难以维持，所以没有能够发展成商业风力发电机组，未能形成一个适应市场需求的风力发电机组制造产业。

20 世纪 90 年代初，丹麦维斯塔斯公司生产了一台 55 kW/11 kW 的风力发电机组，其技术先进，可靠性高。由于选用了两种不同功率的电机，因而在低风速和高风速时风能都能得到充分的利用，因此该风力发电机组被称为现代风力发电机组的雏形。

我国利用风力发电始自 20 世纪 70 年代，发展微小型风力发电机，为内蒙古、青海的牧民提水饮用及发电照明，容量在 50～500 W 不等，制造技术成熟。但是我国大、中型风力发电机组的发展起步较晚，直到 20 世纪 80 年代才开始自行研制。首次尝试研制中型 18 kW 的风力发电机组是在 1977 年，当时研制的 FD13-18 型风力发电机组[水平轴，三叶片(直升机退役桨叶)的直径为 15.6 m，额定功率为 18 kW 的半导体励磁恒压三相同步发电机]，安装在浙江省景宁县英川镇茶园村的山上。由国内 8 家单位联合研制的中国首台大型 200 kW 的风力发电机组在浙江省苍南县矾山镇鹤顶山完成 2000 h 的运行试验。

2005 年我国通过《中华人民共和国可再生能源法》后，风力发电产业迎来了加速发展期。

据统计，2016 年我国风力发电新增装机容量为 1930 万千瓦，累计并网装机容量达到 1.49 亿千瓦。我国研制的 600 kW 的风力发电机组如图 1-10 所示。

五、风力发电的意义、特点及存在的问题

1. 风力发电的意义

目前全球每年的风能大约相当于每年耗煤能量的 1000 倍以上，其能量大大超过水能，也大于固体燃料和液体燃料能量的总和。风能的特点是分布范围广，能量密度较小，因多处于大气的自由运动状态而稳定性较差。

在各种能源中，风能是利用起来比较简单的一种，它不同于煤炭、石油、天然气，需要从地下挖采出来，运送到火力发电厂的锅炉设备中去燃烧；也不同于水能，必须建造坝来推动水轮机运转；也不像原子能那样，需要昂贵的装置和防护设备。风能由于利用简单且机动灵活，因此有着

图 1-9　波音公司研制的额定功率为 3200 kW、风轮直径为 98 m 的风力发电机组

图 1-10　我国研制的 600 kW 的风力发电机组

广阔的前途。特别是在缺乏水力资源、燃料和交通不方便的沿海岛屿、山区和高原地带，都具有速度很大的风，这是很宝贵的能源，如果能利用起来用于发电，对当地人民的生活和生产都会很有利。

风能的重要优势在于，风本身不含任何污染物，风能是一种清洁能源。在风电生产过程中既不会产生任何污染物，也不会造成太多的内部能量损耗。同时，由于风能属于天然资源无处不在，无时不有，因此其开发成本十分经济，属于一种节能、环保、廉价型的优质能源。

2. 风力发电的特点

风力发电的突出优点是环境效益好，不排放任何有害气体和废弃物。风电场虽然占了大片土地，但是风力发电机组基础使用面积很小，不影响农田和牧场的正常生产。多风的地方往往是荒滩或山地，建设风电场的同时也开发了旅游资源。

1)风力发电利用的是可再生的清洁能源

风能是一种可再生的清洁能源，风力发电不消耗资源，不污染环境，这是其他常规能源发电(煤电、油电)所无法比拟的优点。

2)建设周期短

风力发电场的建设周期短，单台风力发电机组的安装仅需几周，从土建、安装到投产，一万千瓦级的风力发电场的建设周期只需半年到一年时间。

3)投资规模灵活

风力发电系统投资规模灵活，有多少钱就装多少台机，可根据资金情况决定一次装机规模，有了一台的资金就可以加装一台。

4)可靠性高

风力发电技术日趋成熟，把现代高科技应用于风力发电机组，使风力发电的可靠性大大提高。大、中型风力发电机组的可靠性已达 98%，机组寿命可达 20 年。

5)运行维护简单

风力发电机组的自动化水平很高，完全可以无人值守，只需定期进行必要的维护，不存在火力发电大修问题。

6)发电方式多样化

风力发电既可并网运行,也可与其他能源发电(如光伏发电、柴油发电、水力发电)组成互补运行的发电系统,还可以独立运行,如建在孤岛、海滩或边远沙漠等荒凉不毛之地,这对于解决远离电网地区的用电问题、脱贫致富可发挥重大作用。

由于风速是随时变化的,风力发电的不稳定性会给电网带来一定的影响。目前许多电网都建设有调峰用的抽水蓄能电站,使风力发电的这个缺点可以得到克服。

3. 风力发电存在的问题

1)发电成本高

目前,世界风力发电的成本已达到6美分/(kW·h)以下,达到3美分/(kW·h)时就与火力发电的成本相当。风力发电成本较高的主要原因是风力发电机组的生产制造成本较高以及风力发电机组在运行时的维护费用较高。

2)生产制造成本高

1980年以前,美国中小型风力发电机组的生产制造成本为2000~5000美元/kW。风力发电机组生产技术先进的丹麦,中小型风力发电机组的生产制造成本为1750~2500美元/kW。大型风力发电机组的生产制造成本较中小型风力发电机组的生产制造成本低。美国大型风力发电机组的生产制造成本为1350~3500美元/kW,丹麦为1380~3000美元/kW。由于风力发电机组装机容量的不断增加以及工业发达国家风力发电机组的商品化,风力发电机组的生产制造成本逐年降低,至1999年,工业发达国家已将风力发电机组的生产制造成本降低到500~1500美元/kW,达到500美元/kW时就与火力发电机组的生产制造成本相当。

3)风力发电机组存在的一些质量问题

(1)风力发电机组的寿命还难以达到20~30年。

(2)叶片断裂、控制系统失灵等事故还时有发生。

4)抗干扰性问题有待解决

(1)风力发电机组转动的叶片切断空气及叶片转动与空气再结合在一起时所发出的噪声。

(2)金属叶片或金属梁复合叶片在转动时会对距离近的电视造成重影或条纹状干扰。

5)风力发电机组其他有待解决的问题

(1)还应继续降低风力发电机组的生产制造成本和发电成本。

风力发电机组的生产制造成本应降低到500美元/kW以下,以形成与火力发电投资的竞争能力;同时应提高风力发电机组运行时的可靠性和寿命,以降低风力发电成本。

(2)提高风力发电机组的质量,以保证风力发电机组运行时的可靠性及耐久性。

应研制疲劳强度高、重量轻的复合材料,以解决叶片断裂问题;提高控制系统的可靠性,以减少维护费用,提高风力发电机组的利用率,降低风力发电成本;提高风力发电机组的综合质量,以使风力发电机组的寿命达到20年以上。

(3)风力发电机组机用蓄电池的攻关。

单机使用的风力发电机组急需大容量、小体积、高效率、免维护、寿命长、价格低的蓄电池,以满足风力发电机组无风不能发电而需供电的要求。

六、风力发电的现状

1. 世界风力发电的现状

风力发电是目前世界上增长最快的能源,装机容量持续每年增长超过20%。

1)风力发电装机容量不断增加

根据全球风能理事会(GWEC)日前发布的数据,2017 年全球新增风力发电装机容量 52.573吉瓦,到 2017 年底全球累计风力发电装机容量为 539.581 吉瓦。

2017 年底,在全球新增装机容量中,中国新增 19.500 吉瓦(占 37.1%)、美国新增 7.017 吉瓦(13.3%)、德国新增 6.581 吉瓦(12.5%)、英国新增 4.270 吉瓦(8.1%)、印度新增 4.148 吉瓦(7.9%)、巴西新增 2.022 吉瓦(3.8%)、法国新增 1.694 吉瓦(3.2%)、土耳其新增 0.766 吉瓦(1.5%)、墨西哥新增 0.478 吉瓦(0.9%)、比利时新增 0.467 吉瓦(0.9%)。以上 10 个国家的新增风力发电装机容量为 46.943 吉瓦,占 2017 年全球新增装机容量的 89.3%,世界其他国家新增风力发电装机容量合计为 5.630 吉瓦(10.7%)。2017 年世界各地区新增风力发电装机容量市场份额如图 1-11 所示,2017 年世界累计风力发电装机容量前 10 名国家如图 1-12 所示,2017 年世界累计风力发电装机容量如图 1-13 所示。

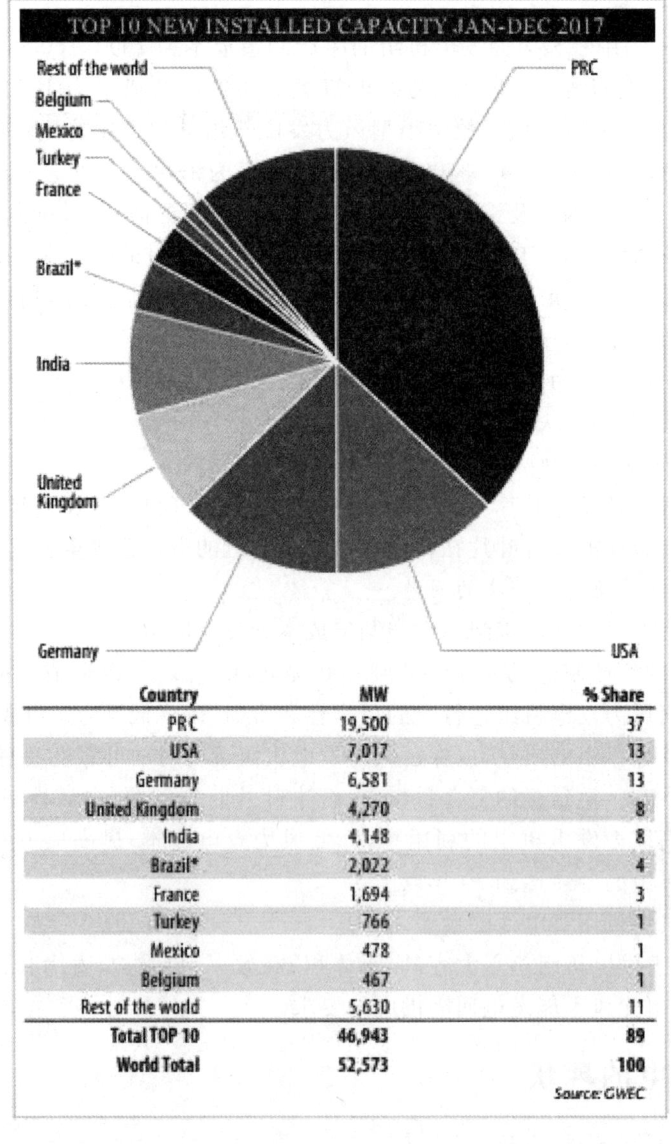

Country	MW	% Share
PRC	19,500	37
USA	7,017	13
Germany	6,581	13
United Kingdom	4,270	8
India	4,148	8
Brazil*	2,022	4
France	1,694	3
Turkey	766	1
Mexico	478	1
Belgium	467	1
Rest of the world	5,630	11
Total TOP 10	**46,943**	**89**
World Total	**52,573**	**100**

图 1-11　2017 年世界各地区新增风力发电装机容量市场份额

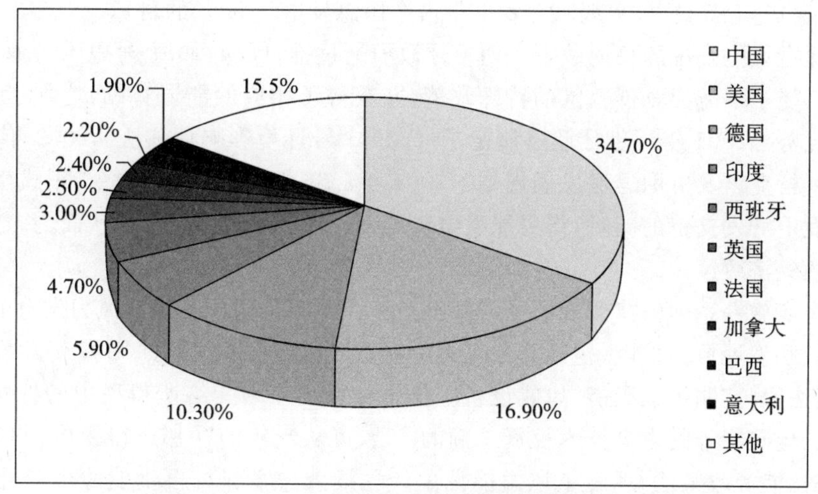

图 1-12 2017 年世界累计风力发电装机容量前 10 名国家

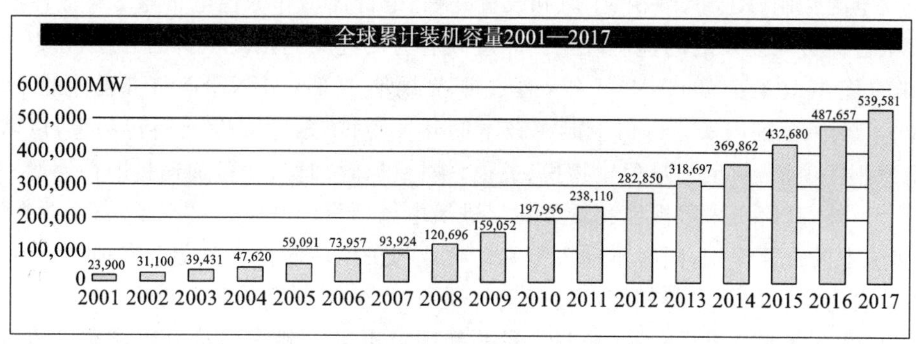

图 1-13 2017 年世界累计风力发电装机容量

2)风电投资和成本持续下降

全球风能理事会研究认为，风力发电成本下降，60%依赖于规模化发展，40%依赖于技术进步。根据欧洲风能协会的计算，陆上风力发电的投资成本为 800～1150 欧元/kW·h，发电成本为 4～7 欧分/kW·h；海上风力发电的投资成本为 1250～1800 欧元/kW·h，发电成本为7.1～9.6 欧分/kW·h。

3)政府支持仍然是风力发电发展的主要动力

德国出台促进风力发电入市政策。德国 1991 年通过了《电力入网法》，明确了风力发电“强制入网”“全部收购”“规定电价”三个原则；2000 年实施了《可再生能源法》，规定电力运营商必须无条件地以政府制定的保护价购买利用可再生能源电力，并有义务以一定价格向用户提供可再生能源电力，政府根据运营成本的不同对运营商提供金额不等的补助。在此基础上，政府还制定了市场促进计划，以优惠贷款及补助等方式扶助可再生能源进入市场。

英国实施风电到户计划。2007 年 12 月，英国政府宣布《全面风力发电计划》，将在英国沿海地区安装 7000 座风力发电机，预计 2020 年将实现家家户户使用风电。

法国制定风电发展计划。法国政府一直采取投资贷款、减免税收、保证销路、政府定价

等措施，扶持企业投资风能等可再生能源技术应用项目。2004 年法国政府制定了《风力发电的中期发展计划》。

丹麦确立风电长期发展目标。2006 年，丹麦政府在能源法规中提出 2030 年以前丹麦风力

发电装机容量将达 5.5 GW，实现风力发电量占全国总发电量 50%的目标。

西班牙确定风能发展的长期政策。西班牙政府通过推行《54/1997 号电力行业法》，使可再生能源发展享受了不需要竞价上网的特殊政策，并获得了相应的能源补贴，增加了与其他一次能源的竞争优势。2001 年西班牙政府制定了《6/2001 号环境影响评估法》，2002 年经济部通过了《电力、燃气行业以及电网运输发展规划》，2004 年《436/2004 号皇家法令》正式生效，在加大信贷对风力发电开发支持的同时，将风能发电量与 CO_2 排放权直接挂钩，从而为未来风能发展确定了长期的经济政策。

美国政府实施一系列法律法规及经济激励措施。美国是现代联网型风力发电的起源地，也是最早制定鼓励发展风力发电（包括其他可再生能源发电）法规的国家。1978 年美国政府实施的《能源税收法》规定购买太阳能、风能设备所付金额在当年须交纳所得税中的抵扣额度，同时太阳能、风能、地热能等的发电技术投资总额的 25%可从当年的联邦所得税中抵扣；1992 年美国政府实施的《能源政策法》规定了风力能源生产税抵减法案和可再生能源生产补助；2004 年能源部推出《风能计划》，着力引导科研向海上风力发电开发等新型应用领域发展，并通过了可再生能源发电配额制（RPS）、减税、生产和投资补贴、电价优惠和绿色电价等多种法律法规。

印度出台促进风能发展的优惠政策。印度政府为促进风能相关项目的开发，在财政方面出台了特殊的优惠政策：1994—1996 年，通过非常规能源部（MINES）和可再生能源开发署（JREDA），在全国范围内实施可再生能源技术的开发与推广，设立专项周转基金，以软贷款的形式资助商业性项目，制定了减免货物税、关税、销售税、附加税、设备加速折旧待遇等一系列刺激性政策。另外，政府历来重视以租赁形式促进风电场项目的开发，并发挥私营企业在《风力发电计划》实施中的重要作用，同时推动大型私营企业与机构转向投资风能开发项目。

日本政府为加速风能等新型能源的开发与利用，相继颁布了一系列的政策与法律。

中国自 2005 年起相继出台了《中华人民共和国可再生能源法》《可再生能源发电有关管理规定》《可再生能源发电价格和费用分摊管理试行办法》《可再生能源电价附加收入调配暂行办法》《可再生能源中长期发展规划》《节能发电调度办法（试行）》《国民经济和社会发展第十一个五年规划纲要》《可再生能源与新能源国际科技合作计划》《可再生能源发展"十三五"规划》等多项扶持新型能源产业发展的政策。

4）海上风力发电的发展现状

在欧洲，因为风能资源丰富的陆地面积有限，过多地安装巨大的风力发电机组会影响自然景观，而海岸线附近的海域风能资源丰富，面积辽阔，适合更大规模地开发风力发电。

欧盟是海上风力发电发展的倡导者。2017 年全球新增海上风力发电装机容量达 3.3 吉瓦，累计装机容量接近 17 吉瓦，另外还有 7.9 吉瓦还在筹备中。2017 年底欧洲累计海上风力发电装机容量达到 15.8 吉瓦，仅 2017 年就增长了 25%，全球累计装机容量接近 17 吉瓦，欧洲海上风力发电装机容量占全球海上风力发电装机容量的 93%。

2. 中国风力发电的现状

由于中国幅员辽阔，海岸线长，拥有丰富的风能资源，年平均风速在 6 m/s 以上的内陆地区约占全国总面积的 1%，仅次于美国和俄罗斯，居世界第 3 位，但地形条件复杂，因此风能资源的分布并不均匀。据中国气象科学研究院对全国 900 多个气象站的测算，陆地风能资源的理论储量为 32.26 亿千瓦，可开发的风能资源储量为 2.53 亿千瓦，主要集中在北部地区，包括内蒙古、甘肃、新疆、黑龙江、吉林、辽宁、青海、西藏以及河北等。风能资源丰富的沿海及其岛屿，风能可开发量约为 10 亿千瓦，主要分布在辽宁、河北、山东、江苏、上海、浙江、福建、广东、广西和海南等。北部地区由于地势平坦、交通便利,因此有利于建设一片大规模的风电场,例如新疆的达坂城风电场和内蒙古的辉腾锡勒风电场(见图 1-14)等。

图 1-14　内蒙古的辉腾锡勒风电场

我国的风力发电始于 20 世纪 50 年代后期,主要是海岛和偏僻的农村牧区等电网无法到达的地区采用。在此期间,我国在吉林、辽宁、新疆等省(自治区)建立了单台容量在 10 kW 以下的小型风电场,但后来处于停滞状态。

到了 20 世纪 70 年代,我国发展了微小型风力发电机,为内蒙古、青海等地的牧民提水饮用及发电照明,容量为 50～500 W,制造技术比较成熟。但是,大、中型风力发电机直到

20 世纪 80 年代才开始自行研制,起步较晚。

1986 年,在山东荣成建成了我国第一座并网运行的风电场,从此我国并网运行的风电场建设进入了探索和示范阶段。在此期间,风力发电项目规模小、单机容量小,共建立了 4 个风电场,安装风力发电机组 32 台,最大单机容量为 200 kW,总装机容量为 4.215 MW,平均年新增装机容量仅为 0.843 MW。

1991—1995 年,示范项目取得成效并逐步推广,共建立了 5 个风电场,安装风力发电机组 131 台,装机容量为 33.285 MW,最大单机容量为 500 kW,平均年新增装机容量为 6.097 MW。

1996 年 3 月,国家计划委员会制定了"乘风计划",就是采取技贸结合的方式,旨在引进、消化、吸收国外先进技术,实现 300 kW、600 kW 的大型风力发电机组的国产化,加速风电场的建设。由此,我国开始扩大风电场的建设规模,风力发电事业发展速度加快,平均年新增装机容量为 61.8 MW,最大单机容量达 1300 kW。

1997 年 5 月 7 日,由国家计划委员会牵头的"中国光明工程"开始进入实施阶段。"中国光明工程"的总目标为:到 2010 年,利用风力发电技术和光伏发电技术解决 2300 万边远地区人口的用电问题,使他们达到人均拥有发电容量 100 W 的水平,相当于届时全国人均拥有发电容量水平的 1/3。

2002 年,国家发展和改革委员会牵头组织开展了大型风力发电特许权示范项目的开发研究及场址评选工作,并于 2003 年实施了风力发电特许权示范项目。从 2003 年起,国家连续五

年组织风力发电特许权招标，规划大型风力发电基地，开发建设大型风电场，目的是进一步提高我国风力发电设备、技术的研发和制造能力，促进全国风力发电建设，有效降低风力发电建设成本，推动大规模风电场的开发和建设，实现风力发电设备制造的国产化。特别是2005年《中华人民共和国可再生能源法》颁布后，中国风力发电产业迎来了加速发展期。其间，我国具有自主知识产权的风力发电机开始出口海外。2007年9月，浙江华仪风能开发有限公司与智利ECO INGENIEROS公司在京签署了第一批780 kW风力发电机组供货合同，出口2台风力发电机组，这是我国首批拥有完全自主知识产权的风力发电机组出口海外。同年11月，由中国海洋石油集团有限公司投资的国内第一座海上风力发电站投产。同月，风力发电机组实现了满功率运转，最大输出功率为1500 kW，标志着我国海上风力发电发展有了质的飞跃。

2007年，我国新增风力发电装备中，内资企业产品占55.9%，内资企业的新增市场份额首次超过外资企业。而且从总体上看，中国已经基本掌握了兆瓦级风力发电机组的制造技术，并初步形成了规模化的生产能力，主要零部件的制造和配套能力也有所提高，中国开始步入批量生产风力发电机组的国家行列，而且生产批量不断增加，形成了一定的市场竞争格局。

据统计，2016年，我国风力发电新增装机容量1930万千瓦，累计并网装机容量达到1.49亿千瓦。全国新增并网装机容量较多的地区是云南(325万千瓦)、河北(166万千瓦)、江苏(149万千瓦)、内蒙古(132万千瓦)和宁夏(120万千瓦)。2016年，海上风力发电新增装机154台，容量为59万千瓦，同比增长64%。海上风力发电具有风力发电机发电量高、单机装机容量大、机组运行稳定、不占用土地、不消耗水资源、适合大规模开发等陆上风力发电不具备的优势。目前世界风力发电产业已呈现出从陆地向近海发展的趋势，未来我国也将加速开发海上风力发电资源。

当然，由于我国风力发电研究起步较晚，技术发展水平与国外的先进水平还有一定的差距，集中表现在大功率风力发电机组的制造技术方面。大功率的风力发电机组研制面临的主要困难是自然界风速、风向变化的极端复杂性，风力发电机组要在不规律的交变和冲击载荷下能够正常运行20年，而且风力发电机组必须加大风轮直径，以捕获更多的风能。

1)2016年中国风力发电整机制造企业国内市场份额图

2016年中国风力发电整机制造企业国内市场份额图如图1-15所示。

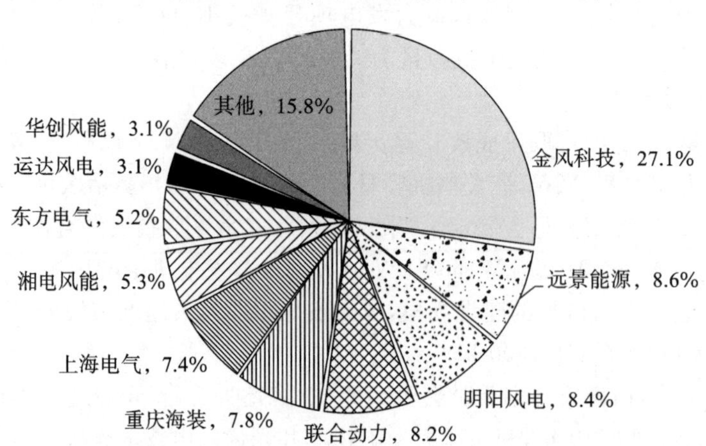

图1-15　2016年中国风力发电整机制造企业国内市场份额图

2)2016年中国风力发电整机制造企业新增装机容量

2016年中国风力发电整机制造企业新增装机容量如表1-1所示。

表 1-1 2016 年中国风力发电整机制造企业新增装机容量

序 号	制 造 商	装机容量/万千瓦	装机容量占比
1	金风科技	634.3	27.1%
2	远景能源	200.3	8.6%
3	明阳风电	195.9	8.4%
4	联合动力	190.8	8.2%
5	重庆海装	182.7	7.8%
6	上海电气	172.7	7.4%
7	湘电风能	123.6	5.3%
8	东方电气	122.7	5.2%
9	运达风电	72.4	3.1%
10	华创风能	71.5	3.1%
11	三一重能	55.9	2.4%
12	Vestas	51.0	2.2%
13	Gamesa	49.8	2.1%
14	中车风电	46.4	2.0%
15	京城新能源	30.7	1.3%
16	久和能源	30.1	1.3%
17	华锐风电	23.4	1.0%
18	许继风电	22.0	0.9%
19	GE	20.5	0.9%
20	华仪风能	17.7	0.8%
21	天地风能	6.6	0.3%
22	瑞其能	5.2	0.2%
23	航天万源	5.0	0.2%
24	太原重工	5.0	0.2%
25	宁夏银星	1.0	0.0%
总计		2337.2	100.0%

3)2016 年中国风力发电开发企业累计装机容量

2016 年，中国风力发电新增装机的开发商企业超过一百家，排名前十的开发商企业的装机容量超过 1300 万千瓦，占比达 58.8%；累计装机容量排名前十的开发商企业的装机容量超过 1 亿千瓦，占比达 69.4%。

2016 年中国风力发电开发企业累计装机容量如图 1-16 所示。

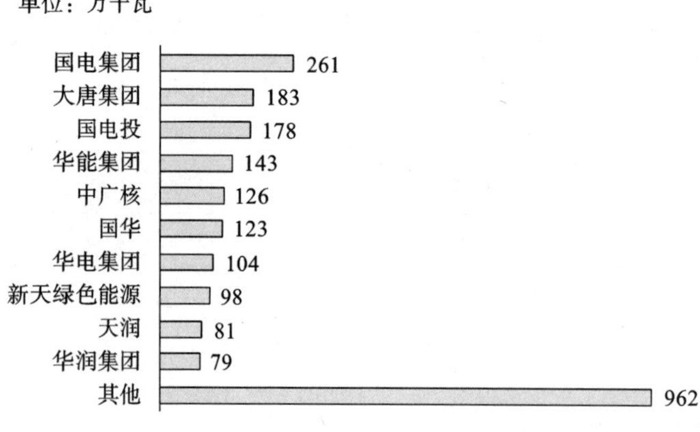

图 1-16　2016 年中国风力发电开发企业累计装机容量

七、风力发电的发展趋势

世界风力发电技术已逐渐完善，就其发展趋势而言，主要反映在小容量向大容量发展，定桨距向变桨距、变速恒频发展，陆上风力发电向海上风力发电发展，结构设计向紧凑、柔性、轻盈化发展等方面。

(1)小容量向大容量发展。风力发电机组容量的增大，有利于提高风能的利用效率，降低单位成本，扩大风电场的规模效应，减少风电场的占地面积。目前风力发电机组的最大容量可达到 5 MW，由德国生产。海上风电场的风力发电机组比陆上风力发电机组的容量更大。

(2)定桨距向变桨距、变速恒频发展。风能是一种能量密度低、稳定性较差的能源。由于风速、风向会随机性变化，引起叶片攻角不断变化，因此风力发电机的效率和功率会产生波动，并使转动力矩产生振荡，影响电能的质量和电网的稳定性。随着风力发电技术的发展，现在许多风力发电机组采用了变桨距调节技术，其叶片的安装角可以根据风速的变化而改变，使气流的攻角在风速变化时保持在一个比较合理的范围内，从而可在很大的风速范围内保持较好的空气动力特性，获得较高的效率，特别是在风速大于额定风速的条件下仍可保持输出功率的平衡。

(3)陆上风力发电向海上风力发电发展。随着风电场规模和单机容量的发展，人们很自然地把目光投向海上风电场。一般认为 2 MW 是陆上风力发电机组发展的极限。目前，发展海上风电场受到了广泛的重视。海上的风能资源是一种永续能源，海上的风速比陆地的大，而且风力稳定。一般陆上风电场的利用小时数为 2000～2600 h，而在海上可达 3000 h。

(4)结构设计向紧凑、柔性、轻盈化发展。如充分利用由高新复合材料制成的叶片，以加长风力发电机叶片的长度；省去发电机轴承，发电机直接与齿轮箱相连，以使转矩引起的振动最小；无变速箱系统，采用多极发电机与风轮直连的结构；发电机的永久磁铁采用水冷方式；调向系统安装在塔架底部；整个驱动系统安装在紧凑的整铸框架上，以便使荷载力以最佳方式从轮毂传导到塔筒上等。

(5)基于水平轴风力发电机组的技术特点突出，特别是具有风能利用率高、结构紧凑等方面的优势，使其成为当前大型风力发电机组发展的主流技术，并占有世界风电设备市场 95%以上的份额。并且随着风力发电机组向大型化方向发展，桨距的控制方式也逐渐增多。另外，直驱式风力发电机组能有效地减少由于齿轮箱故障而导致的风力发电机组停机的情况发生，从而提高系统的运行可靠性，降低设备的维修成本。直驱式风力发电机组研发技术的关键是发电机系统，随着高性能材料、电机设计技术和电子变流器制作技术的进步，此种机型具有很好的发展前景。

八、我国风力发电的展望

我国幅员辽阔，海岸线长，拥有丰富的风能资源，年平均风速在 6 m/s 以上的内陆地区约占全国总面积的 1%。我国的风能储备在世界排名第一，陆上可用风能高达 2.5 亿千瓦，海上可用风能高达 7.5 亿千瓦。

我国一直在进行风能资源的评估工作。根据评估，我国 1 GW 的大型风能可开发利用区域有 12 个，因此我国应加大开发第三类风区（即风能可利用区）的风力发电市场。

我国气象局于 2010 年初公布了我国首次风能资源详查和评价取得的进展和阶段性成果：我国陆上离地面 50 m 高度达到 3 级以上的风能资源的潜在开发量约为 23.8 亿千瓦，我国 5～25 m 水深线以内的近海区域、海平面以上 50 m 高度的可装机容量约为 2 亿千瓦。我国陆上风能资源主要集中在内蒙古的蒙东和蒙西、新疆的哈密、甘肃的酒泉、河北坝上、吉林西部和江苏近海等 7 个千万千瓦级风电基地，仅这些地区的陆上 50 m 高度 3 级以上的风能资源的潜在开发量就达 18.5 亿千瓦。

我国制定的《可再生能源中长期发展规划》中提到，风力发电是 2010 年至 2020 年可再生能源发展的重点领域之一。计划通过大规模的风力发电开发和建设来促进风力发电技术的进步和产业的发展，实现风力发电设备制造国产化，尽快使风力发电具有市场竞争力。在经济发达的沿海地区发挥其经济优势；在“三北”（西北、华北和东北）地区发挥资源优势，建设大型和特大型风电场；在其他地区因地制宜地发展中、小型风电场，充分利用各地的风能资源。

随着我国风力发电激励政策的实施、市场机制的完善、技术水平的提高，我国的风力发电产业高增长态势仍将持续，风力发电建设将持续繁荣发展。

截至 2021 年，可再生能源总投资达到 3 万亿元，其中，用于风电的投资约为 9000 亿元。全国风力发电总装机容量达到 30015 万千瓦。在广东、福建、江苏、山东、河北、内蒙古、辽宁和吉林等具备规模化开发条件的地区，进行集中连片开发，建成若干个总装机容量在 200 万千瓦以上的风电大省。建成新疆达坂城、甘肃玉门、苏沪沿海、内蒙古辉腾锡勒、河北张北和吉林白城等 6 个百万千瓦级大型风力发电基地，并建成 100 万千瓦海上风力发电场，即将建设的阳江青洲五、六、七海上风力发电场装机容量均为 100 万千瓦，动态投资金额分别为 140.53 亿元、137.61亿元、133.56 亿元，投资金额合计 411.69 亿元。

九、我国风力发电技术面临的问题

1. 风能资源等基础数据不完善，风电场的设计、并网及运行等关键技术需要提升

(1)我国可利用的风能资源评价尚不精细，风电场设计需要的长期风能资源数据不完善；

(2)风电场设计工具依赖于国外软件产品；

(3)风力发电并网技术亟须深入研究和创新，以提高风力发电并网消纳水平；

(4)尚未形成自主研发的先进运行控制和风力发电功率预测等风电场运行及优化系统。

2. 风力发电行业公共测试体系刚刚起步，风电标准、检测和认证体系有待进一步完善

我国已参考国际惯例初步建立了风力发电标准、检测和认证体系，但鉴于我国特殊的环境条件（如多台风、低温、高海拔等），以及工业基础与国际有一定的差距，需根据我国国情进一步完善。

3. 风力发电基础理论研究尚待深入，缺乏自主创新，风力发电学科建设、人才培养亟待加强

由于风力发电大规模发展较晚，因此我国在风力发电基础理论研究方面积累不够，大多是直接引用或跟踪国外的研究成果，对技术的突破和创新能力不足。风力发电的科研水平与国外有较大差距，风力发电科研人员系统培养机制有待加强。

4. 中、小型风力发电机组研发和风力发电并网接入技术需要进一步提高

我国小型风力发电机组的生产量和使用量均居世界之首，但产品的性能和可靠性有待提高，中型风力发电机组的研发和风力发电并网的分布式接入技术研究刚刚起步，在风力发电微网技术和多能互补利用集成技术方面需要持续研究和示范。

5. 风力发电工业直接应用技术研究需要扩展

虽然我国的风力发电装机规模迅速增长，但在如何通过规模化储能来降低风力发电的不确定性，以及如何利用风能进行制氢、海水淡化等工业直接应用方面的技术研究刚刚起步，需要进一步扩展。

练习与提高

1. 能源的定义是什么？它有哪些分类方式？
2. 风能有哪些优点和缺点？
3. 风力发电的发展经历了哪几个阶段？
4. 风力发电存在哪些问题？
5. 风力发电的发展趋势有哪些？

第2章
风与风能

本章概要

本章讲述了风的形成和特点、风的测量及风电场选址等内容。

地球转动、地表的地形差异，以及云层遮挡和太阳辐射角度的差别，使地面受热不均，不同地区存在温差以及空气中水蒸气含量不同，从而形成不同的气压区。空气从高气压区域向低气压区域的自然流动，称为大气运动。在气象学上，一般把垂直方向的大气运动称为气流，水平方向的大气运动就是风。

2.1 风的形成与特点

一、风的形成

空气的流动现象就是风。通俗地说，风是空气受热或受冷而导致的从一个地方向另一个地方的移动。

大气环流是指大气大范围运动的状态。某一大范围的地区（如欧亚地区、半球、全球）、某一大气层（如对流层、平流层、中层、整个大气圈）在一段较长时期（如月、季、年、多年）内的大气运动的平均状态或某一时段（如一周、梅雨期间）内的大气运动的变化过程都可以称为大气环流。

大气环流构成了全球大气运动的基本形势，是全球气候特征和大范围内的天气形势的主导因子，也是各种尺度的天气系统活动的背景。

1. 大气环流的形成原因

大气环流的形成原因主要有四种：一是太阳辐射，这是地球上大气运动能量的来源，由于地球的自转和公转，地球表面接受太阳辐射能量是不均匀的，热带地区多，而极区少，从而形成大气的热力环流；二是地球自转，在地球表面运动的大气都会受地球自转偏向力的作用而发生偏转；三是地球表面海陆分布不均匀；四是大气内部南北之间热量、动量的相互交换。以上四种原因构成了地球大气环流的平均状态和复杂多变的形态。

在终年炎热的赤道地区，大气受热膨胀上升；在终年严寒的两极地区，大气冷却收缩下沉。这样，在高空，赤道形成高气压，气压梯度力的方向指向极地，大气由赤道上空流向两极上空；在近地面，赤道形成低气压，两极形成高气压，气压梯度力的方向指向赤道，大气由两极流回赤道。因此，在同一半球，赤道和极地之间形成了单圈闭合环流，如图 2-1 所示。

2. 三圈环流与四种气压带的关系

三圈环流是指低纬环流、中纬环流、高纬环流，四种气压带是指赤道低气压带、副热带高气压带、极地高气压带、副极地低气压带，如图 2-2 所示。

由于赤道地区气温高，气流膨胀上升，高空气压较高，受水平气压梯度力的影响，气流向极地方向流动；又由于受地球自转偏向力的影响，气流运动至北纬 30°时便堆积下沉，使该地区地表气压较高，又因为该地区位于副热带，故形成副热带高气压带。

赤道地区地表气压较低，于是形成了赤道低气压带。

在地表，气流从高压区流向低压区，形成低纬环流。

在极地地区，由于气温低，气流收缩下沉，故气压高，形成极地高气压带。

来自极地的气流和来自副热带的气流在纬度 60°附近相遇，形成了锋面，称作极锋。此地区气流被迫抬升，因此形成副极地低气压带。气流抬升后，在高空分流，向副热带以及极地流动，形成中纬环流和高纬环流。

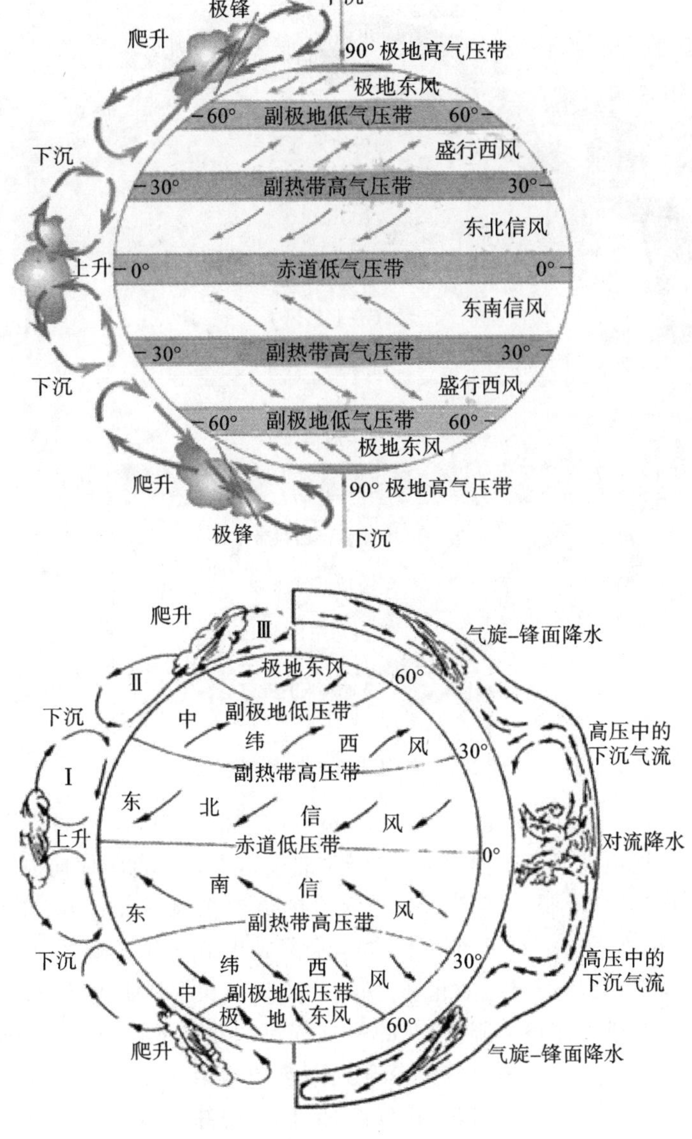

图 2-1　地球表面风的形成和风向

3. 三圈环流与风带的关系

地球的自转，假设地表性质均一，太阳直射赤道，则引起大气运动的因素是高低纬之间的受热不均和地球自转偏向力。从北半球来看，赤道地区上升的暖空气在气压梯度力的作用下，由赤道上空向北流向北极上空（南风），受地球自转偏向力的影响，南风逐渐右偏成西南风，到北纬30°附近上空时偏转成西风，来自赤道上空的气流不能再继续北流，而是变成自西向东运动。由于赤道上空的空气源源不断地流过来，在北纬 30°附近的上空堆积，产生下沉气流，致使近地面的气压升高，又由于该地区位于副热带，因此形成副热带高气压带。

近地面，在气压梯度力的作用下，大气由副热带高气压带向南北流出。向南的一支气流流向赤道低气压带，在地球自转偏向力的影响下，由北风逐渐右偏成东北风，称为东北信风。东北信风与南半球的东南信风在赤道附近辐合上升，在赤道与副热带地区之间便形成了低纬环流圈。

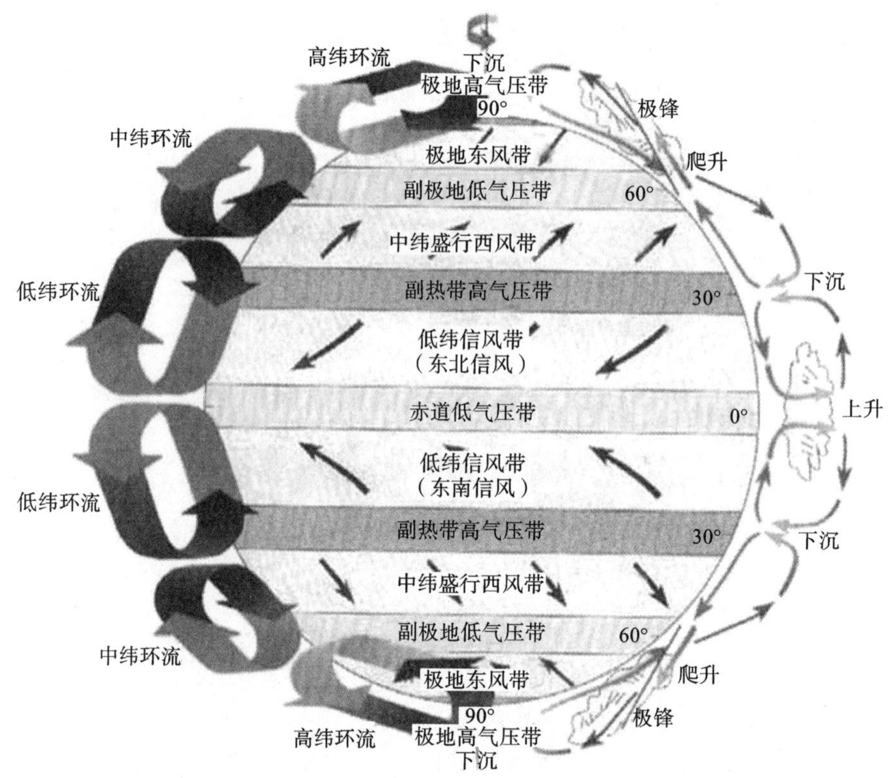

图 2-2　三圈环流与四种气压带

近地面，从副热带高气压带向北流的一支气流，在地球自转偏向力的作用下逐渐右偏成西南风，即盛行西风；从极地高气压带向南流的气流（北风），在地球自转偏向力的影响下逐渐向右偏成东北风，即极地东风。较暖的盛行西风与寒冷的极地东风在北纬 60°附近相遇，形成锋面（极锋）；暖而轻的气流爬升到冷而重的气流之上，形成副极地上升气流。

上升气流升到高空，又分别流向南北，向南的一支气流在副热带地区下沉，于是在副热带地区与副极地地区之间构成中纬环流圈；向北的一支气流在北极地区下沉，在副极地地区与极地之间构成高纬环流圈。由于副极地上升气流升到高空便向南北流出，使近地面的气压降低，形成副极地低气压带。同理，南半球同样存在低纬环流圈、中纬环流圈、高纬环流圈三个环流圈。因此，在近地面共形成了七个气压带、六个风带，如图 2-3 所示。

4. 季风环流

在一年内随着季节的不同而有规律地转变风向的风，称为季风。亚洲东部的季风环流最为典型。

海陆热力性质的差异，导致冬夏间海陆气压中心季节性变化，这是形成季风环流的主要原因。

太平洋是世界上最大的大洋，亚欧大陆是世界上最大的大陆，东亚居于两者之间，海陆的气温对比和季节变化比其他任何地区都要显著。所以，海陆热力性质的差异引起的季风，在东亚最为典型，范围大致包括我国东部、朝鲜半岛和日本等地区。

冬季，东亚盛行来自蒙古-西伯利亚高压前缘的偏北风，低温干燥，风力强劲，此偏北风强烈时即为寒潮；夏季，东亚盛行来自太平洋副热带高压西北部的偏南风，高温、湿润和多雨。偏南气流和偏北气流相遇，往往会形成大范围的降雨带。

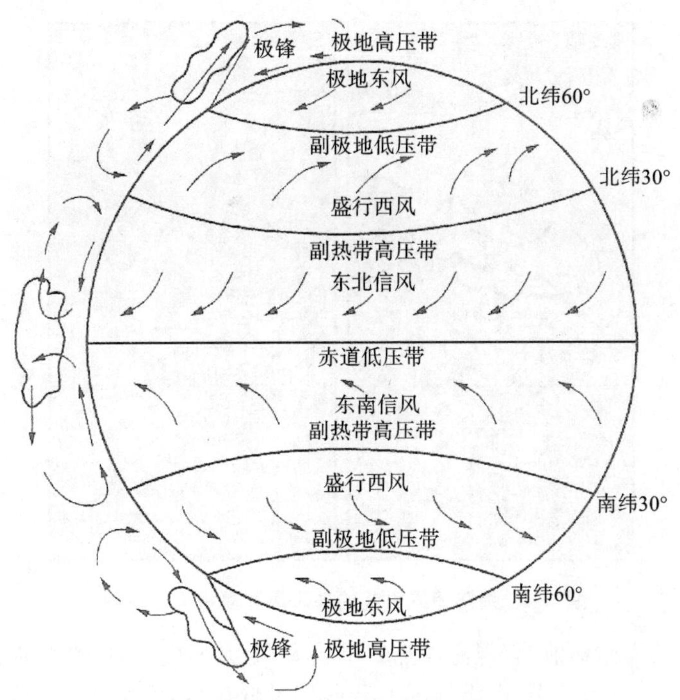

图 2-3　三圈环流与风带

海陆热力性质的差异是形成季风的重要原因,但不是唯一的原因。气压带和风带位置的季节性移动等,也是形成季风的原因。例如,我国西南地区及印度一带的西南季风,就是南半球的东南信风夏季北移越过赤道,在地球自转偏向力的影响下向右偏转而成的。

二、风的种类

风的种类很多,有季风、海陆风、山谷风、焚风、台风、飓风、龙卷风等。

1. 季风

在一个大范围地区内,其盛行风向或气压系统有明显的季节变化,这种在一年内随着季节的不同而有规律地转变风向的风,称为季风。季风主要由海陆差异、大气环流、行星风带位置的季节性转换及地形因素形成。图 2-4 所示为海陆差异引起的冬季风和夏季风示意图。

亚洲东部的季风主要包括中国东部、朝鲜、日本等地区的季风;亚洲南部的季风以印度半岛最为显著,就是世界闻名的印度季风。

海洋的热容量比陆地的热容量大得多,冬季大陆比海洋冷,大陆气压高于海洋气压,气压梯度力自大陆指向海洋,风从大陆吹向海洋,而夏季则相反,大陆很快变暖,海洋则相对较冷,大陆气压低于海洋气压,气压梯度力由海洋指向大陆,风从海洋吹向大陆,从而分别形成冬、夏季的季风环流。我国东临太平洋,南临印度洋,冬、夏海陆温差大,所以季风明显。冬季,我国主要在西风带的影响下,强大的西伯利亚高压笼罩全国,盛行偏北气流;夏季,西风带北移,我国在大陆热低压的控制之下,副热带高压也北移,盛行偏南风。

2. 海陆风

海面和陆地的温度差引起海岸上的气压差,形成的风称为海陆风。海陆风的形成与季风相同,也是由大陆与海洋之间的温度差异的转变而引起的。不过海陆风的范围小,属于局地环流,且以日为周期,势力也相对薄弱。在存在海陆差异的地区,风速和风向会受到昼夜和季节的影

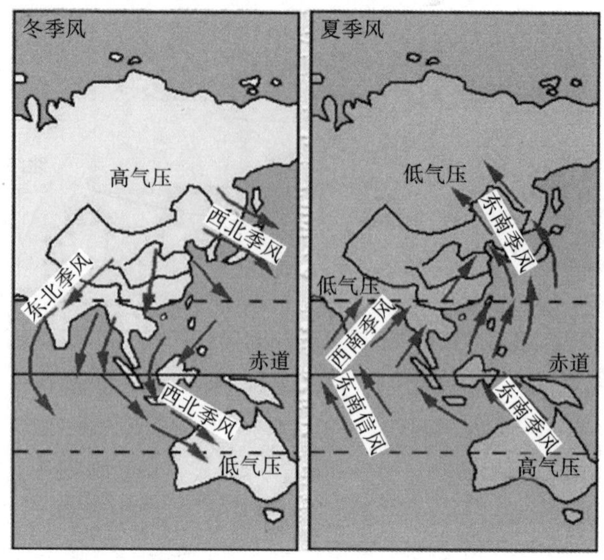

图 2-4　海陆差异引起的冬季风和夏季风示意图

响。白天吸收大量的太阳辐射热，但海洋热容量较大，温升速度慢，导致大陆表面空气升温速度较快，空气上升至高空流向海洋，由于气流上升形成了低压区，海平面上的空气流向大陆，从而形成海风；夜间则相反，海洋由于白天的吸热而储存了大量的热量，使得海平面上的气流降温速度慢，地面空气降温速度快，于是形成由地面空气流向海面而产生的陆风，如图 2-5 所示。此外，在大湖附近日间有风自湖面吹向陆地，称为湖风，夜间风自陆地吹向湖面，称为陆风，两者合称为湖陆风。

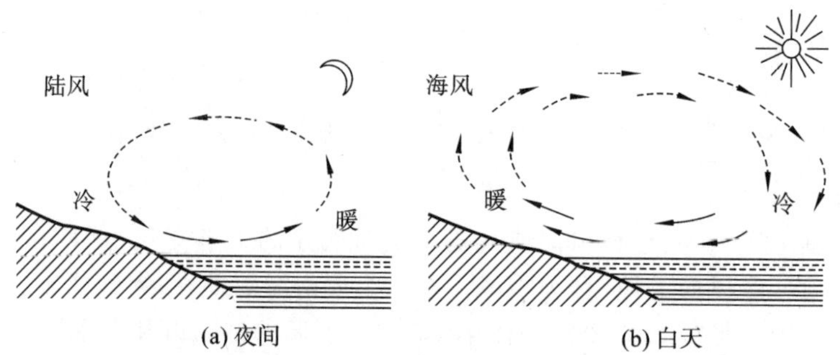

图 2-5　海陆风的形成示意图

3. 山谷风

山谷风的形成原理与海陆风是类似的。白天山坡接收太阳光热量较多，空气升温较大，而山谷上空同样高度上的空气因离地较远，升温较小。于是，山坡上的暖空气不断上升，并从山坡上空流向谷底上空，谷底的空气则沿山坡向山顶补充，这样，风由谷底吹向山坡，称为谷风。到了夜间，山坡上的空气受山坡辐射冷却的影响，空气降温较大，而谷底上空同样高度上的空气因离地面较远，降温较小。于是，山坡上的冷空气因密度大，沿山坡流入谷底，谷底的空气因汇合而上升，并从上面向山顶上空流去，形成与白天相反的由山坡吹向谷底的风，称为山风。山风和谷风合称为山谷风。图 2-6 所示为山谷风的形成示意图。

山谷风的风速一般较小，谷风的风速比山风的大一些，谷风的风速一般为 2～4 m/s，有时可达 6～7 m/s。

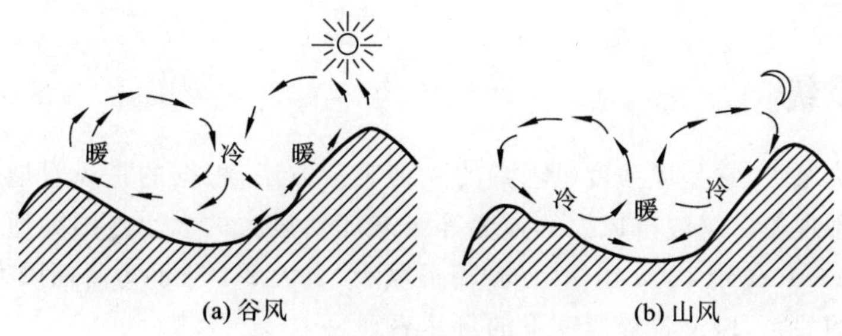

图 2-6 山谷风的形成示意图

4. 台风与飓风

台风与飓风都属于北半球的热带气旋，产生于不同的海域，于是有了不同的称谓。它们形成于热带海洋上的大规模的强烈风暴，表现为近似圆形的空气漩涡，直径最大可达 2000 km，顶部高达 15～20 km。一般地，大西洋上形成的热带气旋叫作飓风，太平洋上形成的热带气旋叫作台风。图 2-7 所示为台风的结构。我国国家气象局采用国际热带气旋名称和等级标准。国际标准规定：热带气旋中心附近最大平均风力小于 8 级的称为热带低压，8～9 级的称为热带风暴，10～11 级的称为强热带风暴，12 级或以上的称为台风。我国将台风归为最严重的灾害性天气之一。

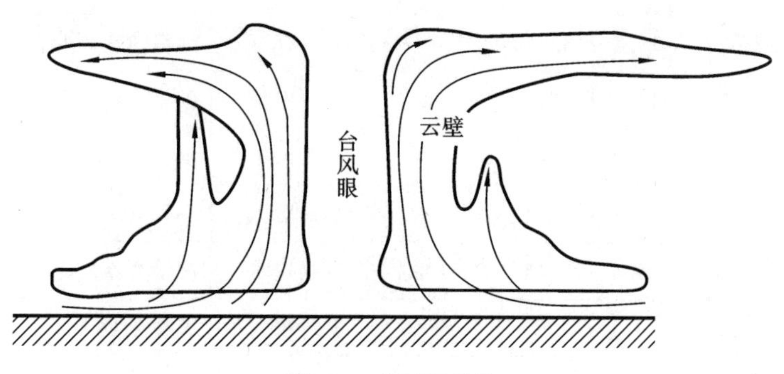

图 2-7 台风的结构

5. 龙卷风

龙卷风是一种小范围内的强烈天气现象，龙卷风的形成与雷暴云中的强烈升降气流有关。在雷雨云里，空气强烈扰动，上下温差非常大。在雷雨云顶部的八千米高空，温度可以低到零下三十几摄氏度。于是，上面的冷气流急速下降，下面的热空气猛烈上升。上升气流到达高空时，如果遇到很大的水平方向的风，就会迫使上升气流向下旋转。由于上层空气交替扰动的旋转作用，会形成许多小涡旋，这些小涡旋逐渐扩大，上下激荡而越发强烈，终于形成大漩涡。大漩涡先是绕水平轴旋转，形成一个呈水平方向的空气旋转柱；然后两端渐渐弯曲，并且从云底慢慢垂下。于是，从云中下垂两个龙卷：一个沿顺时针旋转，它在云移动方向的左边，成为左龙卷；另一个沿逆时针旋转，它在云移动方向的右边，成为右龙卷，如图 2-8 所示。左龙卷伸到地面的机会不多，一般是右龙

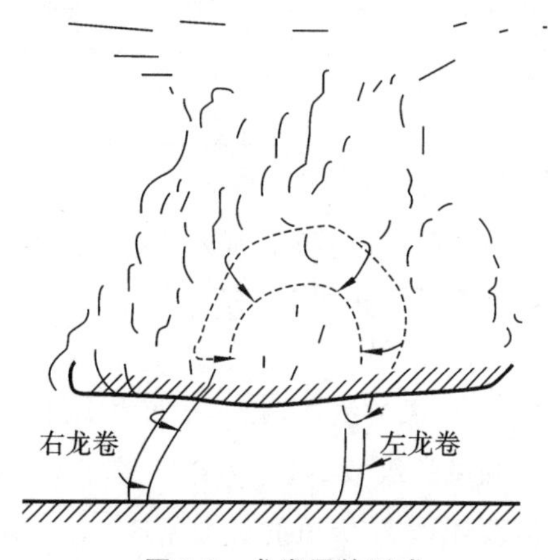

图 2-8 龙卷风的形成

卷伸到地面。

三、风力等级

风力等级简称风级，它是风强度(风力)的一种表示方法，根据的是风对地面或海面物体的影响而引起的各种现象。一般按风力的强度等级来评估风力的大小。国际通用的风力等级是英国人 Francis Beaufort 于 1805 年拟定的"蒲福风级"。表 2-1 所示为蒲福风力等级，它表示了各种风力与风速的关系，以及各级风速下的自然表现。

表 2-1 蒲福风力等级

风级	名称	相当于离平地 10 m 高处的风速			陆地地面物象	海面波浪	平均浪高 /m	最高浪高 /m
		mile/s	m/s	km/h				
1	软风	1～3	0.3～1.5	1～5	烟示风向	微波峰无飞沫	0.1	0.1
2	轻风	4～6	1.6～3.3	6～11	感觉有风	小波峰未破碎	0.2	0.3
3	微风	7～10	3.4～5.4	12～19	旌旗展开	小波峰顶破碎	0.6	1.0
4	和风	11～16	5.5～7.9	20～28	吹起尘土	小浪白沫波峰	1.0	1.5
5	劲风	17～21	8.0～10.7	29～38	小树摇摆	中浪折沫峰群	2.0	2.5
6	强风	22～27	10.8～13.8	39～49	电线有声	大浪白沫高峰	3.0	4.0
7	疾风	28～33	13.9～17.1	50～61	步行困难	破峰白沫成条	4.0	5.5
8	大风	34～40	17.2～20.7	62～74	折毁树枝	浪长高有浪花	5.5	7.5
9	烈风	41～47	20.8～24.4	75～88	小损房屋	浪峰倒卷	7.0	10.0
10	狂风	48～55	24.5～28.4	89～102	拔起树木	海浪翻滚咆哮	9.0	12.5
11	暴风	56～63	28.5～32.6	103～117	损毁重大	波峰全呈飞沫	11.5	16.0
12	飓风	64～71	32.7～36.9	118～133	摧毁极大	海浪滔天	14.0	—
13	—	72～80	37.0～41.4	134～149	—	—	—	
14	—	81～89	41.5～46.1	150～166	—	—	—	—
15	—	90～99	46.2～50.9	167～183	—	—	—	—
16	—	100～108	51.0～56.0	184～201	—	—	—	—
17	—	109～118	56.1～61.2	202～220	—	—	—	—

注：13～17 级风力是当风速可以用仪器测定时使用的，故未列特征。

除查表外，还可以通过风速与风级之间的关系来计算风速。

如计算某一风级时，有

$$\overline{v_N}=0.1+0.824N^{1.505} \tag{2-1}$$

式中，N——风的级数，$\overline{v_N}$——N 级风的平均风速。

已知风的级数 N，即可算出平均风速$\overline{v_N}$。

若要计算 N 级风的最大风速$\overline{v_{N\max}}$，则有

$$\overline{v_{N\max}}=0.2+0.824N^{1.505}+0.5N^{0.56} \tag{2-2}$$

若要计算 N 级风的最小风速$\overline{v_{N\min}}$，则有

$$\overline{v_{N\min}}=0.824N^{1.505}-0.56 \tag{2-3}$$

四、风能资源的计算

1.风况

1)年平均风速

年平均风速是一年中各次观测的风速之和除以观测次数，它是最直观、简单地表示风能大小的指标之一。

我国建设风电场时，一般要求当地 10 m 高处的年平均风速为 6 m/s。

2)风速年变化

风速年变化是风速在一年内的变化，由此可以看出一年内各月风速的大小。在我国一般是春季风速大，夏、秋季风速小。

3)风速日变化

风速日变化即风速在一日之内的变化。一般说来，风速日变化有陆、海两种基本类型。一种是陆地上，白天午后风速大，14 时左右达到最大；夜间风速小，18 时左右风速最小。另一种是海洋上，白天风速小，夜间风速大。

4)风速随高度的变化(风廓线)

在近地层中，风速随高度的增加而变大，这是众所周知的事实。巴黎的埃菲尔铁塔离地面 20 m 高处的风速为 2 m/s，而在 300 m 处则变为 7～8 m/s。

5)风向玫瑰图

风向玫瑰图可以确定主导风向，对风力发电场机组的排列起到关键作用，机组排列是垂直于主导风向的。

6)湍流强度

风速、风向及其垂直分量的迅速扰动或不规律性，取决于环境的粗糙度、地层稳定性和障碍物。

2.风能、风功率密度

1)风能

风能是空气运动的能量，或每秒在面积 A 上以速度 $\boldsymbol{v}$ 自由流动的气流中所获得的能量，即获得的功率 W，它等于面积、速度、气流动压的乘积，即

$$W=Av\left(\frac{\rho v^2}{2}\right)=\frac{1}{2}\rho Av^3 \tag{2-4}$$

式中：ρ——空气密度，kg/m³，一般取 1.225 kg/m³；W——风能，W；v——风速，m/s；A——面积，m²。

式(2-4)就是常用的风能公式。由该公式可知，空气密度 ρ 的大小直接关系到风能的大小，特别是在高海拔地区，其影响更突出。所以计算一个地点的风功率密度时，需要知道的参数是所计算时间区间下的空气密度和风速。另一方面，由于我国地形复杂，地形对空气密度的影响也必须要加以考虑。空气密度 ρ 是气压、气温和湿度的函数，其计算公式为

$$\rho=\frac{1.276}{1+0.00366t}\times\frac{p-0.378p_w}{1000} \tag{2-5}$$

式中：p——气压，hPa；t——气温，℃；p_w——水汽压，hPa。

2)风功率密度

风功率密度是气流垂直流过单位面积(风轮面积)的风能,它是表征一个地方风能资源多少的指标。因此,在风能公式相同的情况下,将风轮面积定为 1 m^2(即 $A=1\ m^2$)时,风能具有的功率(W/m^2)为

$$W=\frac{1}{2}\rho v^3 \tag{2-6}$$

衡量某地的风能大小,要根据常年平均风能的大小而定。由于风速是一个随机性很大的量,必须通过一定时间的观测来了解它的平均状况。因此,要求一段时间(如一年)内的平均风功率密度,可以将式(2-6)对时间积分后平均,即

$$\overline{W}=\frac{1}{T}\int_0^T \frac{1}{2}\rho v^3 \mathrm{d}t$$

五、风功率密度等级及风能可利用区的划分

一般来说,平均风速越大,风功率密度也越大,风能可利用小时数就越多。我国风能区域等级划分的标准如下。

(1)风能资源丰富区:年有效风功率密度大于 200 W/m^2,3～20 m/s 风速的年累积小时数大于 5000 h,年平均风速大于 6 m/s。

(2)风能资源次丰富区:年有效风功率密度为 150～200 W/m^2,3～20 m/s 风速的年累积小时数为 4000～5000 h,年平均风速大于 5.5 m/s 左右。

(3)风能资源可利用区:年有效风功率密度为 100～150 W/m^2,3～20 m/s 风速的年累积小时数为 2000～4000 h,年平均风速大于 5 m/s 左右。

(4)风能资源贫乏区:年有效风功率密度为 100 W/m^2,3～20 m/s 风速的年累积小时数小于 2000 h,年平均风速小于 4.5 m/s。

风能资源丰富区和较丰富区具有较好的风能资源,为理想的风电场建设区;风能资源可利用区的有效风功率密度较低,这对电能紧缺地区还是有相当的利用价值的。实际上,较低的年有效风功率密度也只是对宏观的大区域而言,在大区域内,由于特殊地形,有可能存在局部的小区域大风区。因此,具体问题具体分析,通过对这一地区进行精确的风能资源测量,详细了解、分析实际情况,选出最佳区域来建设风电场,效益还是相当可观的。风能资源贫乏区的风功率密度很低,对大型并网型风力发电机组一般无利用价值。

风功率密度蕴含着风速、风速频率分布和空气密度的影响,是衡量风力发电场风能资源的综合指标。在国际风力发电场风能资源评估方法中给出了 7 个级别的风功率密度,如表 2-2 所示。

表 2-2 风功率密度等级表

风功率密度等级	10 m 高度		30 m 高度		50 m 高度		应用于并网风力发电
	风功率密度/(W/m^2)	年平均风速参考值/(m/s)	风功率密度/(W/m^2)	年平均风速参考值/(m/s)	风功率密度/(W/m^2)	年平均风速参考值/(m/s)	
1	<100	4.4	<160	5.1	<200	5.6	
2	100～150	5.1	160～240	5.9	200～300	6.4	

续表

风功率密度等级	10 m高度		30 m高度		50 m高度		应用于并网风力发电
	风功率密度/(W/m^2)	年平均风速参考值/(m/s)	风功率密度/(W/m^2)	年平均风速参考值/(m/s)	风功率密度/(W/m^2)	年平均风速参考值/(m/s)	
3	150～200	5.6	240～320	6.5	300～400	7.0	较好
4	200～250	6.0	320～400	7.0	400～500	7.5	好
5	250～300	6.4	400～480	7.4	500～600	8.0	很好
6	300～400	7.0	480～640	8.2	600～800	8.8	很好
7	400～1000	9.4	640～1600	11.0	800～2000	11.9	很好

2.2 风的测量

准确把握风能特性对于风电项目的成功规划与实施是至关重要的,其中最主要的就是要掌握不同时间段盛行风的风速和风向。除了可以从气象局获取有关的风能数据外,为了对风电场的风能特性进行更精确的分析,必须进行风的测量。

风的测量包括风向测量和风速测量。风向测量是只测量风的来向,风速测量是测量单位时间内空气在水平方向上所移动的距离。风速和风向具有随机性,随时随地不断地变化,这些变化可能是短期的波动,也可能是昼夜变化或季节变化。季节不同,太阳和地球的相对位置也不同,季节性温差形成了风速和风向的季节性变化。

一般要求对初选的风力发电场的选址区用高精度的自动测风系统进行风的测量。

自动测风系统主要由五个部分组成,包括传感器、主机、数据存储装置、电源、保护装置。

传感器分为风速传感器、风向传感器、温度传感器、气压传感器,输出信号为频率(数字)或模拟信号。

主机利用微处理器对传感器发送的信号进行采集、计算与存储,由数据记录装置、数据读取装置、微处理器、就地显示装置组成。

电源一般采用电池供电。

自动测风系统具有较高的性能和精度,应防止自然灾害和人为破坏,确保数据安全、准确。

一、风向的测量

风向标是测量风向最常用的装置,分为单翼型、双翼型和流线型等。风向标一般是由尾翼、指向杆、平衡锤及旋转主轴四个部分组成的首尾不对称的平衡装置,如图2-9所示,其重心在支承轴的轴心上,整个风向标可以绕垂直轴自由摆动。在风的动压力的作用下取得指向风的来向的一个平衡位置,即为风向的指示。根据风向标与固定主方位指示杆之间的相对位置就可以很容易地观测出风向。

风向标的安装方位指向正南。风速仪和风向仪一般安装在离地10 m高的测风塔上,如果附近有障碍物,则至少要高出障碍物6 m。

风向标通过垂直轴、角度传感器将风向信号传递出去。

传送和指示风向标所在方位的方法很多，有电触点盘、环形电位、自整角机和光电码盘四种类型，其中最常用的是光电码盘。

光电码盘由光学玻璃制成，在上面刻有许多同心码道，每个码道上有按一定规律排列的透光和不透光部分，如图 2-10 所示。

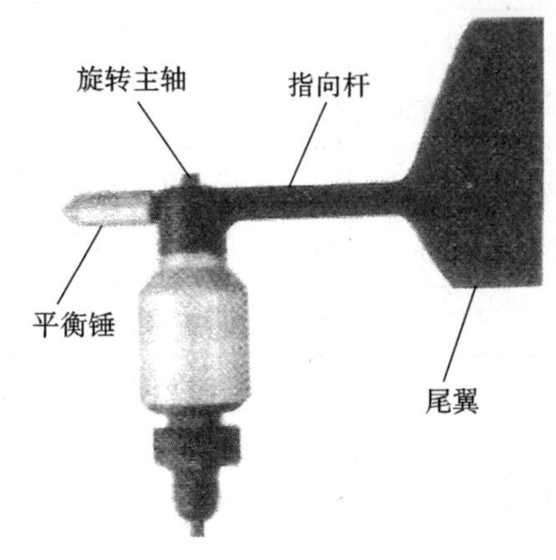

图 2-9　风向标

图 2-10　光电码盘

光电码盘工作时，光投射在码盘上，码盘随运动物体一起旋转，透过亮区的光经过狭缝后由光敏元件接收，光敏元件的排列与码道一一对应。

对于亮区和暗区的光敏元件输出的信号，前者为“1”，后者为“0”。当码盘旋转在不同位置时，光敏元件输出信号的组合反映出一定规律的数字量，代表了码盘轴的角位移。

二、风向的表示

风向也是描述风特性的重要参数，它是指风吹来的方向。例如，风从北方吹来，称为北风；风从南方吹来，称为南风；如果风向在北风方位左右摆动而不能确定，则称为偏北风。风向一般用十六个方位表示，即北东北（NNE）、东北（NE）、东东北（ENE）、东（E）、东东南（ESE）、东南（SE）、南东南（SSE）、南（S）、南西南（SSW）、西南（SW）、西西南（WSW）、西（W）、西西北（WNW）、西北（NW）、北西北（NNW）、北（N），静风记为 C。

风向也可以用角度来表示，以正北为基准，顺时针方向旋转，东风为 90°，南风为 180°，西风为 270°，北风为 360°，如图 2-11 所示。

各种风向出现的频率通常用风向玫瑰图来表示。

风向玫瑰图是在极坐标图上绘出某地在一年中各种风向出现的频率，因图形与玫瑰相似，故名风向玫瑰图。风向玫瑰图是一个给定地点一段时间内的风向分布图。最常见的风向玫瑰图是一个圆，圆上引出八条或十六条放射线，它们代表八个或十六个不同的方向，每条放射线的长度与这个方向的风的频度成正比。静风的频度放在中间。有些风向玫瑰图上还标示出了各风向的风速范围。

风向玫瑰图又称为风频图。风向频率是指一定时间内各种风向出现的次数占所有观察次数的百分比。根据各个方向的风出现的频率，以相应的比例长度按风向中心吹，描绘在用八个或十六个方位表示的图上，然后将各相邻方向的端点用直线连接起来，绘成一个宛如玫瑰的闭合折线，这就是风向玫瑰图，如图 2-12 所示，图中线段最长者即为当地主导风向。风向玫瑰图可直观地表示年、季、月等的风向。在图 2-12 中，该地区最大风频的风向为东风，约为 16%（每

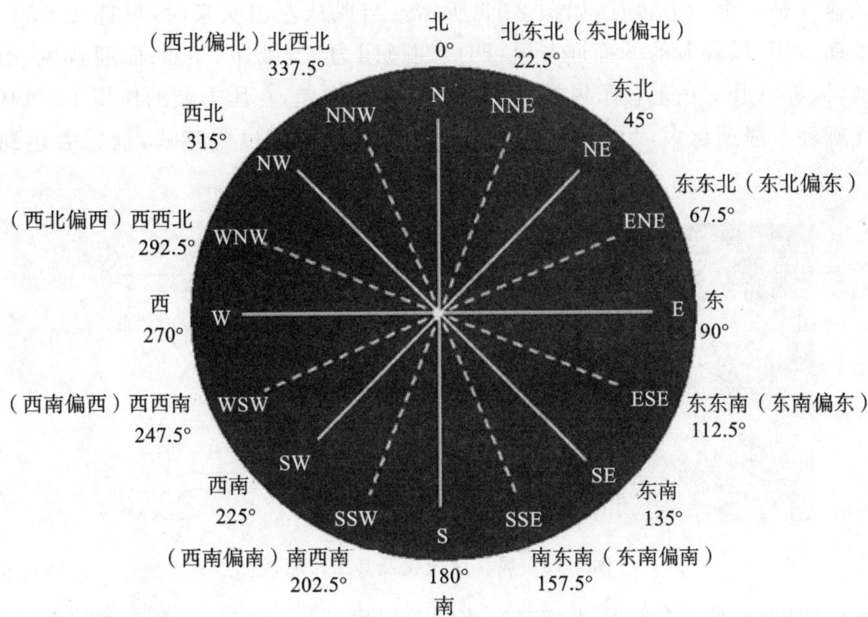

图 2-11　风向的十六个方位

一间隔代表风向频率 5%），中心圆圈内的数字代表静风的频率。

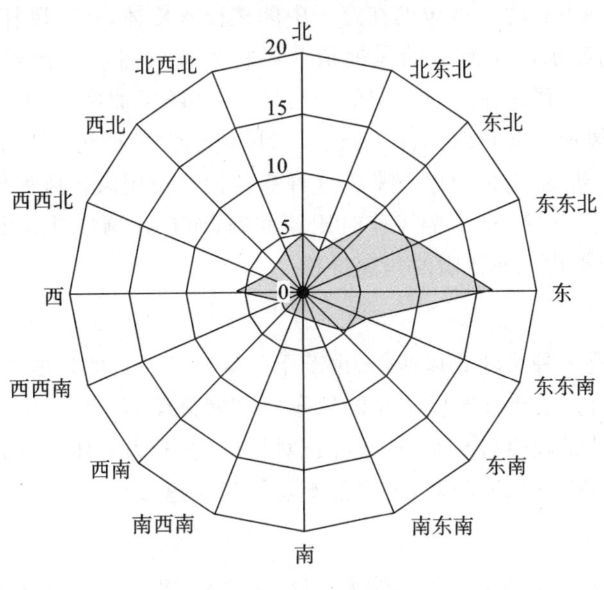

图 2-12　风向玫瑰图

三、风速的测量

风速可用风速仪准确测量。测量风速的仪器称为风速仪。下面介绍几种常用的风速仪。

1. 风杯风速仪

风杯风速仪的感应部分由三个或四个风杯等距离地固定在架子上而构成，风杯呈圆锥形或半球形，由轻质材料制成。风杯和架子一同安装在垂直的旋转轴上，旋转轴可以自由转动，所有风杯都顺着同一方向。目前测量风速普遍采用的是风杯风速仪。

风杯风速仪是一个阻力装置，如图 2-13 所示。当风从左边吹来时，风杯 a 平行于风向，几乎不产生推动作用；风杯 b 的凹面迎着风，凹面迎风阻力大；风杯 c 的凸面迎着风，凸面迎风阻力小。于是，风杯 b 和 c 在垂直于风杯轴方向上产生压力差，在压力差的作用下，风杯顺着凸面方向顺时针旋转。风速越大，起始的压力差越大，风杯转动速度就越快，最后会达到一个平衡转速。

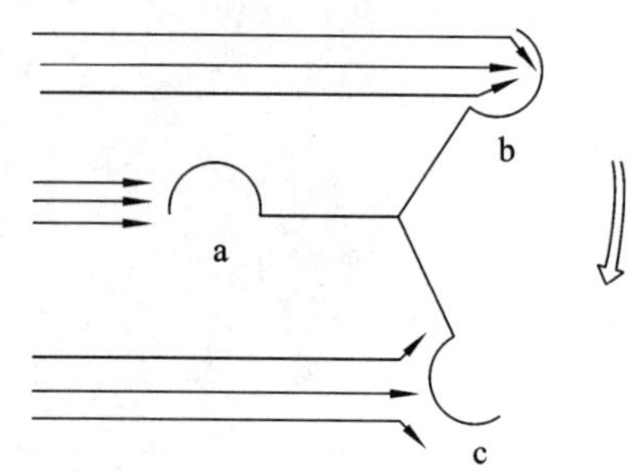

图 2-13　风杯风速仪及其工作原理

风杯 b 顺风转动，所受的风压力相对减小，相反，风杯 c 逆风转动，所受的风压力相对增大，于是压力差不断减小，如果风速不变，经过一段时间后，作用在三个风杯上的压力差为零，风杯达到一个平衡转速。

在风杯风速仪转轴下有两个被包围在定子中的多极永磁体，利用风杯的转速指示器测出随风速变化的电压，从而显示出相对应的风速值。风杯风速仪启动风速要求不高，风速为 1～2 m/s 时就可以启动。风杯风速仪具有一定的滞后性，风杯随风加速快，但是减速慢，风杯达到匀速转动所需的时间比风速的变化时间慢。例如，当风速较大又很快地变小甚至为零时，由于惯性作用，风杯会继续转动，不会很快停下来。这种滞后性使得用风杯风速仪测量风速不够准确。一般用风杯风速仪测量 0～20 m/s 的风速时比较准确，而且在测量准确度上三杯比四杯高，圆锥形比半球形高，测定平均风速比瞬时风速准确。

2. 螺旋桨式风速仪

螺旋桨式风速仪是一种桨叶式风速仪，由若干片桨叶按一定的角度等距离地安装在同一垂直面内，如图 2-14 所示。桨叶有平板叶片的风车式和螺旋桨式，其中由 3～4 片叶片组成的螺旋桨式比较常见。叶片由轻质材料制成，桨叶正对风向，在升力的作用下旋转，旋转速度正比于风速。螺旋桨式风速仪启动风速较高，灵敏度不及风杯风速仪。

3. 压力板风速仪

压力板风速仪如图 2-15 所示，它包括摆动盘、水平臂、垂直轴。风向标使摆动盘始终垂直于气流，摆动盘在气流压力的作用下向内摆动，摆动幅度取决于风力强度。压力板风速仪较适合于测量大风。

4. 压力管风速仪

压力管风速仪中最常见的就是利用皮托管的工作原理，它包括全压探头和静压探头，利用空气流的总压和静压之差测量风速。通过合理地调整皮托管各部分的尺寸，可以使总压和静压的测量误差接近于零。

图 2-16 所示为标准皮托管的结构简图。

图 2-14　螺旋桨式风速仪

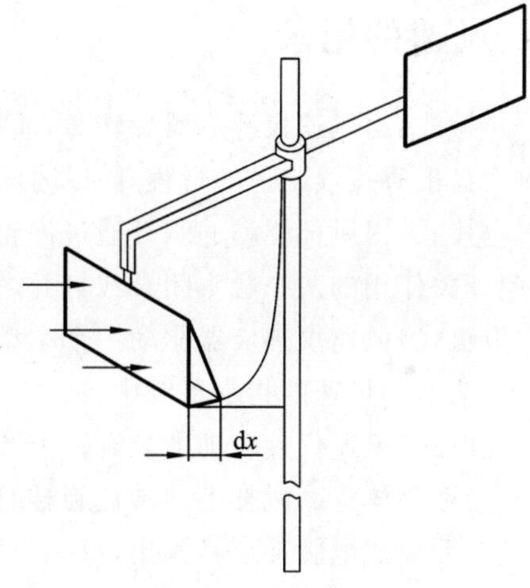

图 2-15　压力板风速仪

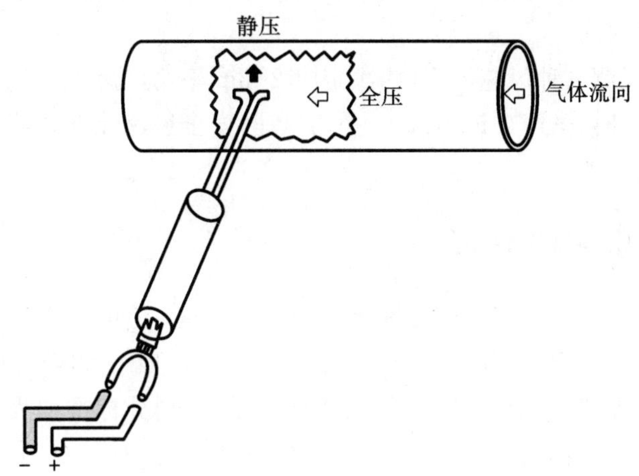

图 2-16　标准皮托管的结构简图

采用压力管风速仪测量风速时，风速的计算公式为

$$v=\sqrt{\frac{2(p-p_0)}{\rho}}$$

式中，v 为风速，p 为全压，p_0 为静压，ρ 为空气密度。

5. 超声波风速仪

超声波风速仪利用声波在大气中的传播速度与风速的函数关系来测量风速，如图 2-17 所示。声波在大气中的传播速度为声波传播速度与气流速度的代数和，它与气温、气压和湿度等因素有关。在一定的距离内，声波顺风传播和逆风传播有一个时间差，利用这个时间差便可测得气流速度。

超声波风速仪在 0～65 m/s 的风速范围内测得的风速比较准确，而且没有转动部件，响应快，能够测定任何指定方向的风速，但其价格昂贵。

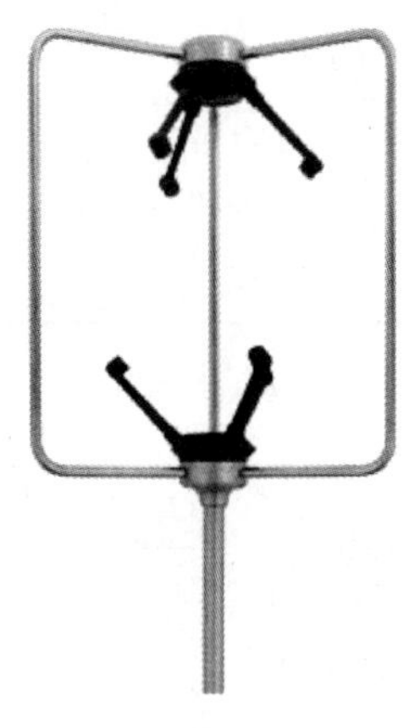

图 2-17　超声波风速仪

四、风速的记录

(1)机械式:当风速仪感应器旋转时,通过蜗杆带动蜗轮转动,再通过齿轮系统带动指针旋转,从刻度盘上直接读出风的行程,除以时间后即可得到平均风速。

(2)电接式:由风杯驱动的蜗杆通过齿轮系统连接到一个偏心凸轮上,风杯旋转一定圈数,凸轮使起开关作用的两个触头闭合或打开,完成一次接触,表示一定的风程。

(3)电机式:风速仪感应器驱动一个小型发电机中的转子,输出与风速感应器转速成正比的交变电流,输送到风速的指示系统中。

(4)光电式:风速仪旋转轴上装有一个圆盘,圆盘上有等距的孔,孔上面有一红外光源,孔正下方有一光敏晶体管。风杯带动圆盘旋转时,由于孔的不连续性,形成光脉冲信号,经光敏晶体管接收放大后变成电脉冲信号输出,每一个脉冲信号表示一定的风的行程。

风速大小与风速仪的安装高度和观测时间有关。世界各国基本上都以 10 m 高度观测为基准,但取多长时间的平均风速时间不统一,有取 1 min、2 min、10 min 平均风速的,有取 1 h 平均风速的,也有取瞬时风速的。

我国气象站主要观测三种风速:一日四次定时 2 min 平均风速、自记 10 min 平均风速和瞬时风速。风能资源计算时,采用自记 10 min 平均风速;安全风速计算时,采用最大风速(10 min 平均最大风速)或瞬时风速。

五、我国风能资源的分布

我国地域辽阔,风能资源丰富。风能资源的分布与天气、气候、地形等有密切关系,具有一定的规律性。我国的风能分布划分为四个大区、三十个小区,四个大区分别是风能资源丰富区、风能资源较丰富区、风能资源可利用区和风能资源贫乏区,划分标准如表 2-3 所示。表 2-4 所示为我国风能资源比较丰富的省区。

表 2-3 我国风能分布区域划分标准

项　　目	风能资源丰富区	风能资源较丰富区	风能资源可利用区	风能资源贫乏区
年有效风能密度/(W/m^2)	≥200	200～150	150～50	≤50
风速不小于 3 m/s 的年小时数/h	≥5000	5000～4000	4000～2000	≤2000
占全国面积/(%)	8	18	50	24

表 2-4 我国风能资源比较丰富的省区

省　　区	风力资源/万千瓦	省　　区	风力资源/万千瓦
内蒙古	6178	山东	394
新疆	3433	江西	293
黑龙江	1723	江苏	238

续表

省　区	风力资源/万千瓦	省　区	风力资源/万千瓦
甘肃	1143	广东	195
吉林	638	浙江	164
河北	612	福建	137
湖北	606	海南	64

1. 风能资源丰富区

我国风能资源丰富区主要分布在东南沿海、山东半岛和辽东半岛沿海区、“三北”(东北、华北、西北)地区以及松花江地区。

东南沿海、山东半岛和辽东半岛沿海区邻近海洋,风力大,越向内陆风速越小。这里的海平面平坦,阻力小,陆地表面较复杂,摩擦阻力大,在相同的气压梯度下,海平面的风力比陆地的大,我国气象站观测到风速大于7 m/s的地方除了高山气象站以外,都集中在东南沿海。这里春季风能最大,冬季次之,其中福建省平潭县年平均风速为8.7 m/s,是全国平均地上风能最大的地区。

“三北”地区是内陆风能资源最好的区域,这一地区受内蒙古高压控制,每次冷空气南下都会造成较强风力,地面平坦,风速梯度小,春季风能最大,冬季次之。

松花江下游风速多是由东北低压造成的,另外,这一地区北有小兴安岭,南有长白山,处于峡谷中,风速也因此增加,春季风力最大,秋季次之。

2. 风能资源较丰富区

我国风能资源较丰富区主要分布在东南沿海内陆和渤海沿海区,以及“三北”地区的南部区域和青藏高原区。东南沿海内陆和渤海沿海区,长江口以南风能秋季最大,冬季次之;长江口以北风能春季最大,冬季次之。“三北”地区的南部区域、内蒙古和甘肃北部终年在西风带的控制之下,又是冷空气入侵的通道,风速较大,形成了风能较丰富区。这一地区风能分布范围广,是我国连成一片的最大风能资源区。

青藏高原海拔较高,离高空西风带较近,春季随着地面的增热,对流加强,风力变大,夏季次之。

3. 风能资源可利用区

我国风能资源可利用区分布于两广(广东、广西)沿海区,大、小兴安岭地区及中部地区。两广沿海区在南岭以南,位于大陆南端,冬季有强大的冷空气南下,风能冬季最大,秋季受台风影响,风力次之。

大、小兴安岭地区的风力主要受东北低压影响,春、秋季风能最大。

中部地区是指从东北长白山开始,向西经华北平原到我国最西端,贯穿我国东西的广大地区。其中,西北各省、川西,以及青藏高原东部、西部风能春季最大,夏季次之,四川中部为风能欠缺区,黄河和长江的中、下游风能春、冬季较大。

4. 风能资源贫乏区

四川、云南、贵州、南岭山地地区、甘肃、陕西南部、塔里木盆地、雅鲁藏布江和昌都区则为风能资源贫乏区,这些地区多为群山环抱,风能潜力低,利用价值小。

2.3 风力发电场选址

风力发电场是由一批风力发电机组或风力发电机组群组成的电站，场内主要包括风力发电机、变压器、集电线路、变电站等部分。风力发电场选址是否恰当对能否达到风力发电预期出力起着关键的作用。

风，时有时无，时大时小。风能的大小受到多种自然因素的支配，尤其是气候背景、地形和海陆的影响。风能在空间分布上比较分散，在时间分布上不稳定且不连续，但是风能在空间和时间的分布上又有很强的地域性。选择高品位的风力发电场地址，不但要利用已有的气象资料研究大气流动规律，还要进行为期至少一年的观测，并结合电网、交通、居民居住地等进行综合的社会效益和经济效益分析，最后确定最佳的风力发电场地址。风力发电场的地址还直接关系到风力发电机的设计与选型。

一、风力发电场选址的技术规定

见附录A。

二、风力发电场的宏观选址

1. 步骤

风力发电场的宏观选址可按如下三个步骤进行。

1）候选

参照国家风能资源分布情况，在风能资源丰富区内候选那些风况品位高、可开发价值大、有足够大的面积、具备良好的地形地貌的区域。

2）筛选

在上述区域内综合考虑土地投资、交通通信、电网联网、环境、生活等因素，进行综合调查和分析，并收集气象资料，实施定点观测，取得足够精确的数据。

3）定点

对于筛选区域，在风能资料和观测数据的基础上进行风能潜力估计，并进行可行性评价，最后确定最佳区域。

2. 条件

1）风能品质好

高品质的风能资源是建设风力发电场的基本前提。风能品质好的风能资源一般应满足年平均风速在6 m/s以上，年平均有效风功率密度大于300 W/m^2，风速为3～25 m/s的小时数在5000 h以上，且风频分布好。

2）容量系数大

容量系数是指风力发电机组的年度电能净输出，即风力发电机的实际输出功率与额定功率之比。风力发电场一般选址在容量系数大于30%的地区。

3）风向稳定

利用风向玫瑰图，主导风向频率在30%以上的地区是风向稳定区。如果风力发电场有一个或两个方向几乎相反的盛行主风向，对于风力发电机组的排布是非常有利的；如果风力发电场虽然风况好，但没有盛行风向，就要综合考虑各种因素。

4)风速变化小

风力发电场尽可能不要选择在风速日变化、季变化较大的地区。虽然我国冬季风大，夏季风小，属于季风气候，但是在北部和沿海地区，由于气候和海陆的关系，风速年变化较小。

5)风垂直切变小

选址时考虑不同的地面粗糙度引起的不同的风廓线，风垂直切变大对风力发电机组的运行不利，应选择在风力发电机组高度范围内风垂直切变小的区域。

6)湍流强度小

湍流会使可利用风能减小，减小风力发电机组功率输山，产生振动，使叶片受力不均，引起部件机械磨损，缩短其使用寿命。选址时应尽量避开粗糙的地表和高大的建筑障碍物，或风力发电机组的轮毂高出附近障碍物 10 m。

7)避开灾害天气

灾害天气包括强风暴(如强台风、龙卷风)、雷电、沙暴、盐雾等，它们对风力发电机组具有破坏性。例如，强风暴、沙暴会使叶轮转速增大，使叶轮失去平衡，且增加机械磨损，减小设备使用寿命，盐雾会腐蚀风力发电机组部件等。

8)尽可能靠近电网

风力发电场应尽可能靠近电网，以减少电损和电缆铺设。

9)地形简单、地质好

地形单一，风力发电机组在无干扰的情况下运行状态最佳。选址时也应当考虑地质状况，比如是否适合深度挖掘，远离强地震带、火山频发区及具有考古意义等特殊价值的地区。

10)其他

选址时还应当关注到温度、气压、湿度、海拔对空气密度的影响，除此以外还要考虑交通方便、保护生态等问题。

三、风力发电场的微观选址

风力发电场的微观选址是指在宏观选址的基础之上确定现场场地的具体布置，即风力发电机组的具体安装位置，以便使风力发电场具有较好的经济效益。

风力发电场的微观选址应考虑以下几个方面。

1)确定盛行风向

根据风向玫瑰图确定盛行风向。在平坦地区，风力发电机垂直于盛行风向安装。在地形复杂的地区，气流方向的改变受地形的影响，风向差别大，风力发电机的布置位置根据情况的不同，可选择在风速较大又相对稳定的地方。

2)考虑地形影响

(1)平坦地形。

在风力发电场及其周围 5 km 半径范围内，地形高度差小于 50 m，同时地形最大坡度小于 3°的地形称为平坦地形。实际上，如果风力发电场周围，尤其是盛行风向的来风方向没有大的山丘或者悬崖之类的地形，均可将该地形看作平坦地形。

对于平坦地形，在场址区域范围内，同一高度上的风速可以看作是匀速的，此时提高风力发电机组输出功率的唯一方法是增大塔架高度。障碍物对气流有阻碍和遮蔽作用，从而会改变气流方向和温度，如图 2-18 所示。如果形成加速区，影响是有利的；如果产生尾流、风扰动，则影响是不利的。安装风力发电机组时应避开障碍物的尾流区。当风力发电机组风轮叶片扫风最低点为障碍物高度的三倍时，可忽略障碍物在高度上的影响。

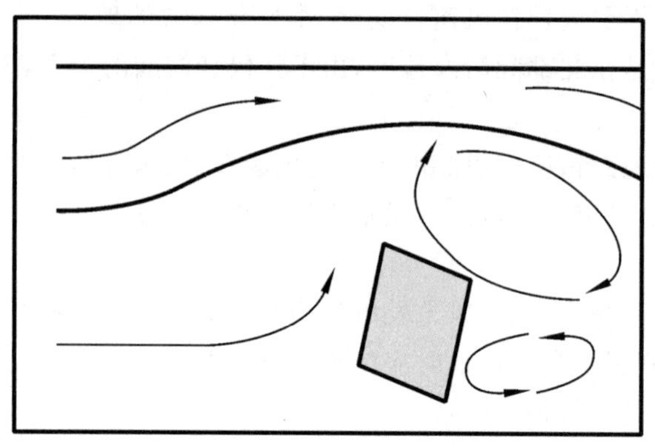

图 2-18　障碍物对气流方向的影响

(2)复杂地形。

复杂地形是指平坦地形以外的各种地形，可分为隆升地形(如山丘、山脊和山崖等)和低凹地形(如山谷、盆地、隘口、河谷等)。对于隆升地形，主要利用它的高度抬升和对气流的压缩作用来选择风力发电机组的安装位置。研究表明，山丘和盛行风向相切的两侧上半部是最佳场址，这里气流得到最大加速，其次是山丘的顶部。应该避免在整个背风面及山麓选定场址，这些地方风速低、湍流强。对于低凹地形，比如在谷地进行选址时，应该首先考虑山谷风的走向是否与当地盛行风的风向一致。这里的盛行风是指大地形下的盛行风，而不是山谷本身局部地形风的风向。其次要考虑山谷中的收缩部分，山谷两侧山越高，风就越大。另外，还要考虑地形变化引起的湍流。

(3)海陆地形。

海面摩擦阻力小于陆地摩擦阻力，低层大气中，海面上的风速一般大于陆地的风速，选址时应选择近海，风能潜力比陆地的大 50%左右。

3)避免尾流效应

在风力发电场中，一方面，风经过风力发电机产生尾流，风速降低，使后面的风力发电机可利用的风速减小；另一方面，转动的风轮造成湍流强度增大，风力发电机后面的风速会出现突变，有一定程度的减小，从而影响到风力发电机组的发电量，这就是尾流效应，如图 2-19 所示。一般尾流效应可造成 5%左右的能量损失。

图 2-19　尾流效应

风力发电场的选址是一项复杂的工作，必须严格按照程序和要求进行，为风力发电场获得最佳经济效益把好第一道关。

四、风力发电场的布置形式

风力发电场中的风力发电机的布置原则是任何一台风力发电机风轮转动接受风能，而不影响其前后左右的其他风力发电机接受最大风能，即保证风力发电机组间的相互干扰最小，且占地面积小，便于管理。图 2-20 所示为盛行风向不变的风力发电场中的风力发电机的布置情况，图 2-21 所示为盛行风不是一个方向时风力发电机的布置情况，图 2-22 所示为迎风坡风力发电场中的风力发电机的布置情况，图中 d 为风轮直径。

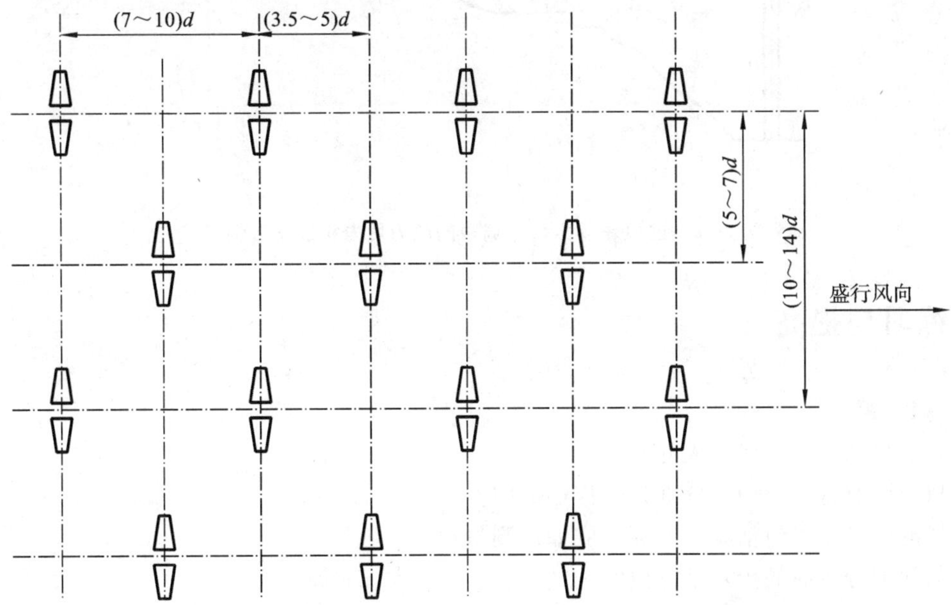

图 2-20　盛行风向不变的风力发电场中的风力发电机的布置情况

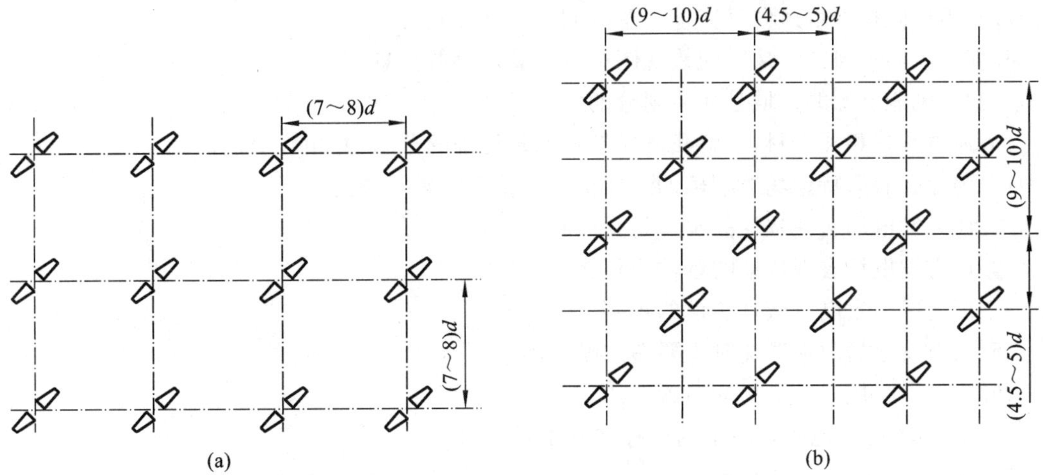

图 2-21　盛行风不是一个方向时风力发电机的布置情况

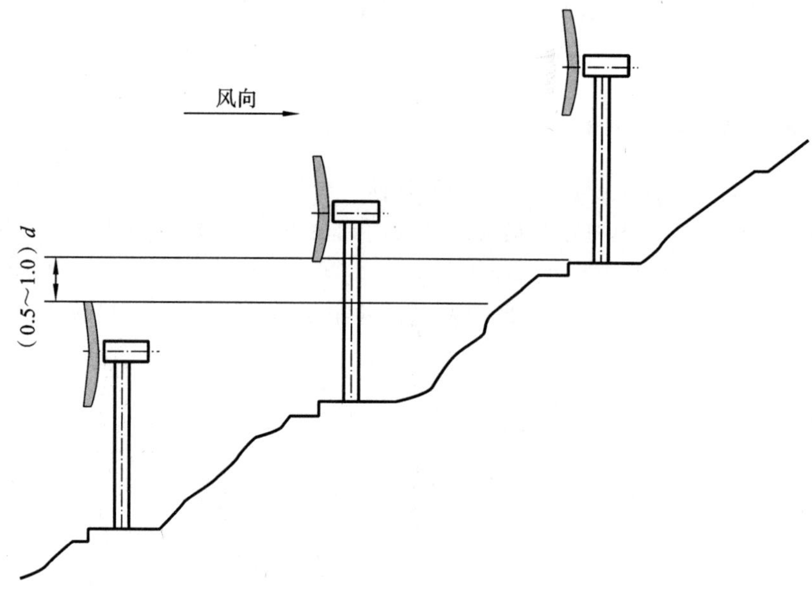

图 2-22 迎风坡风力发电场中的风力发电机的布置情况

练习与提高

一、简答题

1. 自然界的风是如何形成的？
2. 风主要有哪些类型？分别是怎样形成的？
3. 风的测量主要包括哪些方面？应如何测量？
4. 如何划分风向的十六个方位？
5. 风速仪主要有哪些类型？各有何特点？
6. 举例说明常用的风速仪的工作原理。
7. 利用风向标测量风向时应该注意的问题是什么？
8. 何为风向玫瑰图？从风向玫瑰图中可以获取哪些信息？
9. 我国风能资源的区域是如何划分的？
10. 通过查找相关资料，了解我国风能资源较详细的分布，并相互交流。
11. 为什么获取特定场地准确的风能资源数据是非常重要的？
12. 风力发电场宏观选址的步骤是什么？
13. 风力发电场宏观选址的条件是什么？
14. 简述风力发电场微观选址的步骤。
15. 风力发电场微观选址时主要考虑哪些因素？
16. 举例说明风力发电场的布置形式。
17. 根据图 2-23 说明该图示的名称和其主导风向。

二、判断题

1. 风能的大小与风速的平方成正比。 （ ）
2. 风能的大小与空气密度成正比。 （ ）
3. 风力发电机风轮吸收能量的多少主要取决于空气温度的变化。 （ ）

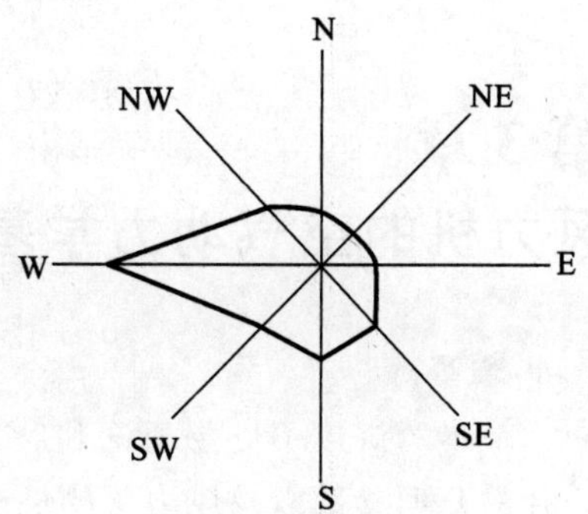

图 2-23　题 17 图

4. 风的功率是指一段时间内测量的能量。（　）

5. 风力发电场选址时只要考虑风速这一项要素即可。（　）

6. 风力发电场选址是一个很复杂的过程，涉及的问题比较多。（　）

第3章
风力机的空气动力学基础

本章概要

本章讲述了贝兹理论和叶素理论、风轮的几何参数、叶片的几何参数以及风力机的性能参数。

现在利用风能的主要形式是风力发电，即利用风力机将风能转化为电能。

3.1 风力机的基本理论

一、贝兹理论

1. 贝兹理论基本假设

风力机的基本理论是贝兹理论。贝兹理论是由德国物理学家贝兹于 1919 年提出的。风轮是风力机的主要组成部件之一，它在风力的作用下旋转，将风能转化成机械能。由于流经风轮后的风速不可能为零，因此风所拥有的能量也不可能完全被利用。对于其中可利用的部分，贝兹理论进行了分析。贝兹理论假设风轮是理想风轮，即：

(1)风轮可以简化成一个平面桨盘，没有轮毂，而叶片为无穷多片，这个平面桨盘被称为致动盘。

(2)风轮叶片旋转时不受摩擦阻力，是一个不产生损耗的能量转换器。

(3)风轮前、风轮扫掠面、风轮后的气流都是均匀的定常流，空气流是连续的、不可压缩的，气流流动模型如图 3-1 所示。

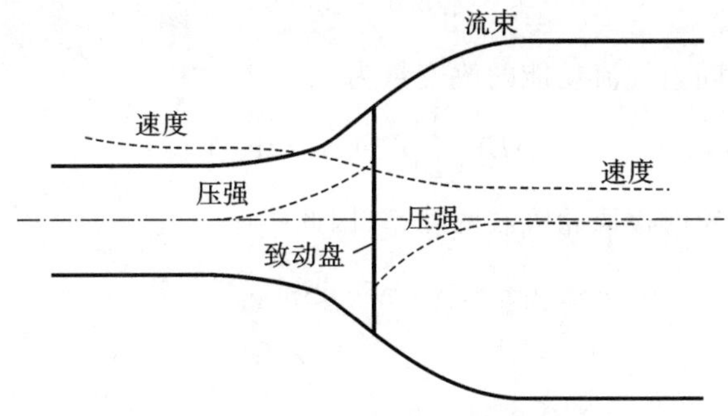

图 3-1　流经致动盘的流束

(4)风轮前未受扰动的气流静压和风轮后远处运动的气流静压相等。

(5)作用在风轮上的推力是均匀的。

(6)不考虑风轮后的尾流旋转。

(7)叶轮处在单元流管模型中，气流速度的方向不论是在叶片前还是流经叶片后，都是垂直于叶片扫掠面的(或称为平行于风轮轴线)，如图 3-2 所示。

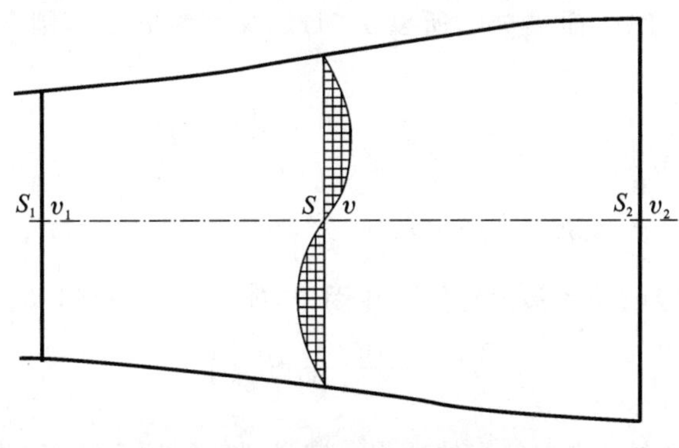

图 3-2　贝兹理论计算简图

2. 参数计算

分析一个放置在移动空气中的理论风轮叶片上所受到的力及移动空气对风轮叶片所做的功。设风轮前方的风速为 $\boldsymbol{v}_1$，是实际通过风轮的风速，$\boldsymbol{v}_2$ 是叶片扫掠后的风速，通过风轮叶片前风速面积为 S_1，叶片扫掠面的风速面积为 S，扫掠后风速面积为 S_2。风吹到叶片上所做的功是将风的动能转化为叶片转动的机械能，则必有 $v_2<v_1$，$S_2>S_1$。

由流体连续性条件（流量相等）可得

$$S_1 v_1 = Sv = S_2 v_2 \tag{3-1}$$

1）风轮受力及风轮吸收功率

根据气流冲量原理可知，风轮所受的轴向推力为

$$F = m(v_1 - v_2) \tag{3-2}$$

式中，$m=\rho Sv$，m 为单位时间内通过风轮的气流质量，ρ 为空气密度，取决于温度、气压、湿度，一般可取 1.225 kg/m^3。

风轮吸收功率（即风轮单位时间内吸收的风能）为

$$P = Fv = \rho Sv^2(v_1 - v_2) \tag{3-3}$$

2）动能定理的应用

根据动能定理可知，气流所具有的动能为

$$E = \frac{1}{2}mv^2 = \frac{1}{2}\rho Svv^2 \tag{3-4}$$

在叶轮前后单位时间内气流动能的改变量为

$$\Delta E = \frac{1}{2}\rho Sv({v_1}^2 - {v_2}^2) \tag{3-5}$$

这就是气流穿过风轮时被风轮吸收的功率，因此

$$\rho Sv^2(v_1 - v_2) = \frac{1}{2}\rho Sv({v_1}^2 - {v_2}^2) \tag{3-6}$$

整理后可得

$$v = \frac{v_1 + v_2}{2} \tag{3-7}$$

即穿过风轮扫风面的风速等于风轮远前方与远后方风速和的一半（平均值）。

3）贝兹极限

令

$$v = v_1(1-\alpha) = v_1 - U \tag{3-8}$$

则有

$$v_2 = v_1(1-2\alpha) \tag{3-9}$$

式中：α——轴向干扰因子，又称为入流因子；U——轴向诱导速度，$U=v_1\alpha$。

因为当 $\alpha=1/2$ 时，$v_2=0$，而 $v_2>0$，所以 $\alpha<1/2$；又因为 $v<v_1$，则 $0<\alpha<1$。所以 α 的范围为 $0<\alpha<\frac{1}{2}$。

由于风轮吸收功率为

$$P = \Delta E = \frac{1}{2}\rho Sv({v_1}^2 - {v_2}^2) = 2\rho S{v_1}^3\alpha(1-\alpha)^2 \tag{3-10}$$

令 $dP/d\alpha=0$，可得吸收功率最大时的入流因子，即 $\alpha=1$ 和 $\alpha=1/3$。取 $\alpha=1/3$，得

$$P_{\max} = \frac{16}{27}\left(\frac{1}{2}\rho S{v_1}^3\right) \tag{3-11}$$

式中 $\frac{1}{2}\rho S{v_1}^3$ 是单位时间内远前方气流的功率。定义风能利用系数 C_P 为

$$C_P = P / \left(\frac{1}{2} \rho S v_1{}^3 \right) \tag{3-12}$$

于是最大风能利用系数 C_{Pmax} 为

$$C_{Pmax} = P_{max} / \left(\frac{1}{2} \rho S v_1{}^3 \right) = 16/27 \approx 0.593 \tag{3-13}$$

此乃贝兹极限，它表示理想风力机的风能利用系数 C_P 的最大值是 0.593（风轮理论可达到的最大效率）。对于实际使用的风力机来说，二叶片高性能风力机的效率可达 0.47。C_P 值越大，则风力机能够从自然风中获得的能量百分比就越大，风力机的效率就越高，即风力机对风能的利用率就越高。

二、叶素理论

1. 叶素理论的基本思想

叶素为风轮叶片在风轮任意半径处的一个基本单元。例如在图 3-3 中，从半径 r 处翼型剖面延伸一小段厚度为 δr 的部分而形成叶素，风轮旋转过程中，叶素扫掠出一个圆环。假设把叶片分割成无限多个叶素，每个叶素都是叶片的一部分，每个叶素的厚度无限小，并且假设所有叶素都是独立的，叶素间不存在相互作用，通过不同叶素的气流也不相互干扰。这样叶素就被简化为二维翼型，在分析叶素的空气动力特性时，可以忽略叶片长度的影响。通过对作用在各叶素上的载荷的分析，并沿叶片展向求和，就可以获得作用在风轮上的推力和转矩。

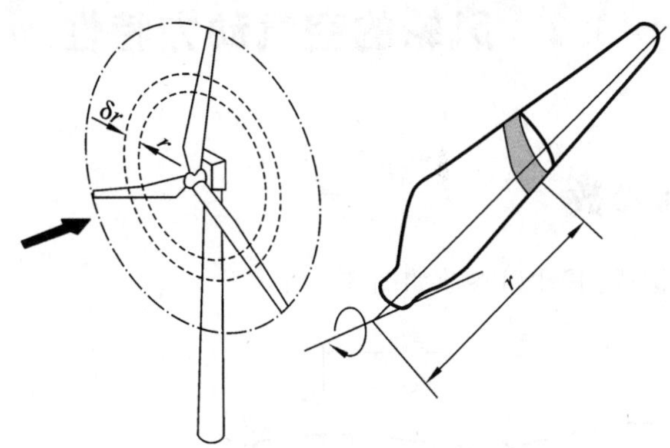

图 3-3　叶素

2. 叶素模型

1）叶素模型的端面

在桨叶的径向距离 r 处取一微段，展向长度为 $\mathrm{d}r$，在旋转平面内的线速度 $U = r\omega$，ω 为叶轮旋转角速度。

2）叶素模型的翼型剖面

翼型剖面的弦长为 C，安装角为 θ。

假设 $\boldsymbol{v}$ 为来流的风速（垂直于旋转平面），由于 $\boldsymbol{U}$ 的影响，气流相对于桨叶的速度应是旋转平面内的线速度 $\boldsymbol{U}$ 与来流的风速 $\boldsymbol{v}$ 的矢量和，记为 $\boldsymbol{W}$。

$\boldsymbol{W}$ 与叶轮旋转平面的夹角为入流角，记为 φ，则叶片翼型的攻角为

$$\alpha = \varphi - \theta$$

3）叶素的受力分析

图 3-4 所示为叶素理论分析简图，在 $\boldsymbol{W}$ 的作用下，叶素受到一个气动合力 $\mathrm{d}\boldsymbol{R}$ 的作用，该力

可分解为平行于 $\boldsymbol{W}$ 的阻力元 $\mathrm{d}\boldsymbol{D}$ 和垂直于 $\boldsymbol{W}$ 的升力元 $\mathrm{d}\boldsymbol{L}$；另一方面，$\mathrm{d}\boldsymbol{R}$ 还可分解为轴向推力元 $\mathrm{d}\boldsymbol{F}_n$ 和旋转切向力元 $\mathrm{d}\boldsymbol{F}_t$。

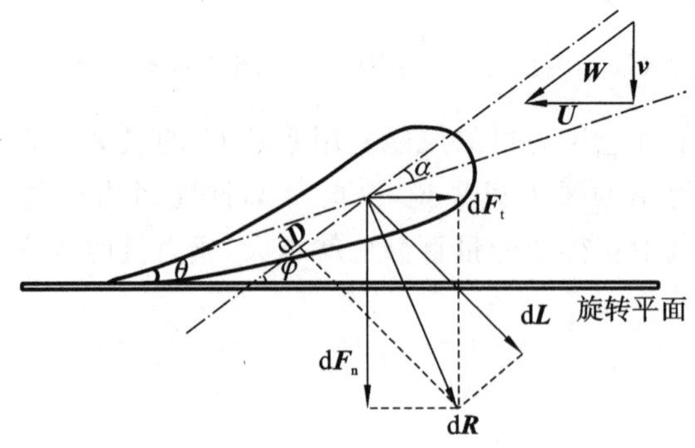

图 3-4　叶素理论分析简图

扭矩元为

$$\mathrm{d}T = r\mathrm{d}F_t$$

将叶素上的轴向推力元 $\mathrm{d}F_n$ 沿展向积分求和，就可得到叶片所受的总的轴向推力 F_n；将叶素上的扭矩元 $\mathrm{d}T = r\mathrm{d}F_t$ 沿展向积分求和，就可得到叶片所受的总的扭矩 T。因此，叶轮的输出功率为 $P = \omega T$。

3.2　风轮的空气动力特性

一、风轮的几何参数

风轮由叶片和轮毂构成，其几何参数如图 3-5 所示。

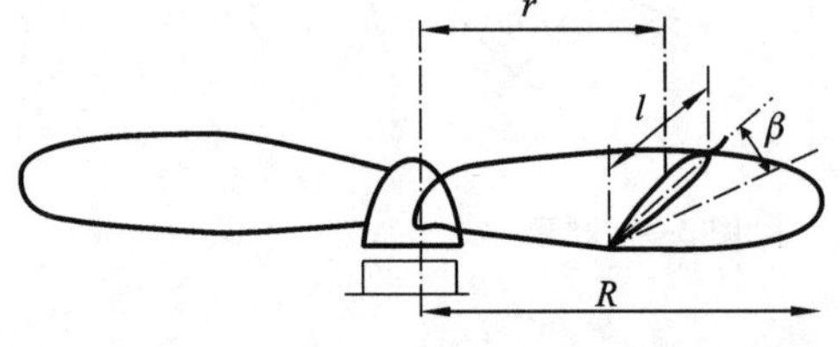

图 3-5　风轮的几何参数

(1)风轮轴线：风轮旋转运动的轴线。

(2)旋转平面：与风轮轴垂直，叶片旋转时的平面。

(3)风轮中心高：风轮旋转中心到基础平面的垂直距离。

(4)风轮直径：叶尖旋转圆的直径 $2R$。

(5)风轮扫掠面积：风轮旋转时叶片的回转面积。

(6)叶片轴线：叶片纵向轴线，绕其可以改变叶片相对于旋转平面的偏转角(安装角)。

(7)风轮翼型(在半径 r 处的叶片截面)：叶片与半径为 r 并以风轮轴为轴线的圆柱相交的截面。

(8)桨距角：在指定的径向位置，叶片几何弦与风轮旋转面之间的夹角，即图 3-5 中的 β 角。

(9)风轮锥角：叶片与旋转轴垂直平面的夹角，如图 3-6 所示。风轮锥角是为了防止风轮运行时叶尖与塔架碰撞。

(10)风轮仰角:风轮旋转轴与水平面的夹角,如图 3-6 所示。风轮仰角也是为了防止风轮运行时叶尖与塔架碰撞。

二、叶片翼型的几何参数

叶片翼型的几何参数如图 3-7 所示。

(1)前缘与后缘:翼型的尖尾点 B 称为后缘,圆头上的 O 点称为前缘。

(2)翼弦:连接前、后缘的直线 OB 称为翼弦。OB 的长度称为弦长,记为 C。弦长是翼型的基本长度,也称为几何弦。

(3)翼型上表面(上翼面):凸出的翼型表面 OMB。

(4)翼型下表面(下翼面):平缓的翼型表面 ONB。

(5)翼型的中弧线:翼型内切圆圆心的连线。对称翼型的中弧线与翼弦重合。

(6)厚度:翼弦垂直方向上、下翼面间的距离,通常用最大厚度作为翼型厚度的代表。

(7)弯度:翼型的中弧线与翼弦间的距离。

(8)攻角:气流相对速度与翼弦之间所夹的角度,记为 α,又称为迎角、冲角。

(9)相对厚度:翼型最大厚度与几何弦长的比值,通常为 3%~20%,最常用的为 10%~15%。

(10)叶片安装角:叶根确定位置处翼型几何弦与叶片旋转平面的夹角。

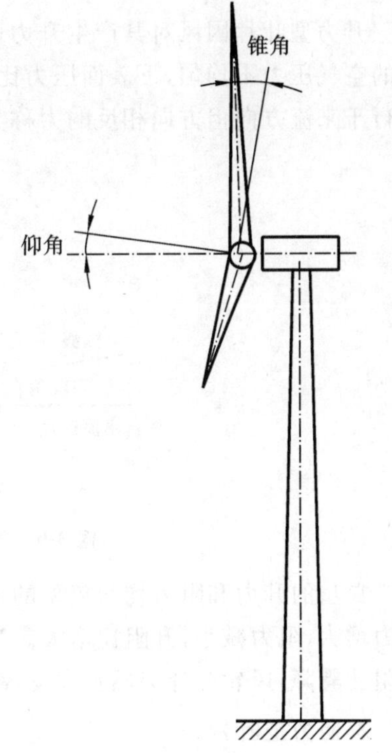

图 3-6 风轮锥角和仰角

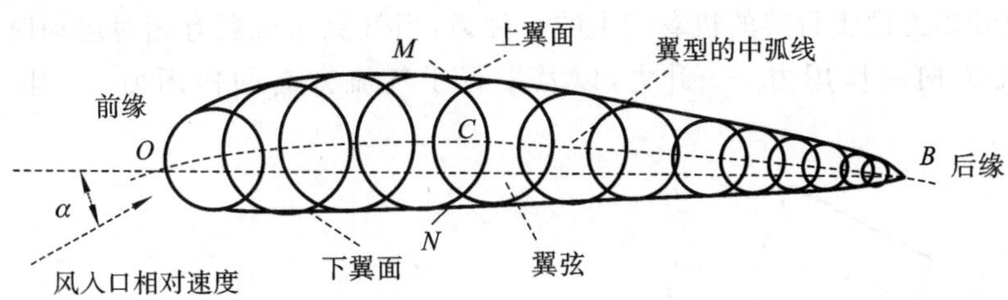

图 3-7 叶片翼型的几何参数

(11)叶片扭角:叶片尖部几何弦与根部几何弦夹角的绝对值,如图 3-8 所示。

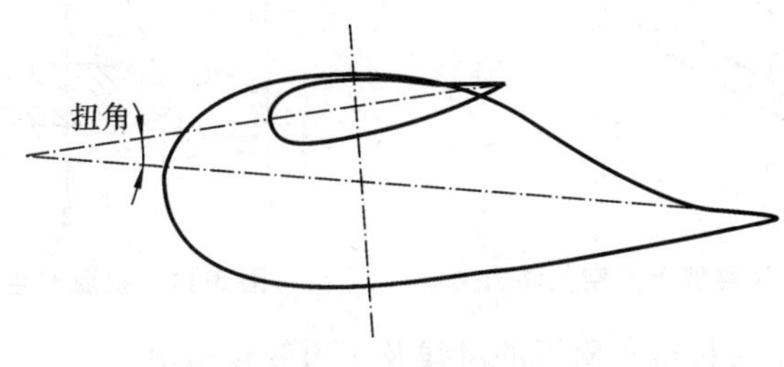

图 3-8 叶片扭角

三、叶片翼型的空气动力特性

1. 升力型叶片

升力型叶片因风对其产生升力而旋转做功。如图 3-9 所示，翼型周围存在绕流，翼型外表面的空气压力不均匀，下表面压力比上表面压力大，存在压力差，于是对翼型产生阻力和升力。平行于来流方向但方向相反的力称为阻力，垂直于空气流动方向的力叫作升力。

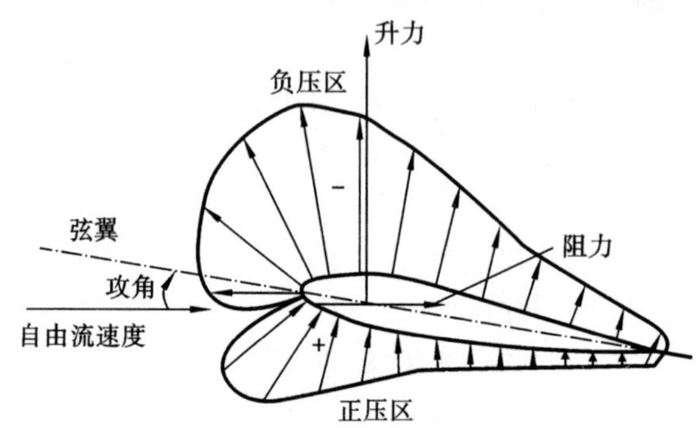

图 3-9　作用于升力型叶片翼型上的空气动力

翼型的升力和阻力均与翼型的形状和攻角有关。攻角达到临界值之前，随着攻角的增大，升力增大，阻力减小，升阻比增大。当攻角增大到某一临界值时，升力突然减小，阻力急剧增大，升阻比骤降，风轮叶片突然丧失支撑，这种现象称为失速。

2. 阻力型叶片

阻力型叶片依靠风对叶片的阻力来推动叶片旋转做功，如图 3-10 所示，气流作用于叶片，产生气动阻力 $\boldsymbol{D}$，由此阻力产生功率。

3. 升力和阻力的产生机理

气动升力和阻力像飞行器的机翼产生的一种力，当气流与机翼有相对运动时，气体对机翼有垂直于气流方向的作用力——升力，以及平行于气流方向的作用力——阻力，如图 3-11 所示。

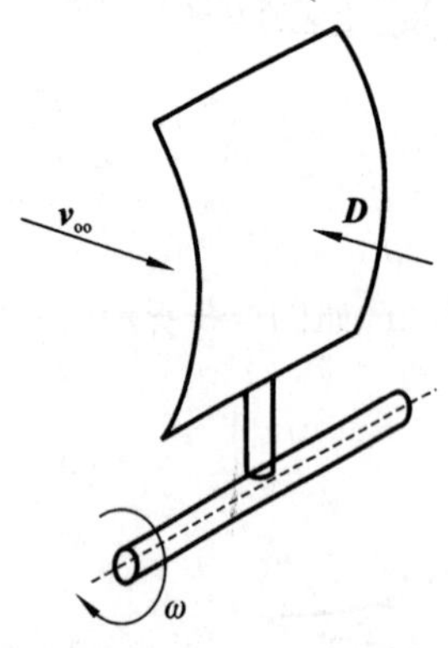

图 3-10　作用于阻力型叶片翼型上的空气动力

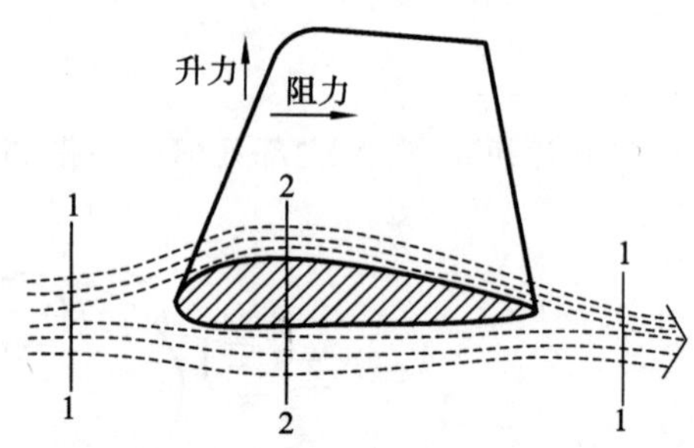

图 3-11　机翼产生的气动升力和阻力

下面就来定性地分析飞机机翼附近的流线及压力变化情况。

解释一：假设机翼上下气流量一样，即总能量一样，且到达机翼头部上部和下部的气流同时到达后缘。

当空气流过机翼时，气流会沿上、下表面分开，并在后缘处汇合。上表面弯曲，气流流过时走的路程较长；下表面较平坦，气流流过时走的行程较短。上、下气流最后要在某一处汇合，因为经历的时间一样，因而上表面的气流必须速度较快，下表面的气流速度较慢，这样上表面的气流与下表面的气流才能同时到达后缘。根据伯努利原理，$p+\frac{1}{2}\rho v^2=$常数，上表面高速气流对机翼的压力较小，下表面低速气流对机翼的压力较大，这样就产生了一个压力差，也就是向上的升力。在实际的飞机机翼上，升力来自两部分：一是机翼下表面的气流高压产生的向上的冲顶力，二是机翼上表面的高速气流的低压产生的吸力。简单地说，升力是气流对机翼"上吸、下顶"共同作用的结果。在全部升力中，机翼上表面的吸力比机翼下表面的冲力更大。

解释二：根据连续性方程，翼型上、下表面有

$$A_1 v_1 = A_2 v_2$$

翼型下表面处流场横截面面积 A_2 变化较小，空气流速几乎与截面 1 处的空气流速相等，因此翼型下表面的静压力几乎与截面 1 处的压力相等。

翼型上表面突出，流场横截面面积 A_1 减小，空气流速大于截面 1 处的空气流速，因此翼型上表面的静压力小于截面 1 处的压力。

所以，机翼运动时，机翼下表面的压力大于机翼上表面的压力，在机翼上表面形成低压区，在机翼下表面形成高压区，合力向上并垂直于气流方向。

4. 作用在机翼上的气动力

风吹过叶片时，在翼型面上产生压力，如图 3-12 所示，上翼面的压力为负，下翼面的压力为正。由于机翼上、下翼面所受压力不等，实际上存在一个指向上翼面的合力，记为 $\boldsymbol{F}$。$\boldsymbol{F}$ 在翼弦上的投影称为阻力，记为 $\boldsymbol{F}_D$；$\boldsymbol{F}$ 在垂直于翼弦方向上的投影称为升力，记为 $\boldsymbol{F}_L$。合力 $\boldsymbol{F}$ 对其他点（除自己的作用点外）的力矩，称为气动力矩 $\boldsymbol{M}$，又称为扭转力矩。

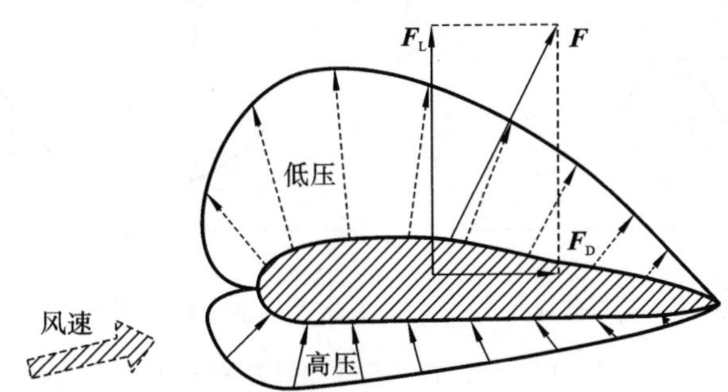

图 3-12 典型的压力分布与受力

此处的 $\boldsymbol{F}_L$、$\boldsymbol{F}_D$、$\boldsymbol{M}$ 分别为翼型沿展向单位长度上的升力、阻力和气动力矩。

合力 F 可用下式表示，即

$$F=\frac{1}{2}\rho C S v^2 \tag{3-14}$$

式中，ρ——空气密度，S——叶片面积，C——总的气动力系数。

升力 F_L 为

$$F_L=\frac{1}{2}\rho C_L S v^2 \tag{3-15}$$

阻力 F_D 为

$$F_D = \frac{1}{2}\rho C_D S v^2 \tag{3-16}$$

于是有

$$F^2 = F_L{}^2 + F_D{}^2 \tag{3-17}$$

5. 翼型剖面的升力和阻力特性

为方便使用，通常用无量纲数值表示翼型剖面的启动特性，定义升力系数为

$$C_L = \frac{2F_L}{\rho S v^2} \tag{3-18}$$

阻力系数为

$$C_L = \frac{2F_D}{\rho S v^2} \tag{3-19}$$

翼型剖面的升力特性用升力系数 C_L 随攻角 α 变化的曲线（升力特性曲线）来描述，如图3-13所示。

当 $\alpha = 0°$ 时，$C_L > 0$，气流为层流。

当 $\alpha < \alpha_{CT}$（15°左右）时，C_L 与 α 成近似的线性关系，即随着 α 的增加，升力 F_L 逐渐增大，气流仍为层流。

当 $\alpha = \alpha_{CT}$ 时，C_L 达到最大值 C_{Lmax}。α_{CT} 称为临界攻角或失速攻角。

当 $\alpha > \alpha_{CT}$ 时，C_L 将减小，气流也变为紊流。

当 $\alpha = \alpha_0$（$< 0°$）时，$C_L = 0$，表明无升力。α_0 称为零升力角，对应于零升力线。

翼型剖面的阻力特性用阻力系数 C_D 随攻角 α 变化的曲线（阻力特性曲线）来描述，如图 3-13 所示。

当 $\alpha > \alpha_{CDmin}$ 时，C_D 随 α 的增大而逐渐增大。

当 $\alpha = \alpha_{CDmin}$ 时，C_D 达到最小值 C_{Dmin}。

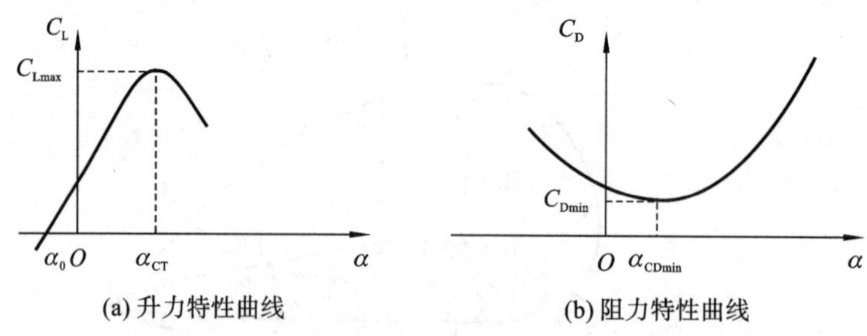

图 3-13　升力特性曲线和阻力特性曲线

四、风力发电机的性能参数

1. 风能利用系数 C_P

风能利用系数 C_P 是指风力机的风轮能够从自然风中获得的能量与风轮扫掠面积内的未扰动气流所含风能的百分比。风能利用系数是评定风轮气动特性优劣的主要参数。风的能量只有部分可被风轮吸收后转换成机械能，因此风能利用系数为

$$C_P = \frac{204P}{\rho v^3 A} \tag{3-20}$$

式中：P——实际获得的输出功率，kW；ρ——空气密度，kg/m³；A——风力机的扫掠面积，m²；

v——风速，m/s。

对于不同类型的风轮，其风能利用系数是不同的，并网型风力发电机组的风能利用系数一般应在 0.4 以上。

2. 叶尖速比 λ

叶尖速比简称尖速比，是指风轮叶片叶尖的线速度与风速之比，用 λ 表示，即

$$\lambda=\frac{v_{叶}}{v}=\frac{2\pi Rn}{60v} \tag{3-21}$$

式中：$v_{叶}$——叶片叶尖的线速度，m/s；v——风速，m/s；n——风轮转速，r/min；R——风轮转动半径，m。

叶尖速比与风轮效率是密切相关的，只要风力发电机没有超速，运转时处于较高叶尖速比状态下的风力发电机的风轮就具有较高的效率。

低速风轮，λ 取小值；高速风轮，λ 取大值。

3. 升阻比

风在叶片翼型上产生的升力 F_L 与阻力 F_D 之比称为翼型的升阻比，用 L/D 来表示，即

$$\frac{L}{D}=\frac{F_L}{F_D}=\frac{C_L}{C_D}$$

式中：C_L——升力系数；C_D——阻力系数；F_L——升力，N 或 kN；F_D——阻力，N 或 kN。

翼型的升阻比（L/D）越大，则风力发电机组的效率越高。

在攻角达到临界值之前，升力 F_L 随攻角 α 的增大而增大，阻力 F_D 随迎角的增大而减小。当攻角增大到某一临界值 α_{CT} 时，升力突然减小，而阻力急剧增大，此时风轮叶片突然丧失支撑力，这种现象称为失速。

4. 实度 S_A

风力机实度的定义是风轮的叶片面积之和与风轮扫掠面积之比，用 S_A 表示。风力机实度是标志风力机性能的重要特征系数。实度的大小取决于叶尖速比，一般来说，实度大的风力机属于叶尖速比小的大扭矩、低转速型风力机，如风力提水机；而实度小的风力机则属于叶尖速比大的小扭矩、高转速型风力机。对于风力机，因为要求转速高，因此风轮实度取得小。自启动风力发电机的实度是由预定的启动风速来决定的，启动风速小，要求实度大。通常风力发电机实度大致为 5%～20%。

5. 设计风速（额定风速）v_r

风力发电机达到额定功率输出时所规定的风速叫作额定风速。

6. 切入风速 v_C

风力发电机开始发电时，轮毂高度处的最低风速叫作切入风速（通常为 3～4 m/s）。

7. 切出风速 v_S

风力发电机组正常运行的最大风速，称为切出风速；风力发电机组所能承受的最大设计风速，叫作安全风速。

8. 风力机轴功率

风力机轴功率是指风力机轴的输出功率，它是评价风轮气动特性优劣的主要参数，它取决于风的能量和风轮的风能利用系数，即风轮的气动效率。

9. 风力发电机功率

风力发电机功率是指风力发电机的输出功率，可用下式计算，即

$$P_E = C_P C_Q \frac{\rho v^3 A}{204} \tag{3-22}$$

式中：C_P——风能利用系数；C_Q——传动装置及风力发电机的效率系数。

风力发电机的额定输出功率是与机组配套的发电机的铭牌功率，其定义是在正常工作情况下，当风速达到额定风速时，风力发电机组的设计功率要达到最大连续输出电功率。

风力发电机的功率随风速变化：当风速很低的时候，风力发电机风轮会保持不动；当达到切入风速时，风轮开始旋转并带动发电机开始发电；随着风力越来越强，输出功率会增加；当风速达到额定风速时，风力发电机会输出其额定功率；此后风速再增加，由于风轮的调节，功率保持不变。定桨距风轮失速有个过程，超过额定风速后功率略有上升，然后又下降。当风速进一步增加，达到切出风速时，风力发电机会刹车，与电网脱开，不再输出功率，以免受损。

在风力发电机组产品样本中都有一个功率曲线图，如图 3-14 所示。

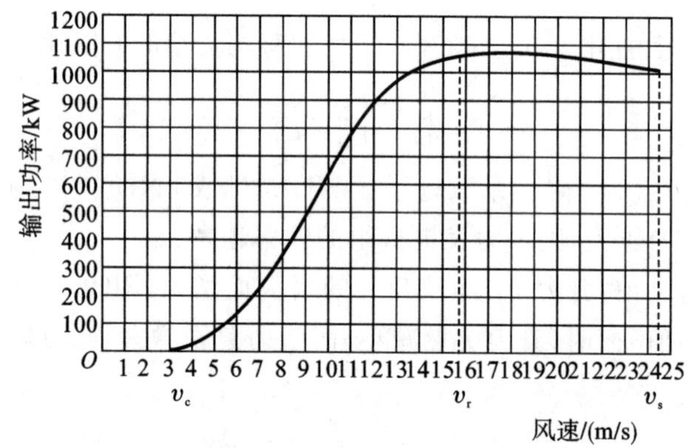

(a) 变桨距风力发电机组的功率曲线

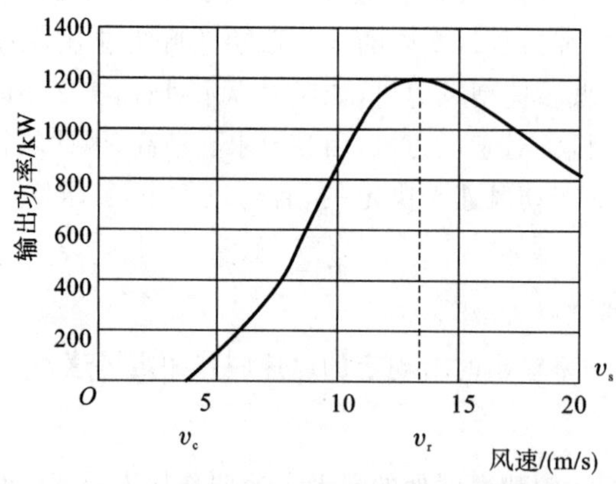

(b) 定桨距风力发电机组的功率曲线

图 3-14 风力发电机组的功率曲线

练习与提高

一、简答题

1. 阐述贝兹理论的内容和含义。

2. 叶素理论的基本假设是什么？

3. 风力发电机的主要性能参数有哪些？各有什么含义？

4. 描述叶片翼型的几何参数主要有哪些？试说明它们各自的含义。

5. 试说明翼型的空气动力特性。

6. 描述风轮的几何参数主要有哪些。试说明它们各自的含义。

7. 试说明风轮的空气动力特性。

8. 如果叶片扭角为零，那么攻角沿叶片长度如何变化？

9. 什么叫切入风速？什么叫切出风速？

二、判断题

1. 叶轮旋转时叶尖运动所生成圆的投影面积称为扫掠面积。（　　）

2. 风力发电机达到额定功率输出时所规定的风速叫作切入风速。（　　）

3. 风力发电机开始发电时，轮毂高度处的最低风速叫作切出风速。（　　）

4. 在正常工作情况下，风力发电机组要达到的最大连续输出功率叫作额定功率。（　　）

5. 风力发电机风轮吸收能量的多少主要取决于空气温度的变化。（　　）

6. 在指定的叶片径向位置（通常为 100％叶片半径处）叶片弦与风轮旋转面间的夹角叫作桨距角。（　　）

7. 风轮的叶尖速比是风轮的叶尖速度和设计风速之比。（　　）

8. 风力发电机组产生的功率是随时间变化的。（　　）

三、识图绘图题

1. 试画出叶片翼型剖面受力图，并加以说明。

2. 在图 3-15 中标明风轮直径和风轮中心高。

3. 在图 3-16 中标明风轮的仰角和锥角。

4. 试说明图 3-17 中 v_{in}、v_N、v_{out} 的含义。

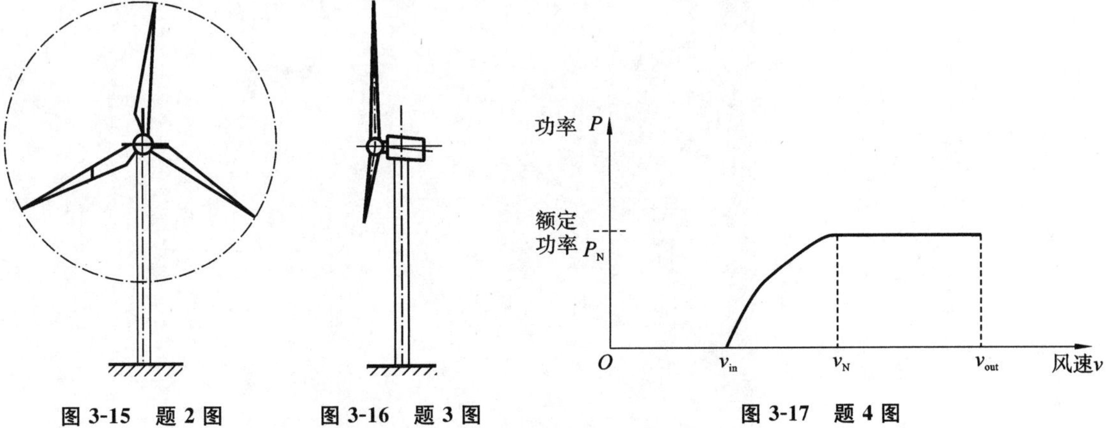

图 3-15　题 2 图　　图 3-16　题 3 图　　图 3-17　题 4 图

第 4 章
风力机与风力发电机组

本章概要

本章讲述了风力机的类型,水平轴和垂直轴风力机的组成、原理和特点。

风力发电机组是一种将风能转换为电能的能量转换装置，它包括风力机和发电机两大部分。空气流动的动能作用在风力机风轮上，从而推动风轮旋转，将空气动力能转变成风轮旋转机械能。风轮的轮毂固定在风力机的主轴上，通过传动系统驱动发电机轴及转子旋转，发电机将机械能转变成电能输送给负荷或电力系统，这就是风力发电的工作过程，如图 4-1 所示。

图 4-1　风力发电的工作过程

4.1　风力机的类型

风力机的形式多种多样，可以按下列方法分类。

一、根据风力机的额定功率分类

微型：10 kW 以下。

小型：10～100 kW；

中型：100～1000 kW；

大型：1000 kW 以上。

二、根据风轮转动轴与地面的相对位置分类

1. 水平轴风力机

水平轴风力机的风轮围绕一个水平轴旋转，工作时风轮的旋转平面与风向垂直，如图 4-2 所示。风轮上的叶片是径向安装的，与旋转轴垂直，并与风轮的旋转平面成一角度 Φ(安装角)。

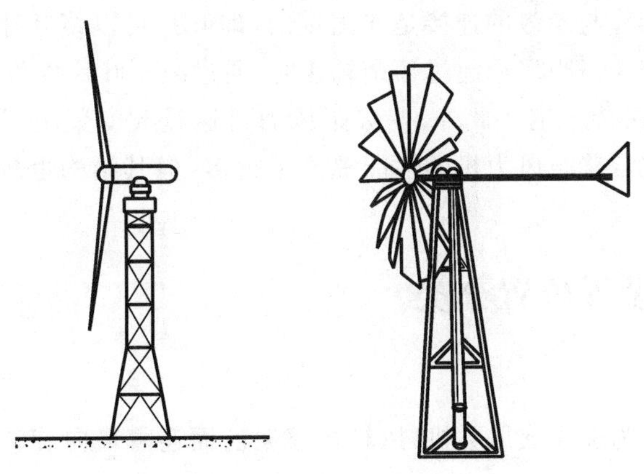

图 4-2　水平轴风力机

水平轴风力发电机组有两个主要优点：一是实度较低，所以能量成本低于垂直轴风力发电机组；二是叶轮扫掠面的平均高度可以更高，有利于增加发电量。

水平轴风力机的叶片数一般为 1～4 片(大多为 2 片或 3 片)。

2. 垂直轴风力机

垂直轴风力机的转动轴与地面垂直，风轮可以接受任何方向的风，而且当风向改变时，无须对风，如图 4-3 所示。

垂直轴风力机也有两个主要优点：一是可以接受来自任何方向的风，因而当风向改变时，无须对风，不需要偏航系统；二是齿轮箱和发电机可以安装在地面上，检修维护方便。

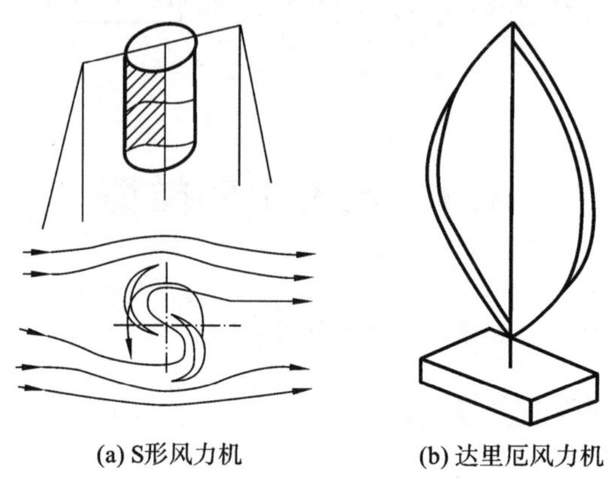

(a) S形风力机　　(b) 达里厄风力机

图 4-3　垂直轴风力机

三、根据桨叶是否可调节分类

1. 定桨距(失速型)风力机

定桨距风力机的叶片与轮毂的连接是固定的，当风速变化时，叶片的迎风角不能随之变化，风力机的功率调节完全依靠叶片的失速性能。定桨距风力机结构简单，性能可靠，以前在风能开发中一直占主导地位，多用于中小型风力发电机组上。

2. 变桨距风力机

变桨距风力机的叶片与轮毂的连接是非固定的，即叶片可以绕叶片中心轴旋转，使叶片攻角可以在一定范围内变化。当风速超过额定转速时，通过减小叶片攻角来改变风轮获得的空气动力转矩，使输出功率保持稳定。此外，变桨距风力机通过改变桨距可获得足够的启动力矩。变桨距风力机的性能比定桨距风力机的性能提高了很多，但其结构也较复杂，多用于大型风力发电机组上。

四、根据风轮设置位置分类

1. 上风向风力机

上风向风力机也称为迎风式风力机，风轮在塔架前面迎着风向旋转，如图 4-4(a)所示。这种类型的风力机较普遍。

2. 下风向风力机

下风向风力机也称为顺风式风力机，风轮在塔架的下风位置顺着风向旋转，一般用于小型风力发电机，如图 4-4(b)所示。

上风向风力机必须有某种调向装置来保持风轮迎风。对于小型风力发电机，这种对风装置采用尾舵；对于大型风力发电机，则利用风向传感元件及伺服电动机组成的传动机构。

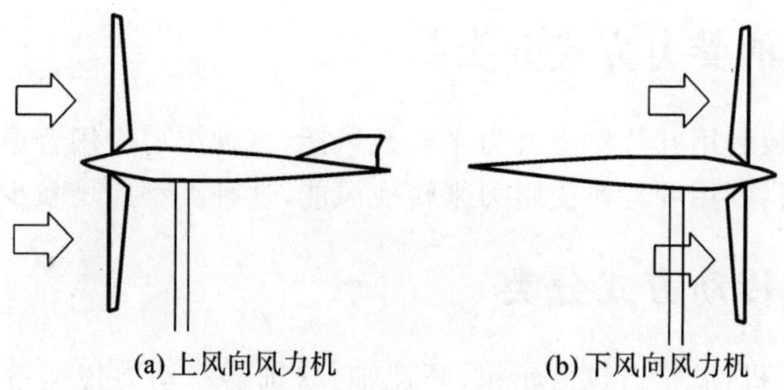

(a) 上风向风力机　　(b) 下风向风力机

图 4-4　两种风轮不同设置位置的水平风力机

下风向风力机则能够自动对准风向，从而免除了调向装置。但对于下风向风力机，由于一部分空气通过塔架后才吹向风轮，这样塔架就干扰了流过叶片的气流而形成所谓的塔影效应，使风力机的性能有所降低。

五、根据风力机风轮叶片（桨叶）数量分类

(1)单叶片风力机：风力机风轮只有一片叶片。

(2)双叶片风力机：风力机风轮有两片叶片。

(3)三叶片风力机：风力机风轮有三片叶片。

(4)多叶片风力机：风力机风轮有三片以上的叶片。

图 4-5 所示为双叶水平轴风力机、三叶水平轴风力机、多叶水平轴风力机的风轮。图 4-6 所示为 S 形单叶垂直轴风力机、S 形多叶垂直轴风力机的风轮。目前，三叶片风力机是主流形式。

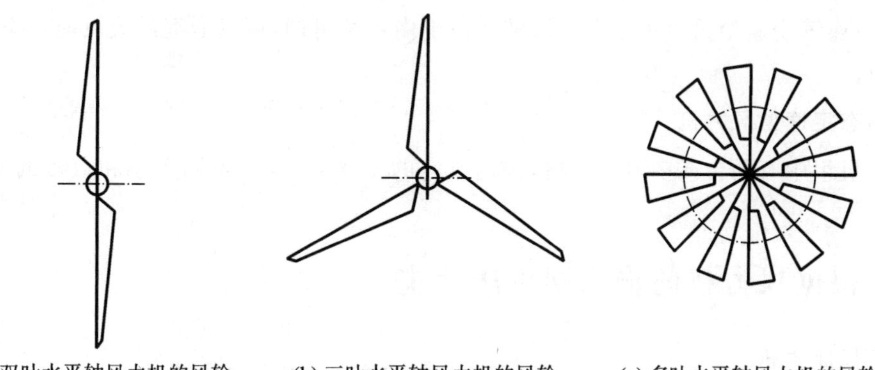

(a) 双叶水平轴风力机的风轮　　(b) 三叶水平轴风力机的风轮　　(c) 多叶水平轴风力机的风轮

图 4-5　不同叶片数的水平轴风力机的风轮

(a) S形单叶垂直轴风力机的风轮　　(b) S形多叶垂直轴风力机的风轮

图 4-6　不同叶片数的垂直轴风力机的风轮

六、根据桨叶的受力方式分类

(1)升力型风力机:利用叶片所受升力来转换风能,这种类型应用普遍。

(2)阻力型风力机:利用叶片所受阻力来转换风能,这种类型应用较少。

七、根据机械传动方式分类

(1)齿轮箱型风力机:风轮通过齿轮箱、高速轴、联轴器将动力传递给发电机。齿轮箱起到增速作用,也被称为增速箱。

(2)无齿轮箱直驱型风力机:通过采用多级同步风力机,风轮直接与发电机连接,风轮的转矩直接传递到发电机。

(3)半直驱型风力机:上述两种类型的综合,齿轮箱的传动比小于齿轮箱型风力机齿轮箱的传动比,同步发电机的极数小于无齿轮箱直驱型风力机的极数,从而减小了发电机的体积。

八、根据风轮转速是否恒定分类

1. 恒速型风力机

风轮的转速恒定不变,不随风速的变化而变化。这种风力机多用于恒速恒频运行方式。

2. 变速型风力机

风轮工作转速随风速而变化,目前,主流的大型风力发电机组都采用变速型风力机,实施变速恒频运行方式。其中,双速型风力机可在两个设定转速之间运行,风能转换率较低,与恒速发电机匹配;连续变速型风力机是在一段转速范围内连续可调,可以捕捉最大风能功率,与变速发电机对应。

3. 多态定速型风力机

发电机组中有两台或多台发电机,根据风速的变化,可以有不同大小和数量的发电机投入工作。

九、根据风力机的输出端电压分类

1. 高压风力机

输出端电压为10～20 kV,甚至达到40 kV,可省略升压变压器,直接并网。高压风力机与直驱型永磁体极一起组成的同步发电机,是目前风力机中的一种很有发展前景的机型。

2. 低压风力机

输出端电压为1 kV以下,目前市面上大多为此机型。

除了上述主要的分类方法外,风力机还有一些其他的分类方法。例如:按匹配的发电机类型,风力机可以分为同步发电机型和异步发电机型,同步发电机有电励磁同步发电机和永磁同步发电机,异步发电机有笼型异步发电机和绕线式双馈异步发电机;按并网方式,风力机可以分为并网型、离网型,前者并入电网,省去储能环节,后者一般需要配备蓄电池等,可带交、直流负荷或与柴油发电机、光伏电池等并联运行。

4.2 水平轴风力机的结构及原理

风力机的形式各异，结构各有不同，实际应用中的主要形式是水平轴和垂直轴两大类。

水平轴风力机的应用较为广泛，其风轮围绕一根水平轴运转，其旋转平面与风向垂直。

虽然水平轴风力机的形式多样，但其原理和总体结构大同小异。图 4-7 所示为一水平轴风力机的基本结构，其主要由风轮、传动系统、偏航系统（对风装置）、液压系统、制动系统、控制与安全保护系统、机舱、塔架和基础等组成。

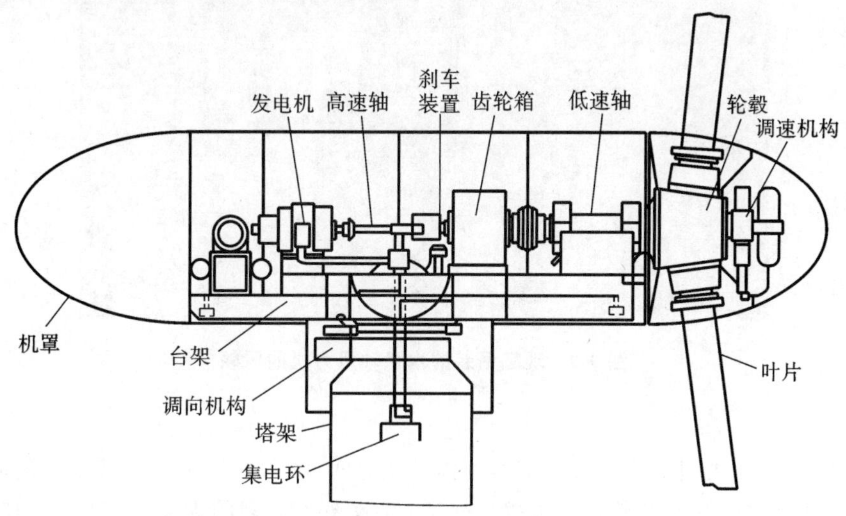

图 4-7 水平轴风力机的基本结构

图 4-8 所示为一水平轴风力机的剖面图，从图中可以更直观地了解水平轴风力机的基本结构和组成。

图 4-8 水平轴风力机的剖面图

1—桨叶片；2—轮毂；3—桨距调节；4—制动器；5—低速轴；6—齿轮箱；7—发电机；8—控制器；9—风速仪；10—风向标；11—机舱；12—高速轴；13—偏航驱动器；14—偏航电机；15—塔架

下面分别对水平轴风力机各组成部分加以介绍。

一、风轮

风轮是风力机的核心部件，由叶片和轮毂组成，其功能是将风能转换为机械能。图4-9所示为现场吊装的水平轴风力机的风轮。

图4-9　现场吊装的水平轴风力机的风轮

1.叶片

风力发电场的风力机通常有2～3片叶片，叶尖速度为50～70 m/s。三叶片的叶轮通常具有最佳效率，然而二叶片的叶轮仅降低2%～3%的效率。更多的人认为三叶片的叶轮从审美的角度更令人满意。三叶片叶轮上的受力更平衡，轮毂可以简单些。

叶片是由玻璃增强热固性塑料(GRP)、木头和木板、碳纤维增强塑料(CFRP)、钢和铝制成的。对于小型的风力机，如叶轮直径小于5 m，选择材料时通常关心的是效率，而不是重量、硬度和叶片的其他特性，通常用整块优质木材加工制成，表面涂上保护漆，其根部与轮毂连接处使用良好的金属接头并用螺栓拧紧；对于大型的风力机，叶片特性通常较难满足，所以对材料的选择更为重要。

目前，叶片多为玻璃纤维增强复合材料，基体材料为聚酯树脂或环氧树脂。环氧树脂比聚酯树脂的强度高，材料疲劳特性好，且收缩变形小。聚酯材料较便宜，它在固化时收缩大，在叶片的连接处可能存在潜在的危险，即由于收缩变形，在金属材料与玻璃钢之间可能产生裂纹。东泰公司生产的风电叶片如图4-10所示。

图4-10　东泰公司生产的风电叶片

1.5 MW:40.3 m,6170 kg;2 MW:45.3 m,8000 kg

1)叶片的材料

叶片的材料极为重要,下面对其做具体介绍。

根据材料的不同,叶片可分为以下几种。

(1)实心木质叶片:用木材作为叶片材料,常用多层合成板与树脂黏结而成,易于加工成形,但需选用结构紧致的优质木材,而这种木材较稀缺,且存在吸潮等问题。由于木材吸收水分后容易变形,在其表面要覆上一层玻璃钢。

(2)金属材料叶片:由管梁、金属肋条和蒙皮组成。蒙皮做成气动外形,用钢钉和环氧树脂将蒙皮、金属肋条和管梁黏结在一起。常见的金属材料有钢、铝、钛,其拉伸强度较其他材料的大,但易腐蚀,缺口敏感性高,难以承受损伤。

(3)玻璃钢叶片:由梁和具有气动外形的玻璃钢蒙皮制成。玻璃钢蒙皮较厚,可以在玻璃钢蒙皮内填充泡沫,以增加强度。玻璃钢常用的材料有碳纤维增强树脂与玻璃纤维增强树脂,其重量轻,抗拉强度及疲劳强度高,是理想的叶片材料。

目前,叶片材料多采用玻璃钢。玻璃钢叶片归纳起来主要有以下优点:

①可充分根据叶片的受力特点来设计强度和刚度;

②容易成形,可加工出气动性能很高的翼型;

③具有优良的动力性能和较长的使用寿命;

④耐腐蚀,疲劳强度好;

⑤易于修补;

⑥维修方便。

2)叶片结构形式

常见的叶片结构形式主要有以下几种。

(1)空腹薄壁结构:该结构工艺简单,但承载能力相对较弱,抗失稳能力相对较差,如图 4-11(a)所示。

(2)空腹薄壁填充泡沫结构:这种结构由玻璃钢薄壳和泡沫芯组成,如图 4-11(b)所示,其抗失稳和局部变形能力较强,工艺简单,但填充泡沫在提高刚度的同时也增加了叶片的成本。

(3)C 形梁结构:这种结构通过局部加强来提高叶片整体的强度和刚度,使叶片在运行过程中更为稳定,不易产生由不良振动引起的叶片附加载荷,改善了叶片的动力性能,如图 4-11(c)所示。

(4)D 形梁结构:这种结构是在 C 形梁结构的基础上发展起来的,C 形梁为开口薄壁加强梁,承载能力较差,特别是抗扭转刚度,而采用 D 形梁后,其抗扭能力得到了大大提高,如图 4-11(d)所示。

(5)矩形梁结构:主梁布置在叶片轴心位置,承力性能较好,尤其适用于失速型叶片控制系统,如图 4-11(e)所示。

3)叶片专用翼型

叶片专用翼型中具有代表性的有美国的 SERI 翼型系列和 NREL 翼型系列、丹麦的 RISΦ-A 翼型系列和瑞典的 FFA-W 翼型系列。

(1)SERI 翼型系列。

SERI 翼型系列有三种针对不同叶片长度的翼型。这一系列的翼型具有较高的升阻比和较大的升力系数,而且失速时对翼型表面粗糙度的敏感性低。其中,图 4-12 所示的 SERI S805A、S806A 和 S807 适用于直径为 10～30 m 的风力机叶片,图 4-13 所示的 SERI S812、S813 和 S814 适用于直径为 21～35 m 的风力机叶片,图 4-14 所示的 SERI S816、S817 和 S818 适用于直径在 36 m 以上的风力机叶片。

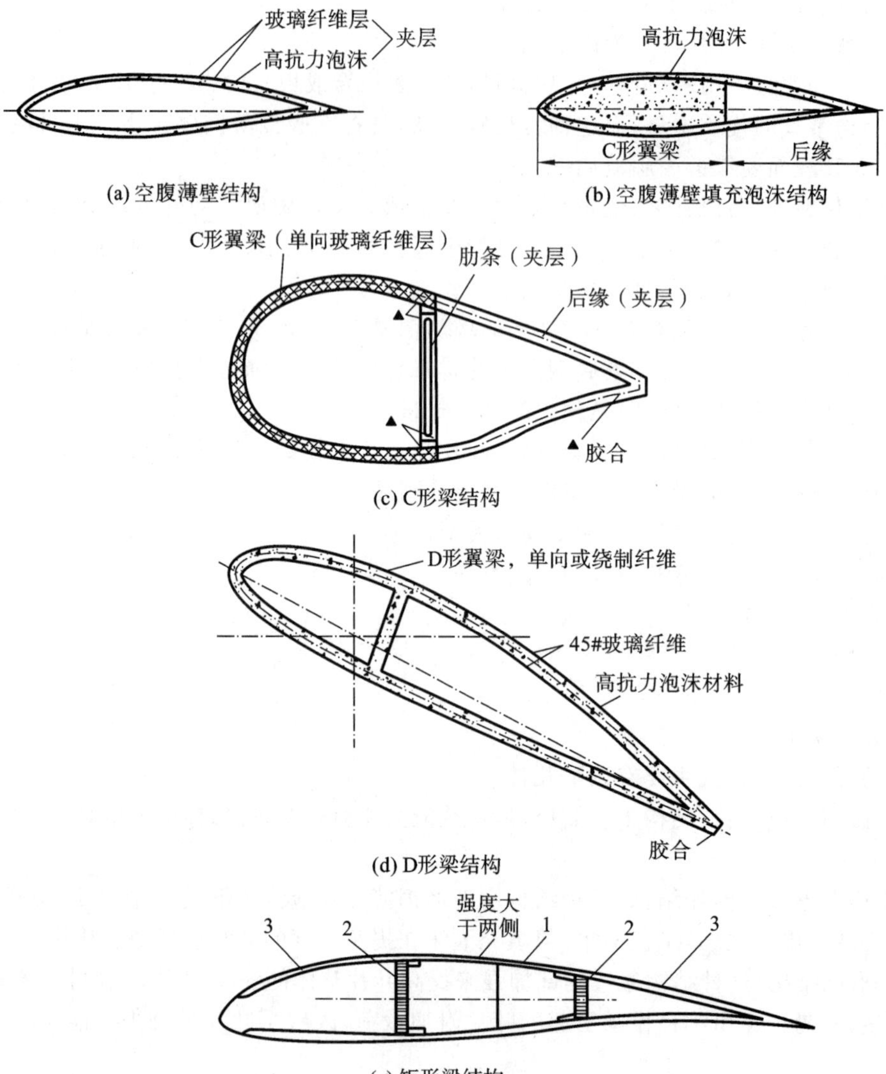

(a) 空腹薄壁结构

(b) 空腹薄壁填充泡沫结构

(c) C形梁结构

(d) D形梁结构

(e) 矩形梁结构

图 4-11　常见的叶片结构

1—桁架(纤维强度居中);2—肋条(纤维强度最大);3—抗扭层(纤维强度较弱)

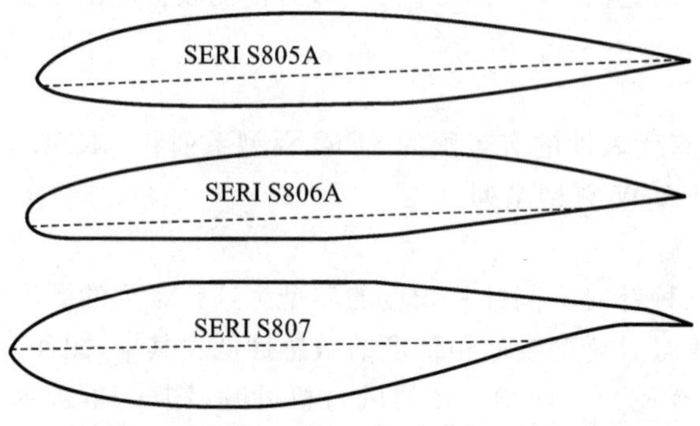

图 4-12　SERI S805A、S806A 和 S807 翼型系列

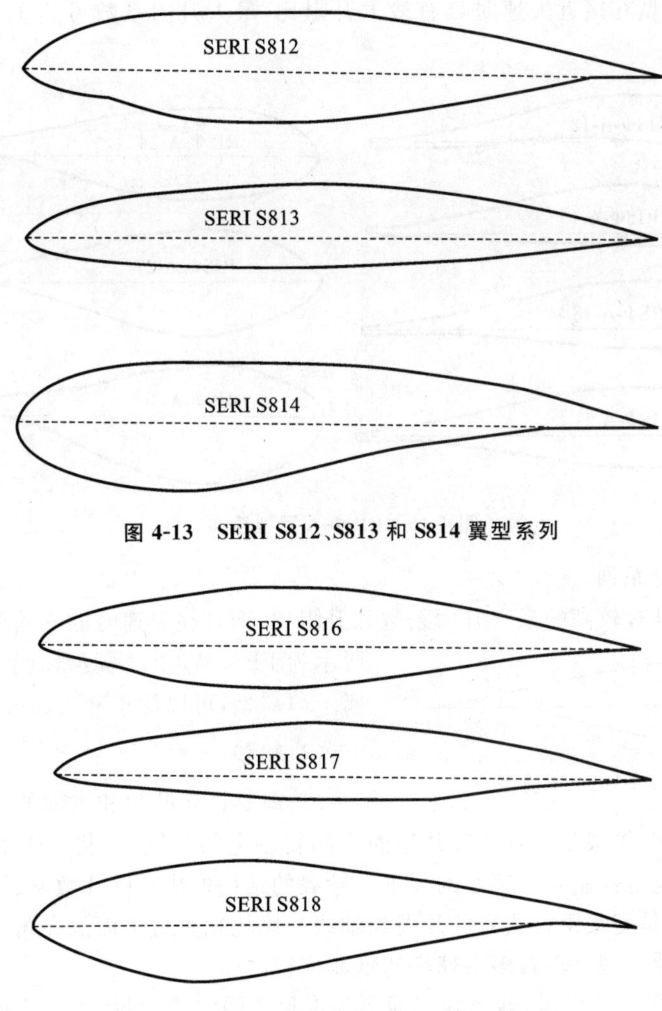

图 4-13 SERI S812、S813 和 S814 翼型系列

图 4-14 SERI S816、S817 和 S818 翼型系列

(2)NREL 翼型系列。

NREL 翼型系列包括薄翼型和厚翼型，分别用于大、中型叶片，如图 4-15 所示。图中从上到下的翼型分别用于靠近叶尖部分约 95%半径处、叶片主要外部区域约 75%半径处及靠近叶根部分约 40%半径处。

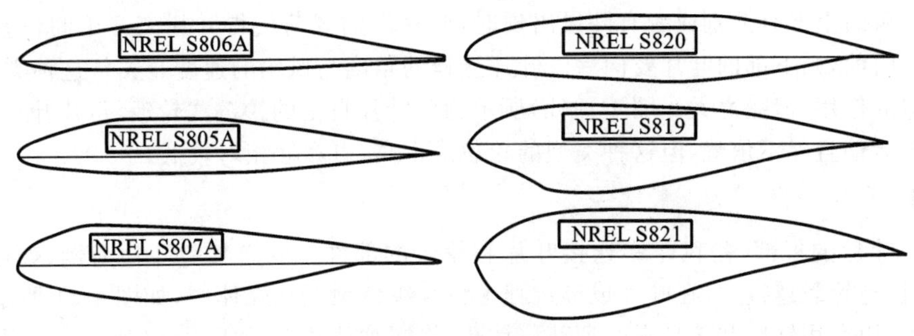

图 4-15 NREL 翼型系列

(3)RISΦ-A 翼型系列。

RISΦ-A 翼型系列如图 4-16 所示。该系列的翼型前缘较尖锐，能够使流体迅速加速并产生

负压峰值，且这种翼型在接近失速时具有最大升阻比，最大升力系数可达 1.65，对前缘粗糙度不敏感。

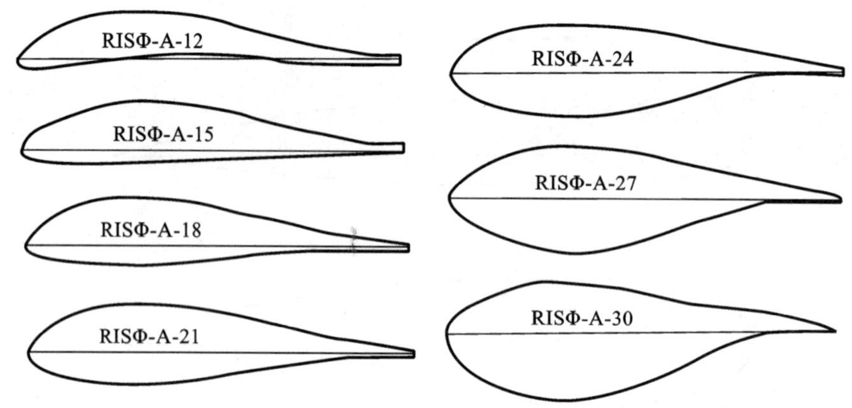

图 4-16　RISΦ-A 翼型系列

(4)FFA-W 翼型系列。

这种翼型系列具有较高的最大升力系数和升阻比，而且在失速时的气动性能较好。图 4-17 所示为 FFA-W3-211 翼型，其相对厚度为21.1%，属于薄翼型，可以用于叶尖部分。

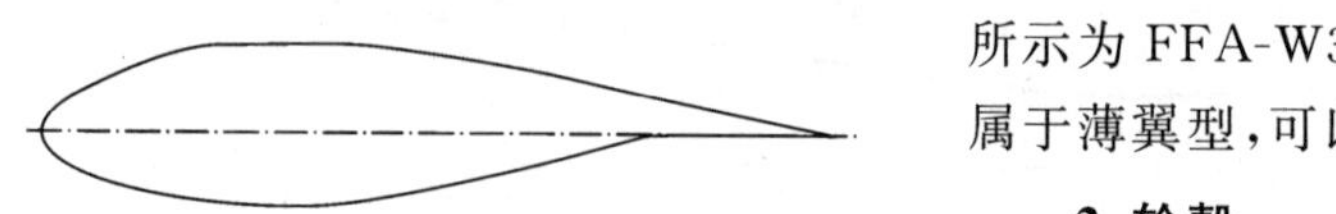

图 4-17　FFA-W3-211 翼型

2. 轮毂

轮毂是连接叶片和主轴的零部件。风力机的叶片都安装在轮毂上，轮毂是叶片和叶片组固定到转轴上的装置，它将风轮的力和力矩传递到传动机构中。轮毂也是控制叶片桨距的装置。轮毂的结构取决于叶片数量、风力机的调速方式(定桨距失速方式还是变桨距方式)、叶片展长轴线与风轮轴垂直平面的夹角。轮毂有固定式轮毂和铰链式轮毂两种类型。轮毂多由球墨铸铁制成。

固定式轮毂如图 4-18 所示，球形和三通形为常见的固定式轮毂结构，这种轮毂的主轴与叶片长度方向的夹角固定不变，叶片上全部的力和力矩都经轮毂传递到后续部件。固定式轮毂没有磨损，成本低，三叶片风轮多采用这种类型的轮毂。

图 4-19 所示为铰链式轮毂，这种类型的轮毂多用于单叶片和两叶片风轮。图 4-19(a)所示为两叶片之间相对固定的轮毂。叶片之间固定连接，轴向相对位置不变，铰链轴线通过叶轮质心，叶片可以绕铰链轴沿风轮俯仰方向(挥向)相对中间位置作±(5°～10°)的摆动。当来流速度在叶轮扫风面上下有差别或者有阵风出现时，叶片上的载荷使得叶片离开中间位置，若位于上部的叶片向前，则下部的叶片要向后。叶片悬挂的角度与风轮的速度有关。这种类型的风轮具有阻尼器的作用，但噪声大。图 4-19(b)所示为各叶片自由的铰链式轮毂，每片叶片可以单独作自由调整运动且互不依赖，但这种类型的轮毂成本高，可靠性相对较低。

3. 叶柄

叶柄即叶片的根部，是风轮中连接叶片和轮毂的部件。以定桨距叶片为例，如图 4-20 所示，常用螺栓与轮毂连接，可在叶片成形过程中将螺纹件预埋在壳体中，如图 4-21 所示；或者在叶片成形后，用专用钻床和工具在叶柄部位钻孔，将螺纹件装入，如图 4-22 所示。

二、传动系统

叶轮产生的机械能由机舱里的传动系统传递给发电机。风力机的传动系统一般包括低速

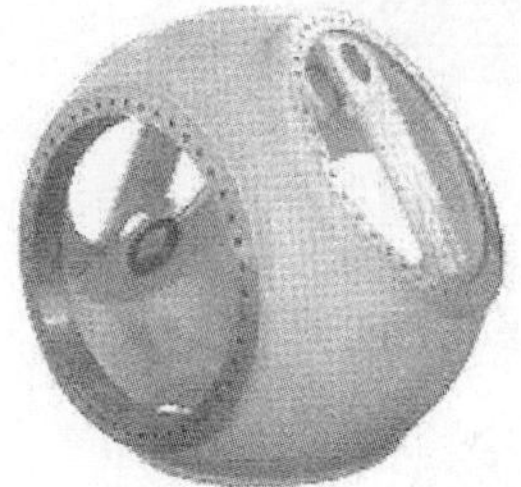

(a) 球形轮毂

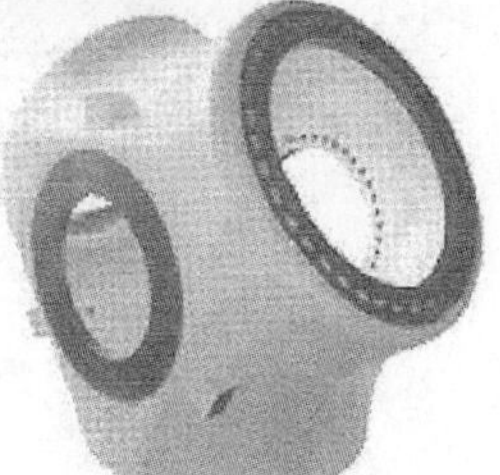

(b) 三通形轮毂

图 4-18 固定式轮毂

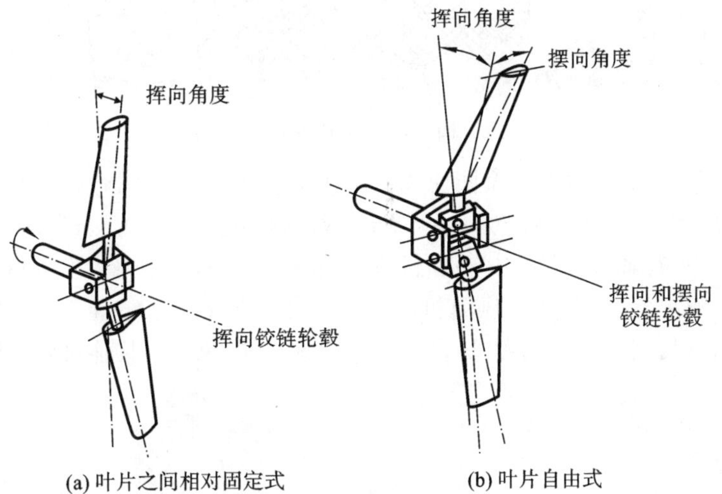

(a) 叶片之间相对固定式

(b) 叶片自由式

图 4-19 铰链式轮毂

图 4-20 定桨距叶片

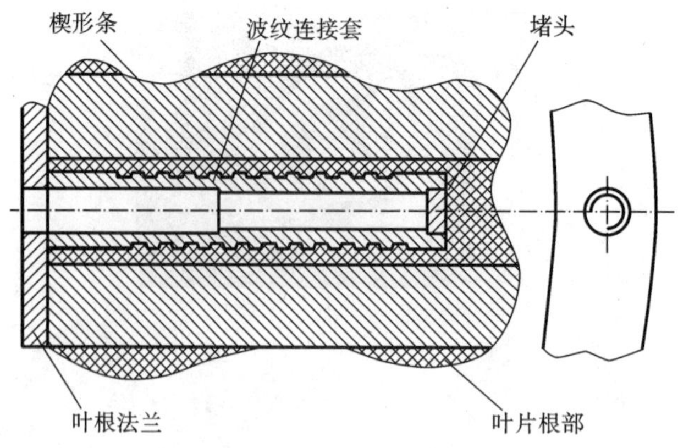

图 4-21 螺纹件预埋

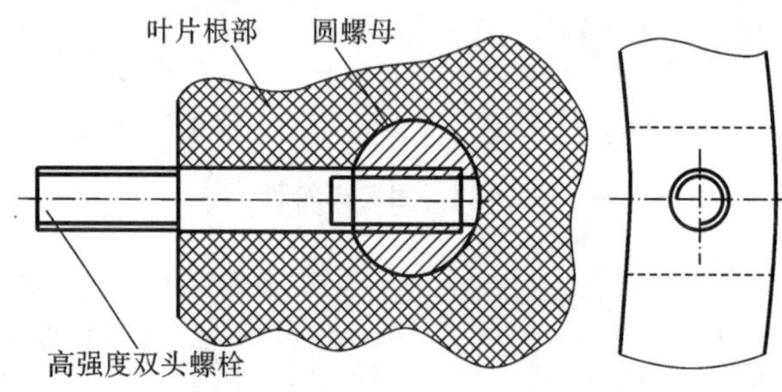

图 4-22 钻孔组装

轴、高速轴、齿轮箱、联轴器，以及一个能使风力机在紧急情况下停止运行的刹车机构等。

齿轮箱用于增加叶轮转速，从 20～50 r/min 增速到 1000～1500 r/min，驱动发电机。齿轮箱有两种形式——平行轴式（见图 4-23）和行星式（见图 4-24），大型风力发电机组中多用行星式（重量轻，体积小，噪声低）。但有些风力机的轮毂直接连接到齿轮箱上，不需要安装低速传动轴。还有些风力机（特别是小型风力机）设计成无齿轮箱的，风轮直接连接到发电机上。

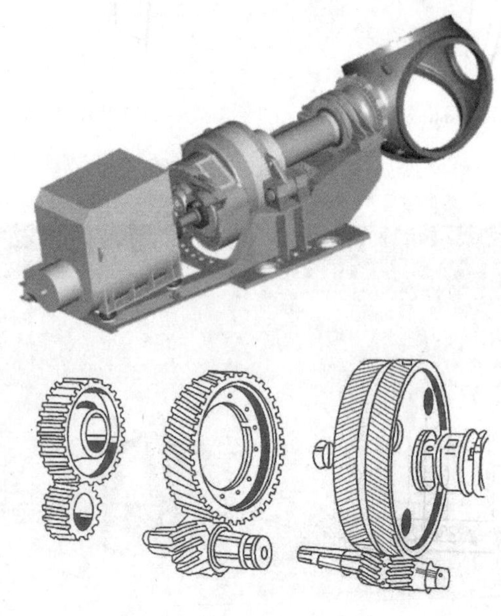

图 4-23 平行轴式齿轮箱

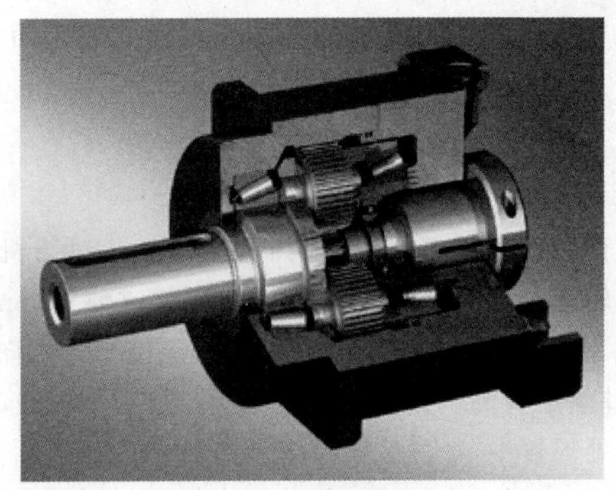

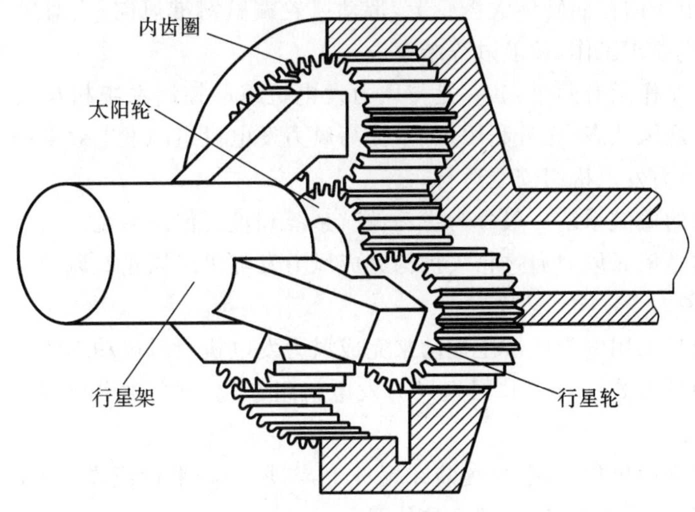

图 4-24 行星式齿轮箱

传动系统要按输出功率和最大动态扭矩载荷来设计。

刹车装置由安装在低速轴或高速轴上的刹车圆盘与布置在四周的液压夹钳构成，如图 4-25 所示。液压夹钳固定，刹车圆盘随轴一起转动。液压夹钳有一个预压的弹簧制动力，液压力通过油缸中的活塞将制动夹钳打开。刹车装置的预压弹簧制动力一般要求在额定负载下脱网时能够保证风力发电机组安全停机。但在正常停机的情况下，液压力并不是完全释放的，即在制动过程中只作用了一部分的弹簧制动力。为此，在液压系统中设置了一个特殊的减压阀和蓄能器，以保证在制动过程中不完全提供弹簧的制动力。

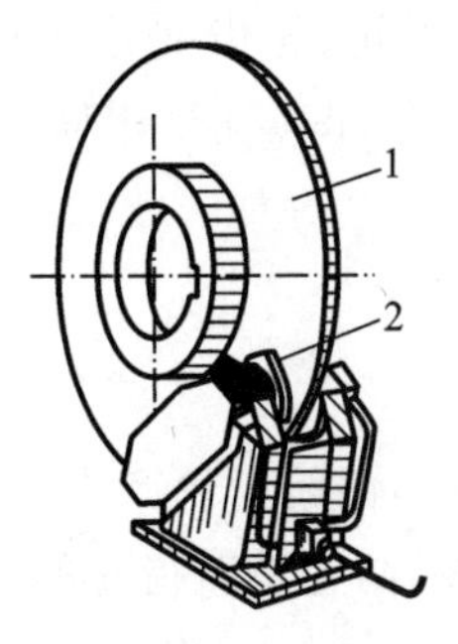

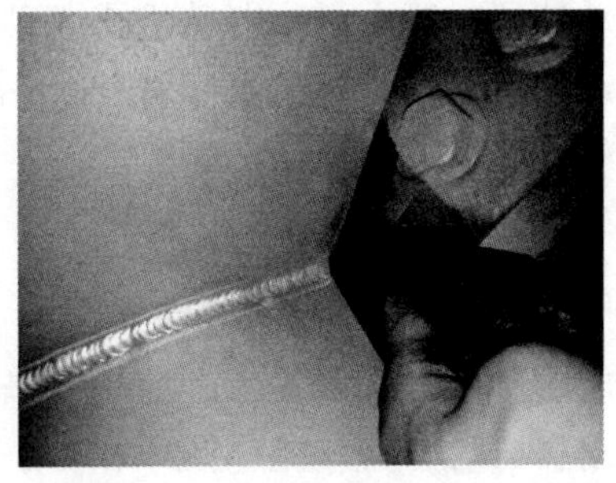

图 4-25 刹车装置

1—制动盘；2—制动块

为了监视刹车装置的内部状态，液压夹钳内部装有温度传感器和指示刹车片厚度的传感器。

三、偏航系统(对风装置)

风力机的偏航系统也称为对风装置，它是上风向水平轴式风力机必不可少的组成系统之一。而下风向风力机的风轮能自然地对准风向，因此一般不需要进行调向对风控制。

偏航系统的工作原理为：风向标作为感应元件，对应于每一个风向都有一个相应的脉冲输出信号，通过偏航系统软件确定其偏航方向和偏航角度；风向标将风向的变化用脉冲信号传递到偏航电机的控制回路的处理器中，经过偏航系统调节软件的比较后，处理器向偏航电机发出顺时针或逆时针的偏航命令；为了减小偏航时的陀螺力矩，电机转速将通过同轴连接的减速器减速后，将偏航力矩作用在回转体大齿轮上，带动风轮偏航对准风向；当对风完成后，风向标失去电信号，偏航电机停止工作，偏航过程结束。

偏航系统的主要作用有两个：其一是与风力发电机组的控制系统相互配合，使风力发电机组的风轮始终处于迎风状态，充分利用风能，提高风力发电机组的发电效率；其二是提供必要的锁紧力矩，以保障风力发电机组安全运行。

风力发电机组的偏航系统一般分为主动偏航系统和被动偏航系统。

被动偏航指的是依靠风力通过相关机构完成风力发电机组风轮对风动作的偏航方式，常见的有尾翼、舵轮两种。

主动偏航指的是采用电力或液压拖动来完成风力发电机组对风动作的偏航方式，常见的有齿轮驱动和滑动两种形式。对于并网型风力发电机组来说，通常采用主动偏航的齿轮驱动形式，如图 4-26 所示。

小微型风力机常用尾翼对风，尾翼装在尾杆上，与风轮轴平行或成一定的角度。为了避免尾流的影响，也可将尾翼上翘，装在较高的位置。

偏航系统一般由风向标传感器、偏航轴承、偏航驱动装置、偏航制动器、偏航计数器、解缆和扭缆保护装置、偏航液压回路等部分组成。图 4-26 所示为偏航系统的结构简图。

1. 偏航轴承及齿轮结构

偏航轴承的轴承内、外圈分别与风力发电机组的机舱和塔体用螺栓连接。轮齿可采用内齿或外齿形式。外齿形式是轮齿位于偏航轴承的外圈上，内齿形式是轮齿位于偏航轴承的内圈上。

2. 偏航驱动装置

偏航驱动装置一般由驱动电动机或驱动马达、减速器、传动齿轮、轮齿间隙调整机构等组成。偏航驱动装置的减速器一般可采用行星减速器或蜗轮蜗杆与行星减速器串联。图 4-27 所示为偏航齿轮，图 4-28 所示为偏航电机。

传动齿轮一般采用渐开线圆柱齿轮。

3. 偏航制动器及其偏航液压装置

采用齿轮驱动的偏航系统时，为避免因振荡的风向变化而引起偏航齿轮产生交变载荷，应采用偏航制动器(或称为偏航阻尼器)来吸收微小的自由偏转振荡，防止偏航齿轮的交变应力引起齿轮过早损伤。

偏航液压装置的作用是控制偏航制动器松开或锁紧。一般液压管路应采用无缝钢管制成，

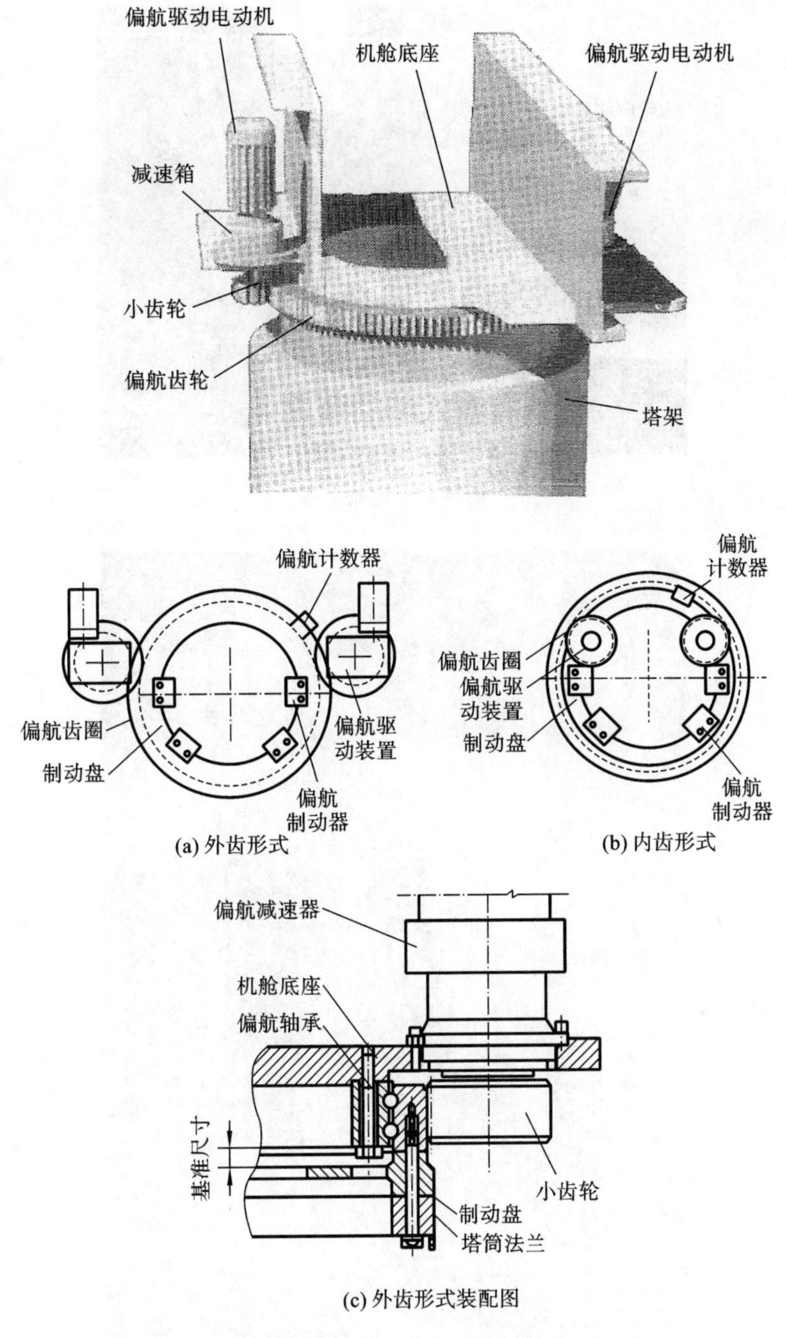

图 4-26　偏航系统的结构简图

柔性管路连接部分应采用合适的高压软管。

偏航制动器一般采用液压拖动的钳盘式制动器。

偏航制动器是偏航系统中的重要部件，应在额定负载条件下使用，制动力矩稳定，其值应不小于设计值。在风力发电机组偏航过程中，偏航制动器提供的阻尼力矩应保持平稳，制动过程中不得有异常噪声。偏航制动器在额定负载下闭合时，制动衬块和制动盘的贴合面积应不小于设计面积的 50%，制动衬块周边与制动钳体的配合间隙的任意一处应不大于 0.5 mm。偏航制动器应设有自动补偿机构，以便在制动衬块磨损时进行自动补偿，保证制动力矩和偏航阻尼力

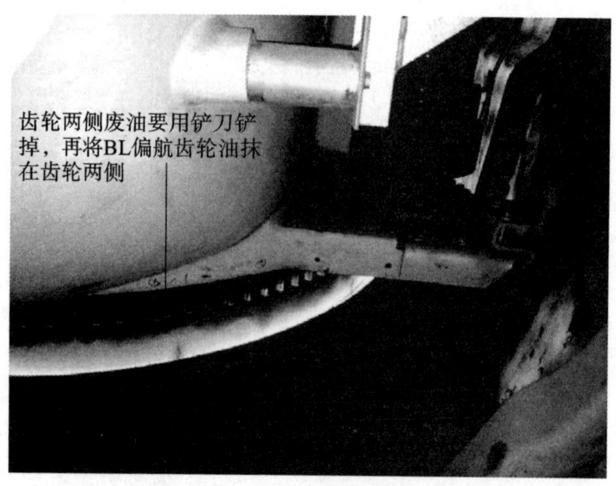

图 4-27 偏航齿轮

图 4-28 偏航电机

矩的稳定。在偏航系统中，偏航制动器可以采用常闭和常开两种结构形式，常闭式偏航制动器是在有动力的条件下处于松开状态，常开式偏航制动器则是处于锁紧状态。通过对这两种形式的偏航制动器进行比较并考虑失效保护，一般采用常闭式偏航制动器。图 4-29 所示为常闭式偏航制动器的结构简图。

制动盘通常位于塔架或塔架与机舱的适配器上，一般为环状。制动盘的材质应具有足够的强度和韧性，如果采用焊接连接，材质还应具有比较好的可焊性。此外，在风力发电机组寿命期

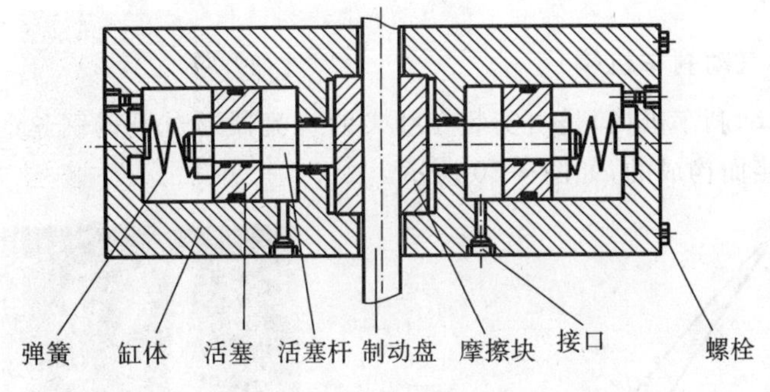

图 4-29　常闭式偏航制动器的结构简图

内，制动盘不应出现疲劳损坏。

制动钳由制动钳体和制动衬块组成。制动钳体一般采用高强度螺栓连接，用经过计算的足够的力矩固定于机舱的机架上。制动衬块应由专用的摩擦材料制成，一般推荐用铜基或铁基粉末冶金材料制成，铜基粉末冶金材料多用于湿式制动器，而铁基粉末冶金材料多用于干式制动器。一般每台风力机的偏航制动器都备有两个可以更换的制动衬块。

4. 偏航计数器

偏航计数器是记录偏航系统旋转圈数的装置。当偏航系统旋转的圈数达到设计所规定的初级解缆和终极解缆圈数时，偏航计数器就会向控制系统发送信号，使风力发电机组自动进行解缆。偏航计数器一般是一个带控制开关的蜗轮蜗杆装置或是与其相类似的程序。

5. 解缆和扭缆保护装置

解缆和扭缆保护是风力发电机组的偏航系统所必须具有的主要功能。大多数风力发电机输出功率的同轴电缆在风力机偏航时一同旋转，为了防止偏航超出而引起的电缆旋转，应在偏航系统中设立与方向有关的检测装置或类似的程序来对电缆的扭绞程度进行检测。

一般对于主动偏航系统来说，检测装置或类似的程序应在电缆达到规定的扭绞角度之前发送解缆信号；对于被动偏航系统来说，检测装置或类似的程序应在电缆达到危险的扭绞角度之前禁止机舱继续同向旋转，并进行人工解缆。偏航系统的解缆一般分为初级解缆和终极解缆。初级解缆是在一定的条件下进行的，一般与偏航圈数和风速有关。

扭缆保护装置是风力发电机组偏航系统必须具有的装置，它是出于失效保护的目的而安装在偏航系统中的。它的作用是在偏航系统的偏航动作失效后，电缆的扭绞达到威胁风力发电机组安全运行的程度而触发该装置，使风力发电机组进行紧急停机。一般情况下，这个装置是独立于控制系统的，一旦这个装置被触发，则风力发电机组必须进行紧急停机。扭缆保护装置一般由控制开关和触点机构组成，控制开关一般安装于风力发电机组塔架内壁的支架上，触点机构一般安装于风力发电机组悬垂部分的电缆上。当风力发电机组悬垂部分的电缆扭绞到一定程度后，触点机构被提升或被松开而触发控制开关。

正常运行时，当机舱在同一方向偏航累积超过三圈以上时，扭缆保护装置动作，执行解缆；当回到重心位置时，解缆自动停止。

四、叶尖扰流器和变桨距机构

在定桨距风力发电机组中，通过叶尖扰流器执行风力发电机组的气动刹车；而在变桨距风力发电机组中，通过控制变桨距机构来实现风力发电机组的转速控制、功率控制，同时也控制刹车装置。

1. 叶尖扰流器(气动刹车机构)

叶尖扰流器(气动刹车机构)是由安装在叶尖的扰流器通过不锈钢丝绳与叶片根部的液压油缸的活塞杆相连接而构成的,如图 4-30 所示。

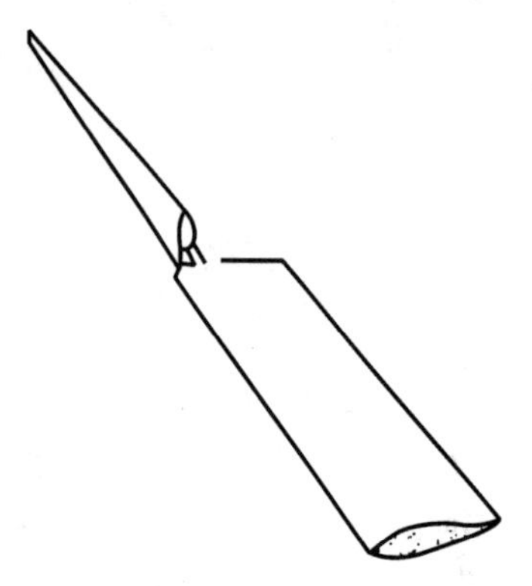

图 4-30 叶尖扰流器(气动刹车机构)

当风力发电机组正常运行时,在液压力的作用下,叶尖扰流器与叶片主体部分精密地合为一体,组成完整的叶片,对输出扭矩起重要作用。当风力发电机组需要脱网停机时,液压油缸失去压力,叶尖扰流器在离心力的作用下释放并旋转 80°～90°,形成阻尼。由于叶尖部分处于距离轴最远处,整个叶片作为一个长的杠杆,使叶尖扰流器产生的气动阻力相当大,足以使风力发电机组在几乎没有任何磨损的情况下迅速减速,这一过程即为叶片空气动力刹车。叶尖扰流器是风力发电机组的主要制动器,每次制动时都是它起主要作用。

在叶轮旋转时,叶尖扰流器上产生的离心力及作用于叶尖扰流器上的弹簧力会使叶尖扰流器试图脱离叶片主体而发生相对位移,并使叶尖扰流器相对于叶片主体转动到制动位置;而液压力的释放,不论是由于控制系统的正常指令,还是液压系统的故障引起,都将导致叶尖扰流器展开而使叶轮停止运行。因此,叶尖扰流器是一种失效保护装置,它使整个风力发电机组的制动系统具有很高的可靠性。

2. 变桨距机构

在大型的风力机中,常采用变桨距机构来控制叶片的桨距。有些风力发电机组采用液压机构来控制叶片的桨距,如图 4-31 所示;而有些风力发电机组通过调速电机来进行变桨距调节等,如图 4-32 所示。其中,对于调速电机的变桨距机构,当风速超过额定风速而使风轮的转速加快时,调速电机获得调速信号,驱动圆周齿轮向离开风轮的方向移动,拉动变桨距连杆,使叶片的安装角增大,以减小叶片接受风能的面积,使风轮运转在额定转速范围内,随即调速电机接到停止调速的指令而停止。当风速变小时,调速过程相反,由调速电机反转来实现。变桨距风轮的叶片在静止时的节距角为 90°,这时气流对叶片不产生力矩,整个叶片实际上是一块阻尼板。当风速达到启动风速时,叶片向 0°方向转动,直到气流对叶片产生一定的攻角,风轮开始启动。风轮从启动到额定转速,其叶片的节距角随转速的增大而连续变化。根据给定的速度参考值,调整节距角,进行所谓的速度控制。

当转速达到额定转速后,电机并入电网,这时电机转速受到电网频率的牵制,变化不大,主要取决于电机的转差,电机的转速控制实际上已转变为功率控制。为了优化功率曲线,在进行功率控制的同时,通过转子电流控制器对电机的转差进行调整,从而调整风轮转速。当风速较

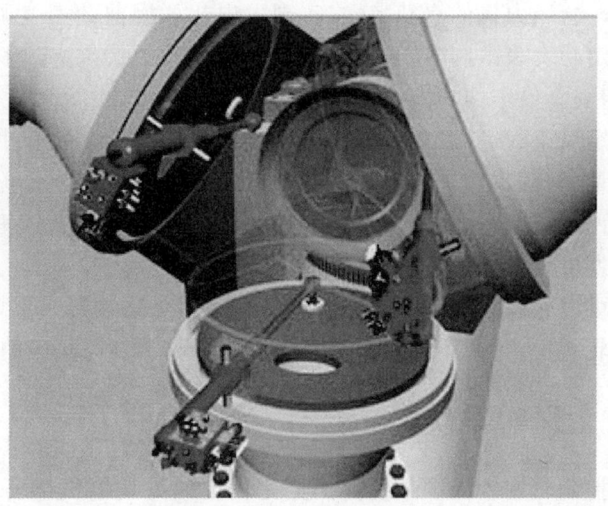

图 4-31　液压变桨距系统

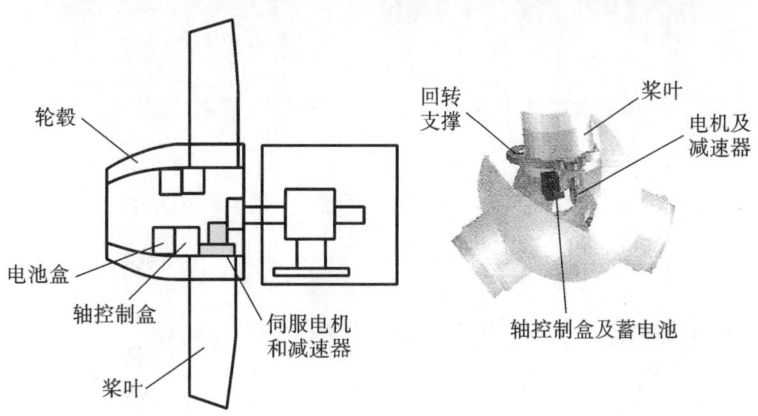

图 4-32　电动变桨距系统

低时，电机转差调整到很小(1%)，转速在同步转速附近；当风速高于额定风速时，电机转差调整到很大(10%)，使叶尖速比得到优化，使功率曲线达到理想的状态。

变桨距机构可以改善风力机的启动特性，实现发电机联网前的速度调节（减小联网时的冲击电流）、按发电机额定功率来限制转子气动功率，以及在事故情况（电网故障，转子超速、振动等）下使风力发电机组安全停车的功能。

变桨距机构在额定风速附近（以上），依据风速变化随时调节桨距角，控制吸收机械能，一方面保证获取最大的能量（与额定功率对应），另一方面减少风力对风力发电机的冲击。在并网过程中，变桨距控制还可以实现快速无冲击并网。变桨距控制系统与变速恒频技术相配合，可以提高风力发电系统的发电效率和电能质量。

电动变桨距系统可以允许三个桨叶独立实现变桨。每个桨叶有一套蓄电池和轴控制盒，伺服电机和减速器放在轮毂里，整个系统的通信总线和电缆靠滑环与机舱的主控制器连接。

五、控制与安全保护系统

风力发电机组的控制与安全保护系统的作用是保证风力发电机组安全、可靠地运行，以获取最大的能量，提供良好的电力质量。

1. 控制系统

风力机的运行及保护需要一个全自动控制系统，它必须能控制自动启动、叶片桨距的机械调节及在正常和非正常情况下的停机。除了控制功能外，该系统也能用于检测，以提供运行状态、风速、风向等信息。控制系统以计算机为基础，可以远程检测控制，如图 4-33 所示。

图 4-33　控制系统

并网运行的风力发电机组的控制系统通常应具备以下功能：

（1）根据风速信号自动进入启动状态或从电网中切出。

（2）根据功率及风速的大小自动进行转速和功率控制。

(3)根据风向信号自动进行偏航对风控制。

(4)根据功率因数自动投入(或切出)相应的补偿电容。

(5)当发电机脱网时,能确保风力发电机组安全停机。

(6)在风力发电机组运行过程中,能对电网、风况和机组的运行状况进行监测和记录,包括电网三相电压、发电机输出的三相电流、电网频率、发电机的功率因数等;对出现的异常情况能够自行判断并且采取相应的保护措施;能够根据记录的数据生成各种图表,以反映风力发电机组的各项性能指标。

(7)具有以微型计算机为核心的中央监控系统(上位机),可以对风力发电场中的一台或多台风力机进行监测、显示及控制,具备远程通信的功能,可以实现异地遥控操作。

(8)具备完善的保护功能,能确保风力发电机组的安全。保护功能有电网故障保护、风力机超速保护、机舱振动保护、发电机齿轮箱过热保护、发电机油泵及偏航电机过载保护、主轴过热保护、电缆扭绞保护、液压系统超压和低压保护、控制系统的自诊断。

2. 安全保护系统

风力发电机组的安全保护主要包括防雷击保护、超速保护、机组振动保护、发电机过热保护、过压及短路保护等。

1)防雷击保护

风力发电机组安装在旷野比较高的塔上,在雷电活动地区极易遭雷击。统计表明,不论叶片是木材的还是玻璃钢的,也不管叶片里是否有导电部件,均有可能遭受雷击。叶片完全绝缘并不能减少雷击的可能,反而只会增加损伤量。在大多数事故中,叶片遭受雷击区是叶尖的隐蔽面(负压面)。

风力机的防雷方法主要有采用避雷针保护和风力发电机组防雷接地。

2)超速保护

当风轮转速超过允许范围时,为了防止风轮飞车而损坏叶片,造成更大的损失,风力发电机组都有速度检测环节,以便能及时采取刹车办法。

3)机组振动保护

风力发电机组中有一个振动传感器,当主机振动较大时,振动传感器发出信号,风力发电机组刹车停机。

4)发电机过热保护

发电机内设有温度传感器,当发电机的温度超过允许值时,控制系统控制发电机自动停机。

六、机舱

风力机常年在野外运行,不但要经受狂风暴雨的袭击,还要时刻面临着尘沙磨损和烟雾侵蚀的威胁。为了使塔架上方的主要设备(桨叶除外)免受风沙、雨雪、冰雹及烟雾的直接侵蚀,往往用机舱把它们密封起来。

机舱由底盘和机舱罩组成。机舱内通常布置有传动系统、液压与制动系统、偏航系统、控制系统及发动机等。

机舱要设计得轻巧、美观,并尽量设计成流线型,下风向布置的风力发电机组的机舱尤其需要这样设计,最好采用重量轻、强度高而又耐腐蚀的玻璃钢制作,也可直接在金属机舱的面板上相间敷以玻璃布与环氧树脂保护层。

图 4-34 所示为底盘，图 4-35 所示为机舱罩。

图 4-34 底盘

图 4-35 机舱罩

七、塔架和基础

塔架是支撑风轮、发电机等部件的架子，还可承受吹向风力机和塔架的风压以及风力机运行时产生的动载荷。塔架不仅要有一定的高度（通常为叶轮直径的 1～1.5 倍），以使风力机处在较为理想的位置（即涡流影响较小的高度）上运转，还必须具有足够的疲劳强度，能承受风轮引起的振动载荷，包括启动和停机的周期性影响、突风变化、塔影效应等。塔架的刚度要适中，其自振频率（弯曲及扭转）要避开运行频率（风轮旋转频率的 3 倍）的整数倍。塔架越高，风力机单位面积所捕捉的风能越大，发电量就越多，其造价、技术要求以及吊装的难度也会随之增加。

水平轴风力发电机的塔架主要分为桁架式塔架（见图 4-36）、圆筒式塔架和管柱式塔架（见图 4-37）。

桁架式塔架在早期的风力发电机组中大量使用，目前主要用于中、小型风力机上，其主要优点为制造简单、成本低、运输方便，其主要缺点为不美观，通向塔顶的上、下梯子不好安排，上、下塔架时安全性差，会使下风向风力机的叶片产生很大的紊流等。

圆筒式塔架在当前的风力发电机组中大量采用，其优点是美观大方，上、下塔架安全可靠，对风的阻力较小，特别是对于下风向风力机，产生紊流的影响要比桁架式塔架的小。

管柱式塔架从最简单的木杆到大型的钢管和混凝土管柱。小型风力机塔杆为了增加抗弯矩的能力，可以用拉线来加固。

图 4-36　桁架式塔架

图 4-37　管柱式塔架

风力发电机组的基础为现浇钢筋混凝土独立基础。根据风力发电场工程地质条件和地基承载力以及基础载荷等，可采用重力式块状基础和桩基平板梁结合式框架基础，基础与塔架的连接可采用地脚螺栓式或法兰式连接形式。塔架与基础如图 4-38 所示。

图 4-38　塔架与基础

4.3　垂直轴风力机的结构及原理

垂直轴风力机(vertical axis wind turbine,VAWT)的风轮围绕一个垂直轴进行旋转,风轮转轴与风向成直角(大多数与水平面垂直)。垂直轴风力机很早就被应用于人类的生活中。垂直轴风力机的发明要比水平轴风力机的晚一些。目前垂直轴风力机也得到了广泛的应用。图 4-39 所示是几种垂直轴风力机的实物图。

一、垂直轴风力机的分类

垂直轴风力机主要有两种类型:阻力型和升力型。

1. 阻力型垂直轴风力机

阻力型垂直轴风力机主要利用空气对叶片的阻力来推动风轮旋转做功,其类型包括风杯型、S 形、涡流型和萨渥纽斯型等,如图 4-40 所示。

这些阻力型垂直轴风力机多由风杯等形状的构成要素组成,利用风推动其凸凹两侧的阻力不同而产生旋转力矩来工作。当前被广泛应用的阻力型垂直轴风力机是萨渥纽斯型风力机。设计良好的萨渥纽斯型风力机在低风速时能获得很好的功率输出。但是同其他阻力型垂直轴

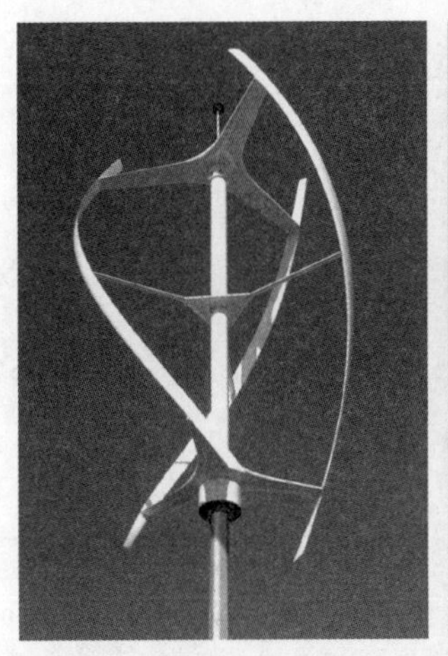

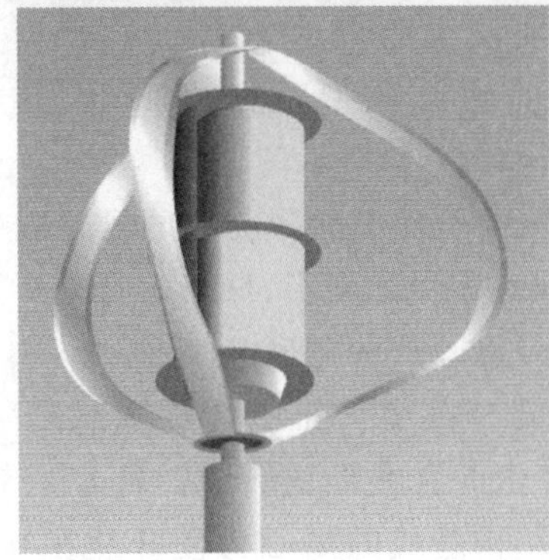

图 4-39 垂直轴风力机的实物图

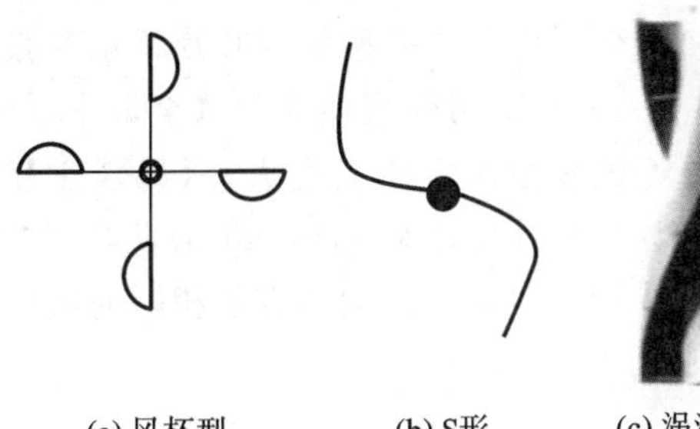

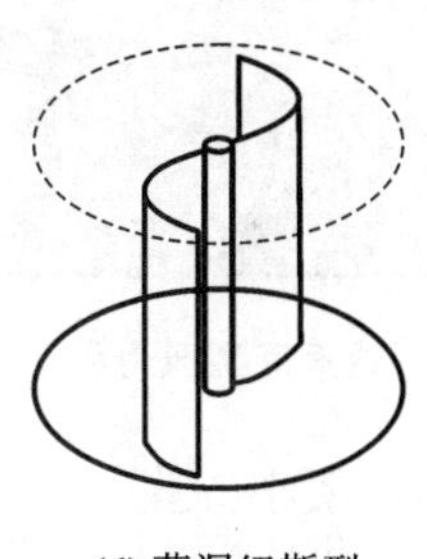

(a) 风杯型　(b) S形　(c) 涡流型　(d) 萨渥纽斯型

图 4-40 阻力型垂直轴风力机

风力机一样，萨渥纽斯型风力机的叶片在逆风区时会产生较大的反向力，降低转动轴的总力矩，故其能量利用率较低，能量利用率最大仅能达到 0.3 左右。因此，萨渥纽斯型风力机通常只适合于小型垂直轴风力发电机组，用来给抽水设备等供电。

2. 升力型垂直轴风力机

升力型垂直轴风力机主要是利用翼型的升力作为主要旋转力矩来工作的，其主要采用飞机机翼翼型断面的形状。这类风力机主要包括直线翼型和达里厄型等，如图 4-41 所示。

达里厄型风力机的叶片采用 Troposkien 曲线(如图 4-42 所示，其中 R 为叶轮的半径，H_0 为叶轮的半高)的形状，其特点是叶片类似于一根两端固定的柔性绳索，不计重力 时，在离心力的作用下自然形成弯曲形状，故叶片主要承受展向张力，极大地减小了弯曲应力。

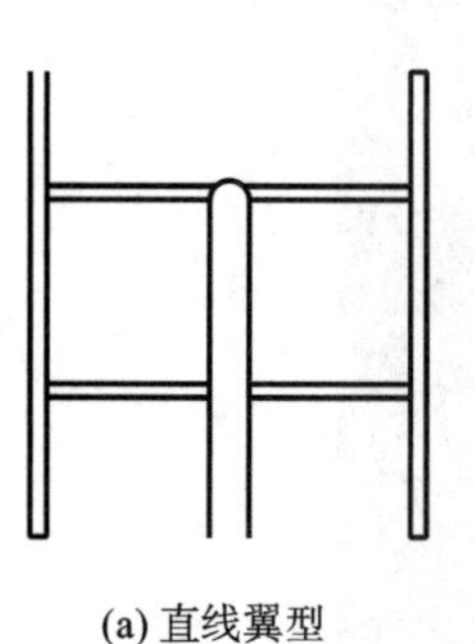

(a) 直线翼型

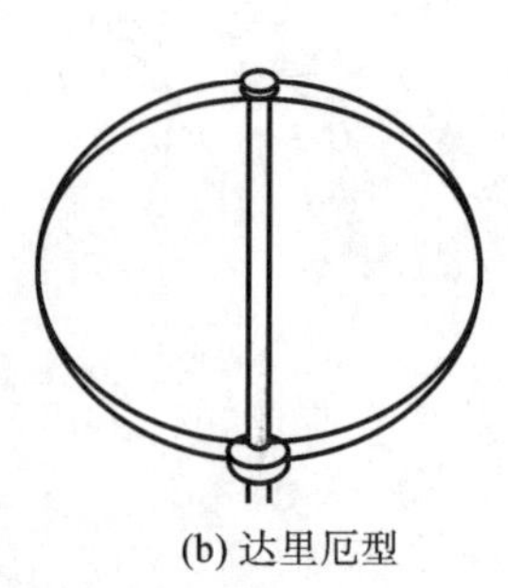

(b) 达里厄型

图 4-41　升力型垂直轴风力机

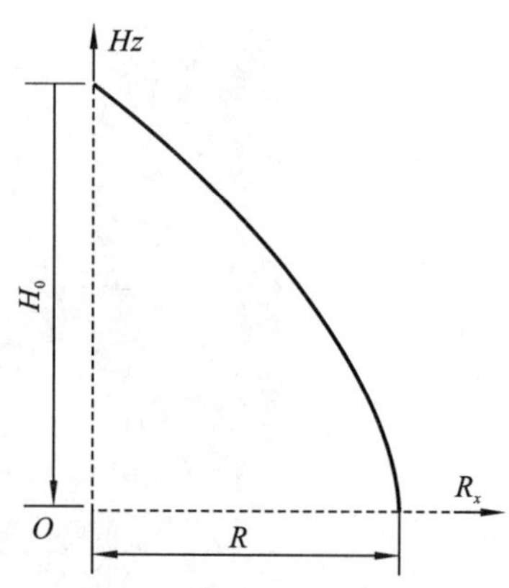

图 4-42　Troposkien 曲线

图 4-43　达里厄型风力机 Eole

加拿大魁北克安装的一台直径为 64 m、高 96 m的达里厄型风力机 Eole，其额定功率为 4 MW，如图4-43所示。

升力型垂直轴风力机的风轮有多种形式，例如图 4-44 所示的 Φ 形、H 形、△形、Y 形和菱形等，基本上是直叶片和弯叶片两种，以 H 形风轮和 Φ 形风轮最为典型。叶片具翼型剖面，空气绕叶片流动，产生的合力形成转矩。H 形风轮结构简单，但这种结构造成的离心力使叶片在其连接点处产生较大的弯曲应力。另外，直叶片需要采用横杆或拉索支撑，这些支撑将产生气动阻力，会降低效率。Φ 形风轮所采用的弯叶片只承受张力，不承受离心力，从而可使弯曲应力减至最小。由于材料可承受的张力比弯曲应力大，所以对于相同的总强度，Φ 形叶片比较轻，且可以比直叶片以更高的速度运行。但对于高度和直径相同的风轮，Φ 形转子比 H 形转子的扫掠面积要小一些。

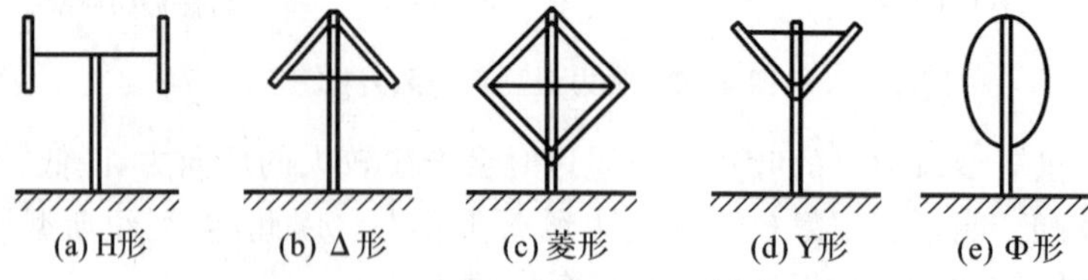

图 4-44　升力型垂直轴风力机的风轮结构

二、垂直轴风力机的基本结构

在各类垂直轴风力机中，达里厄型风力机具有结构简单、叶片轻、叶尖速比大等特点，适合大型并网发电技术。达里厄型风力机的典型结构如图 4-45 所示，其上、下叶片连接及轴承装配如图 4-46 所示。

达里厄型风力机的主要结构有：

(1)上部轴承装配体；

(2)主轴；

(3)缆绳及其附件；

(4)下部轴承装配体；

(5)叶片及其连接支撑结构；

(6)液压刹车；

(7)传动轴联轴器；

(8)风力机塔架及地基。

达里厄型风力机各组成部分成本的比例如表 4-1 所示。目前，大多数达里厄型风力发电机组的容量为几百千瓦级，单位容量成本已经降到低于 1000 美元/kW，这主要得益于叶片气动性能的改善和加工技术的提高，使得叶片的成本大为降低。

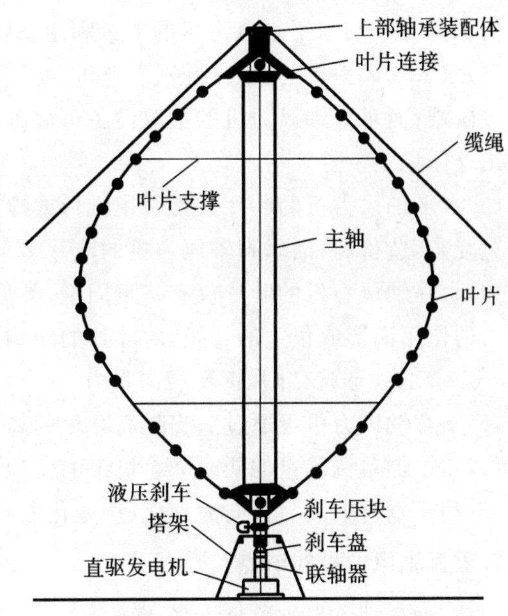

图 4-45 达里厄型风力机的典型结构

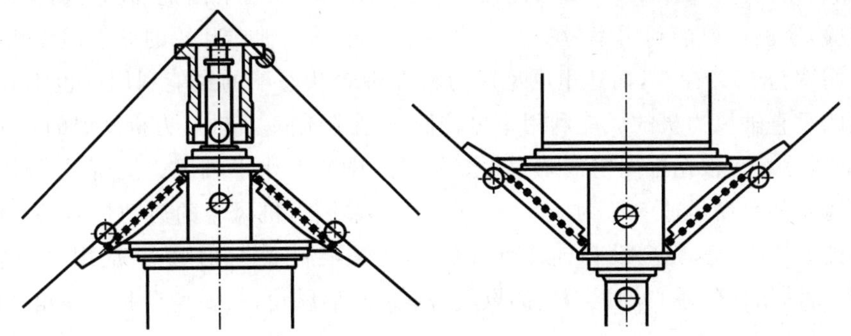

图 4-46 达里厄型风力机的上、下叶片连接及轴承装配

表 4-1 达里厄型风力机各组成部分成本的比例

机组组成部分	成本比例/(%)	机组组成部分	成本比例/(%)
叶片	15	控制系统	20
叶片支撑部件(主轴、轴承、连接件等)	25	塔架及辅助装置	20
发电装置	20		

三、垂直轴风力机的特点

1. 垂直轴风力机的优点

同水平轴风力机相比，垂直轴风力机具有以下优点。

(1)垂直轴风力机不需要复杂的偏航对风系统，就可以实现任意风向下的正常运行发电，这样不仅大大简化了控制系统，而且不会因对风系统的偏差而造成能量利用率降低。研究表明，若风向偏离 40°，则水平轴风力机的能量利用率将降低约 50%。

(2)水平轴风力机的主要设备(发电机、变速箱、制动系统等)需安置在塔柱顶部，安装和维护比较困难；而垂直轴风力机的主要设备可放置在地面，这样大幅度地减少了安装与维护费用，且机组整体稳定性好。

(3)水平轴风力机的叶片通常采用锥形或螺旋形变截面，翼型剖面复杂，故叶片的设计及制造工艺复杂，造价高；而垂直轴风力机的叶片多采用等截面翼型，制造工艺简单，造价低。

(4)水平轴风力机的叶片仅有一端固定，类似于悬臂梁，当叶片处于水平位置时，因重力和气动力的作用而形成很大的弯矩，对叶片的结构强度很不利；而垂直轴风力机的叶片通常采用 Troposkien 曲线形状，叶片仅受展向张力。

(5)垂直轴风力机可通过适当提高叶轮的高径比(叶轮高度与直径的比值)来增加其扫风面积，可以在增加单机容量的同时减小机组的占地面积，从而提高风力发电场单位面积的风能利用率，有利于垂直轴风力机向大型化、产业化方向发展。

2. 垂直轴风力机的缺点

当然，垂直轴风力机自身也存在缺点。

(1)风能利用率低。对于水平轴风力机的风能利用率，根据中国空气动力研究与发展中心做的风洞实验，实测的风能利用率为 23%～29%。对于垂直轴二叶轮的 S 形风力机，理想状态下其风能利用率为 15%左右，而达里厄型风力机在理想状态下的风能利用率也不到 40%。其他结构形式的垂直轴风力机的风能利用率也较低，这是限制垂直轴风力机发展的一个原因。

(2)启动风速高。根据中国空气动力研究与发展中心对水平轴风力机所做的风洞实验，水平轴风力机风轮的启动风速一般为 4～5 m/s。垂直轴风力机风轮的启动性能差，特别是达里厄型风力机的 Φ 形风轮，完全没有自启动能力，这也是限制垂直轴风力机应用的一个原因。但是，对于某些特殊结构的垂直轴风力机的风轮，例如 H 形风轮，只要翼型和安装角选择合适，这种风轮的启动风速只需要 2 m/s。

(3)机组品种少，产品质量不稳定。目前，企业生产的垂直轴风力发电机组大部分是 1 kW 以下的机组，1～20 kW 的机组数量少，质量不稳定，没有批量生产，需进一步完善和产业化。

(4)增速结构复杂。由于垂直轴风力机的叶尖速比较低，叶轮工作转速低于多数水平轴风力机的叶轮工作转速，因此许多垂直轴风力机增速器的增速比较大，增速器的结构也比水平轴风力机的增速器结构复杂，增加了垂直轴风力机的制造成本，也增加了维护和保养增速器的成本。

通过以上分析可以看出，垂直轴风力机具有很好的发展潜力，特别是在大型化发展方面比水平轴风力机更具有优势。我国在垂直轴风力机研制技术方面基本处于刚刚起步阶段，2005 年成功研制了第一台完全具有自主知识产权的 50 kW 垂直轴风力机小型试验机，如图 4-47 所示。

图 4-47　我国第一台完全具有自主知识产权的 50 kW 垂直轴风力机小型试验机

练习与提高

一、简答题

1. 风力机是如何分类的？常用的风力机有哪些类型？

2. 简述水平轴风力机的结构和工作原理。

3. 风轮的作用是什么？风轮由哪些部件组成？

4. 什么叫水平轴风力机？水平轴风力机有哪些主要特点？

5. 垂直轴风力机有哪些主要特点？

6. 试比较水平轴风力机和垂直轴风力机的异同。

7. 什么是定桨距？定桨距有何特点？什么是变桨距？变桨距有何特点？

8. 简述风力发电的原理。

9. 简述叶尖绕流器的结构和工作原理。

二、判断题

1. 叶轮应始终在下风向。 （ ）

2. 水平轴风力发电机组的发电机通常装在地面上。 （ ）

3. 叶轮旋转时叶尖运动所生成的圆的投影面积称为扫掠面积。 （ ）

4. 定桨距风力发电机的功率调节多为失速调节。 （ ）

5. 风力发电机组的偏航系统的主要作用是与其控制系统相互配合，使风力发电机的风轮在正常情况下始终处于迎风状态。 （ ）

6. 在变桨距风力发电机组中，液压系统的主要作用之一是控制变桨距机构，实现转速控制、功率控制。 （ ）

7. 轮毂是设在水平轴风力发电机组顶部，内部装有传动系统和其他装置的机壳。 （ ）

8. 失速控制主要是通过确定叶片翼型的扭角分布，使风轮功率达到额定点后，提高升力、降低阻力来实现的。 （ ）

9. 用于发电的现代风力发电机组必须有很多叶片。 （ ）

第 5 章 风力发电系统

本章概要

本章简要介绍了发电机的种类和原理、风力发电系统的类型和特征以及并网运行的条件和方式。

在风力发电机组中，发电机将机械能转换成电能，它是风力发电机组的一个重要组成部分。

5.1 发 电 机

根据定桨距失速型风力机和变速恒频变桨距风力机的特点，国内目前装机的发电机一般分为异步型和同步型两类。

异步型：

(1)笼型异步发电机：定子向电网输送不同功率的 50 Hz 的交流电。

(2)绕线型双馈异步发电机：定子向电网输送 50 Hz 的交流电，转子由变频器控制，向电网间接输送有功或无功功率。

同步型：

(1)永磁同步发电机：由永磁体产生磁场，定子输出经全功率整流逆变后向电网输送 50 Hz 的交流电。

(2)电励磁同步发电机：由外接到转子上的直流电流产生磁场，定子输出经全功率整流逆变后向电网输送 50 Hz 的交流电。

一、异步发电机

异步发电机也称为感应发动机，它的典型特点是转子旋转磁场与定子旋转磁场不同步，它是利用定子与转子间的气隙旋转磁场与转子绕组中产生的感生电流的相互作用的交流发电机，即感应发电机。异步发电机可分为笼型和绕线型两种。

在定桨距并网型风力发电系统中，一般采用笼型异步发电机，如图 5-1 所示。笼型异步发电机的定子由铁芯和定子绕组组成。转子采用笼型结构，转子铁芯由硅钢片叠成，呈圆筒形，槽中嵌入金属铝或铜导条。在铁芯两端用铝或铜环将导条短接。转子不需要外加励磁，没有集电环和电刷，结构简单，可靠性高。冷却风扇与转子同轴。

鼠笼式感应发电机的工作原理为：定子有两个相差 90°的电角度绕组，一个是输入直流电产生励磁，另一个是输出的交流绕组，当转子(鼠笼式)在外力的带动下转动时，它切割直流电而产生偏差 90°的交变磁场，这个交变磁场又切割另一个交流绕组而产生交流电压。电压的大小与转速和直流电励磁成正比。

绕线型转子异步发电机的定子与笼型异步发电机的相同，如图 5-2 所示，转子绕组中的电流通过集电环和电刷流入流出。异步发电机的转子绕组为三相绕组，采用星形或三角形连接。转子的转速略高于旋转磁场的同步转速，异步发电机运行在发电状态。风力机的转速较低，需经过增速齿轮箱传动来提高转速，以适合异步发电机的运转转速。一般与电网并联运行的异步发电机为 4 极或 6 极。

二、双馈异步发电机

双馈异步发电机的定子结构与普通异步发电机的相同，转子带有集电环和电刷。与绕线型转子异步发电机和同步发电机不同的是，双馈异步发电机的转子侧可以加入交流励磁，既可以输入电能，又可以输出电能，既有异步发电机的某些特点，又有同步发电机的某些特点。

双馈异步发电机在结构上类似于绕线型转子异步发电机，有定子和转子两套绕组；在控制

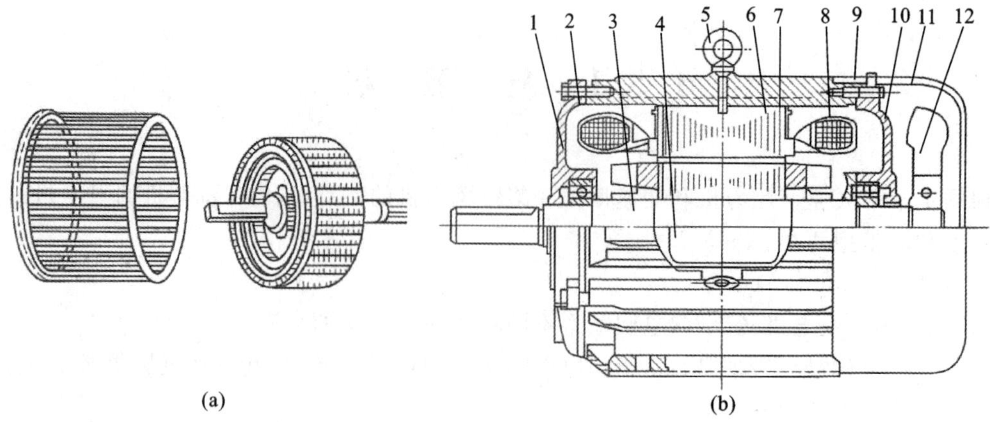

图 5-1　笼型异步发电机

1—轴承;2—后端盖;3—转轴;4—接线盒;5—吊环;6—定子铁芯;
7—转子;8—定子绕组;9—机座;10—前端盖;11—风罩;12—风扇

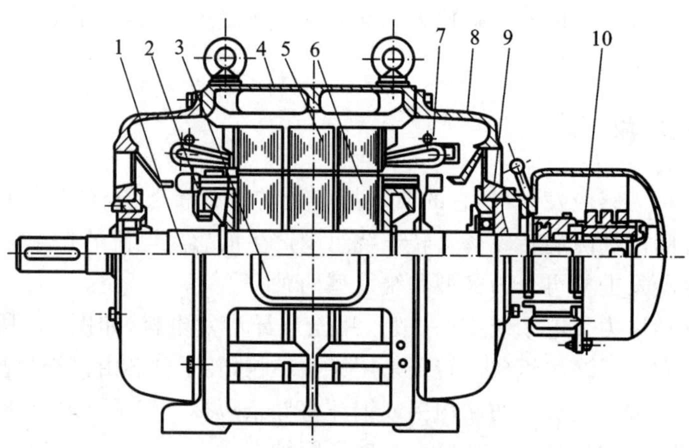

图 5-2　绕线型转子异步发电机

1—转轴;2—转子绕组;3—接线盒;4—机座;5—定子铁芯;6—转子铁芯;
7—定子绕组;8—端盖;9—轴承;10—集电环

上具有交流励磁器,相当于由绕线型转子异步发电机和转子电路上所带的交流励磁器组成。同步转速之下,转子励磁输入功率,定子侧输出功率,同步转速之上,转子和定子均输出功率,“双馈”的名称由此而得。双馈异步发电机实行交流励磁,可以调节励磁电流幅值、频率和相位,控制上更加灵活,改变转子的励磁电流频率就可以实现变速恒频运行,既可调节无功功率,又可调节有功功率,运行稳定性高。

双馈异步发电机结构简单,价格低,可靠性高,并网容易,而且不需要同步设备,在风力发电系统中广泛应用。

三、同步发电机

图 5-3 所示为一三相同步发电机的定子和转子。同步发电机的定子与异步发电机的定子相同,由定子铁芯和三相定子绕组组成,转子由转子铁芯、转子绕组(励磁绕组)、集电环和转子轴等组成。转子上的励磁绕组经集电环、电刷与直流电源相连,通过直流励磁电流建立磁场。

在风轮的带动下，磁场也随之旋转，定子线圈被磁场中的磁力线切割而产生感应电动势，发电机发电。由于定子磁场是由转子磁场引起的，并且它们之间总保持一先一后的等速同步关系，因此称为同步发电机。

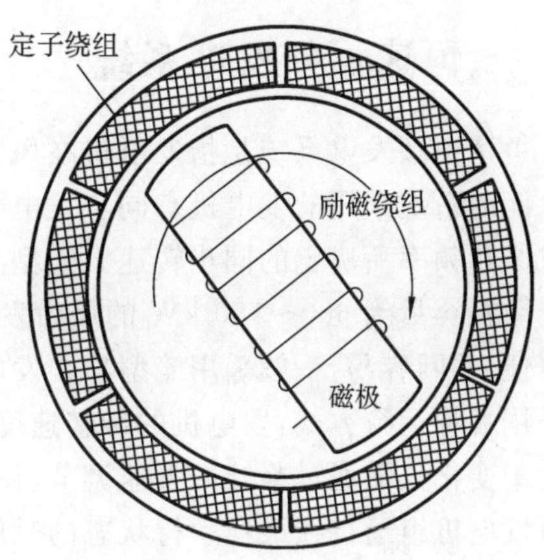

图 5-3　三相同步发电机的定子和转子

同步发电机的转子有隐极式和凸极式两种，如图 5-4 所示。隐极式转子呈圆柱体状，励磁绕组分布在转子表面的槽内；凸极式转子有明显的磁极，励磁绕组集中绕在磁极上。大型的风力发电机组一般采用隐极式转子的同步发电机。

同步发电机的励磁系统可分为直流励磁和整流励磁两种类型。直流励磁是用直流发电机作为励磁电源，整流励磁是将交流变成直流后供给励磁。

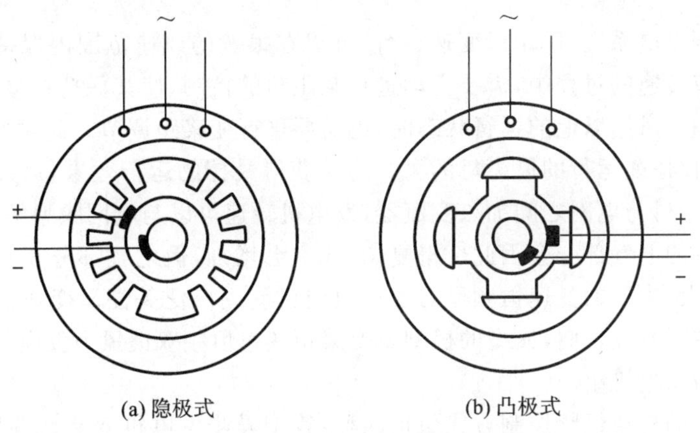

图 5-4　同步发电机的转子

四、永磁同步发电机

永磁同步发电机的定子与普通交流发电机的相同，由定子铁芯和定子绕组组成，在定子铁芯槽内安放三相绕组，转子采用永磁材料励磁。当发电机的转子旋转时，旋转的磁场切割定子绕组，在定子绕组中产生感应电动势，从而产生交流电流输出。定子绕组中交流电流建立的旋转磁场与转子转速同步，同步转速较低。转子上无励磁绕组和集电环。

同步发电机所需的励磁功率小，发电机效率高。并网运行时，不需要电网提供无功功率，通过调节同步发电机的励磁，不但可以调节电压，还可调节无功功率。可以采用整流-逆变的方法来实现变速运行。不过，同步发电机并网时，需要严格的调速和同步装置。直接并网时受阵风影响大，需要采用变桨距控制，价格比异步发电机贵。

5.2　风力发电系统的类型和特征

风力发电系统主要有恒速恒频发电系统、变速恒频发电系统和小型直流发电系统。

一、恒速恒频发电系统

恒速恒频发电系统是指发电机在风力发电过程中转速保持不变,得到和电网频率一致的恒频电能的系统采用的发电机有同步发电机和笼型异步发电机。同步发电机的转速为由发电机极对数和频率所决定的同步转速。笼型异步发电机以稍高于同步转速的转速运行。

单机容量为600～750 kW的风力发电机组多采用恒速运行方式,该运行方式结构简单,控制方便,并网容易,一般采用笼型异步发电机,其功率调节可以是定桨距失速型和变桨距型。无论采用哪种运行方式,发电机的旋转速度均固定不变。对于定桨距失速型,风速变化引起的输出功率变化只需通过桨叶的失速调节,使得控制系统大大简化;但是在输入功率变化的情况下,风力发电机组运行在最佳运行状态的时间很少,机组的整体效率较低,兆瓦级的大型风力发电机组已淘汰了此运行方式。

二、变速恒频发电系统

对于变速恒频发电系统,风轮以变速运行,可以在很宽的风速范围内保持近乎恒定的最佳叶尖速比。在调节转速的过程中,需要主动进行桨距角的控制,使其保持在最佳位置,以保证叶尖速比恒定。在额定风速以上的运行状态时,也需要进行变桨距调节。此时风力机的运行效率高,获得的风能也比恒速运行的风力机的大。为了获得最佳的运行效果,最好的办法是设置电力电子装置,在发电机与电网之间加入变流器,发电机转速可以与电网频率解耦,并允许风轮转速变化。虽然系统的电气部分会因此变得复杂、成本会增加,但电气部分在整个机组中所占的比例不大。因此,大、中型的变速恒频风力发电机组已受到广泛关注。变速恒频的方式是目前风力发电技术的主要发展方向,典型的机型是变桨距变速恒频双馈风力发电机组和变桨距变速恒频永磁直驱风力发电机组。

风力发电机组的变速恒频控制方式包括四种:笼型异步发电机变速恒频风力发电系统(见图5-5)、双馈发电机变速恒频风力发电系统(见图5-6)、直驱型变速恒频风力发电系统和混合式变速恒频风力发电系统(半直驱风力发电系统)。

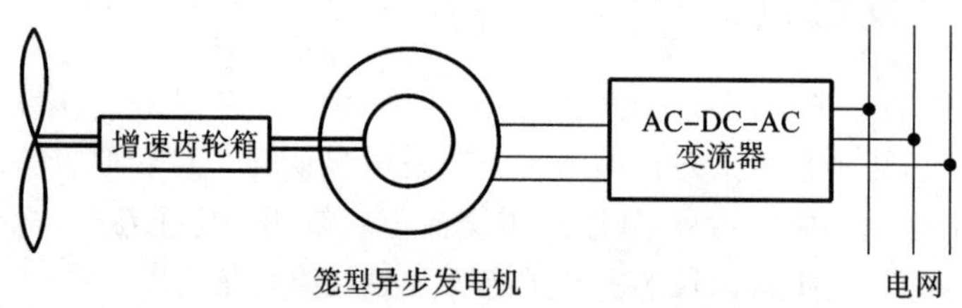

图5-5　笼型异步发电机变速恒频风力发电系统

变速恒频风力发电系统有不连续变速系统和连续变速系统两种类型。

1. 不连续变速系统

具有不连续变速系统的风力发电机组可以比单一转速运行的风力发电机组获得更多的年发电量,因为它可以在一定的风速范围内运行于最佳叶尖速比附近。但是它对风速的快速变化实际上只起一台单速风力机的作用,而不能像连续变速系统那样有效地获取变化的风能。不连续变速系统不能利用转子的惯性来吸收峰值转矩,它无法改善风力机的疲劳寿命。不连续变速系统主要有下面几种形式。

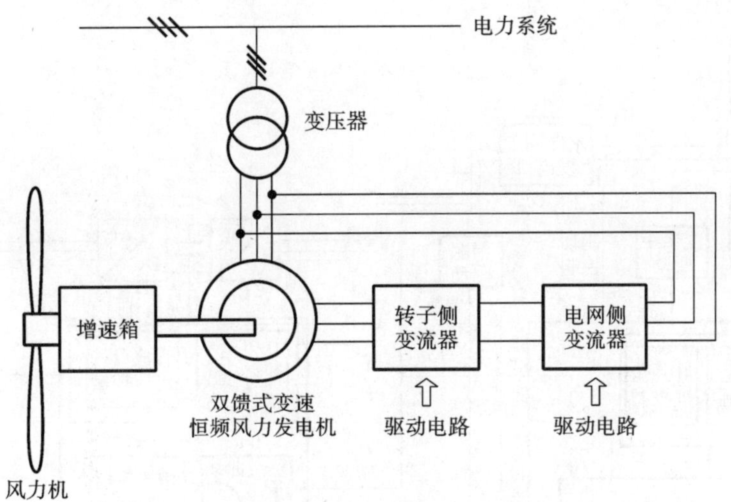

图 5-6 双馈发电机变速恒频风力发电系统

1)采用多台不同转速的发电机

一般采用两台转速不同、功率不同的异步发电机,在某一时间,只有一台发电机连接到电网中,传动机构的设计使发电机可以在两种风轮转速的情况下运行于比同步转速稍高的转速下。

2)双绕组双速异步发电机

双绕组双速异步发电机有两个定子绕组,嵌在相同的定子铁芯槽中。发电机具有两种不同的同步转速(低同步转速和高同步转速),采用哪一个转速取决于两个绕组的极对数。在某一时间内仅有一个绕组工作,转子为笼型。由于总有一个绕组未被利用,所以损耗、成本、重量均高于单速发电机。

3)双速极幅调制异步发电机

双速极幅调制异步发电机只有一个定子绕组,但有两种不同的运行速度。绕组与普通单速发电机的不同,每相绕组由匝数相同的两部分组成,并联时对应于一种转速,串联时对应于另一种转速。通过定子绕组的六个接线端子,由开关控制不同接法,得到两种不同的转速。

2. 连续变速系统

连续变速系统可以通过机械方法、电/机械方法、电气方法和电力电子学方法实现。机械方法是通过采用变速比液压传动或可变传动比机械传动来实现的,电/机械方法是通过采用定子可旋转的异步发电机来实现的,电气方法是采用高滑差异步发电机或双定子异步发电机来实现的,这些方法在实际应用中存在一定的不足,难以推广,而电力电子学方法是最具有前景的方法,它主要由发电机和电力电子装置来实现连续变速。

1)同步发电机交流/直流/交流系统

同步发电机可以随风轮变速旋转,产生变化的电功率。发电机发出频率变化的交流电,通过调节发电机的励磁电流来控制电压。发电机发出的交流电首先通过三相桥式整流器整流成直流电,再通过线路换向的逆变器变换为频率恒定的交流电输入电网。这种方式输出波形的谐波含量小,且容易滤掉,但电力电子装置在主回路,容量大,价格高。

图 5-7 所示为永磁同步发电机风力发电系统。由低速永磁发电机组成的风力发电系统的定子通过全功率变流器与交流电网连接,发电机变速运行,通过变流器保持输出电流的频率与电网频率一致。

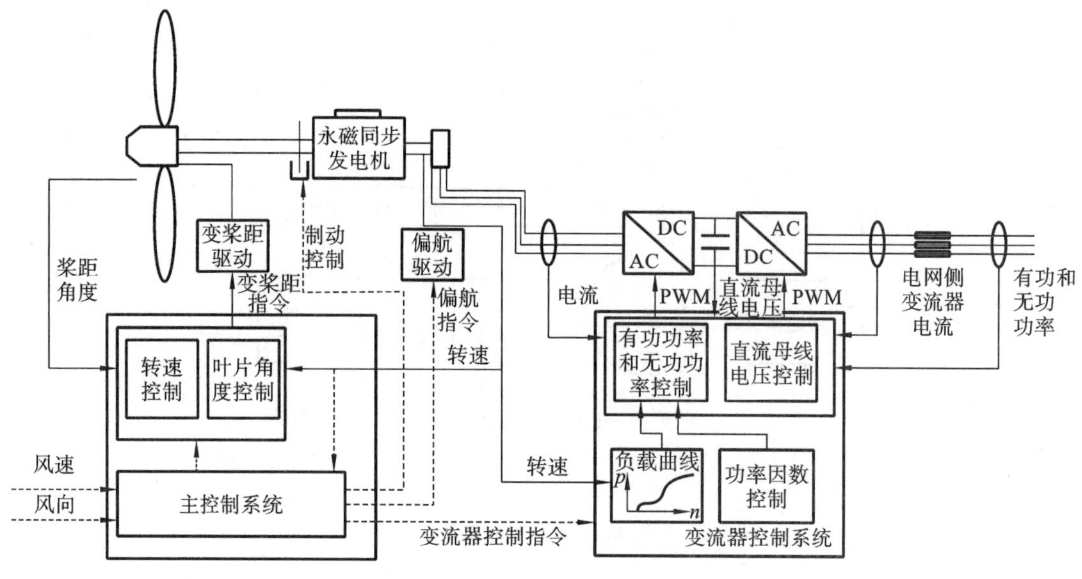

图 5-7　永磁同步发电机风力发电系统

2)磁场调制发电机系统

磁场调制发电机系统由一台专门设计的高频交流发电机和一套电力电子变换电路组成。发电机本身的旋转频率高,不用直流电励磁,而是要用输出的低频(一般为 50 Hz)交流电励磁。这种系统换向简单,损耗小,效率高,输出波形整齐;但它的电力电子变换装置在主电路中,容量大,价格高。

3)双馈异步发电机系统

双馈异步发电机系统如图 5-8 所示。双馈异步发电机的结构和绕线型异步发电机的类似,定子绕组直接接入电网,转子绕组由一台频率、电压可调的低频电源提供三相低频励磁电流,低

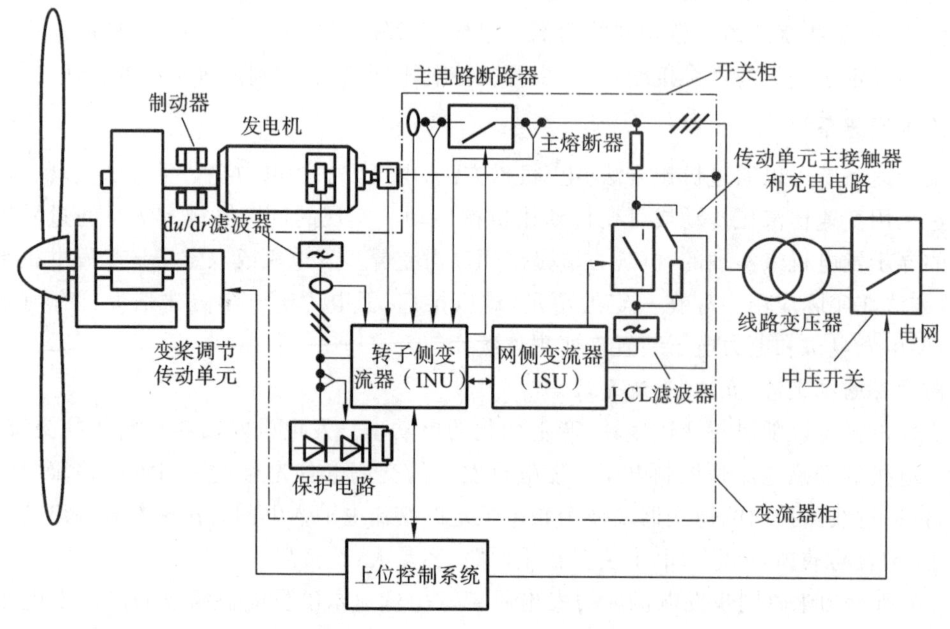

图 5-8　双馈异步发电机系统

频电源一般采用交-交循环变流器。当转子绕组通入三相低频电流时，在转子中形成旋转磁场，这个旋转磁场的转速与转子的机械转速相叠加，使其等于定子的同步转速，于是在发电机的定子绕组中感应出对应于同步转速的工频电压。当风速变化时，转子的机械转速随之变化，对应地，转子电流的频率和旋转磁场的速度也随之变化，以补偿发电机转速的变化，保持输出频率恒定不变。

除了上述系统外，还有一种新型的无刷双馈异步发电机，其采用双极定子和嵌套耦合的笼型转子，具有结构简单、没有电刷和集电环、基本不需要维护的独特优势，正在受到广泛关注。

三、小型直流发电系统

直流发电系统多用于 10 kW 以下的小型风力发电装置，最初这类系统均采用直流发电机，但直流发电机结构复杂，运行、维护工作量大，价格高，因此逐渐发展为采用交流永磁发电机和无刷自励发电机，经整流器整流后输出直流电。

5.3 并网运行

大、中型风力发电机组主要采用并网运行方式。并网运行就是将风力发电机组通过一定的方式并联到电网上，将风力发电机组产生的电力通过电网送到用户。在风力发电机组的启动阶段，需要对发电机进行并网前的调节，使其能够安全地切入电网，进入正常的并网发电运行模式。发电机的并网，只是风力发电系统正常运行的开始，主要应注意限制发电机并网时的瞬时冲击电流，避免对电网造成过大的冲击。如果电网的容量大于发电机容量的 25 倍及以上，可以忽略冲击电流对电网的影响，否则不容忽视。尤其现在风力发电机组已经发展到兆瓦级，冲击电流的影响必须重视。冲击电流过大，不仅影响到电网的电压，可能还会造成风力发电机组部件的损坏，甚至造成电力系统的解列，并影响其他机组的正常运行。

风力发电机组并网主要包括风力发电机组、低压层、升压变压器和中压层四个部分，其一般结构如图 5-9 所示。对于双馈异步发电机，需要在定子与转子之间接入部分功率变换的变流器，相位补偿也由它完成。永磁同步发电机需要在定子与电网之间接入全功率变换的变流器，其中低压层由保护系统、软启动、相位补偿及辅助设施组成。

一、异步发电机的并网

1. 并网条件

异步发电机的并网条件是：第一，发电机转子的转向与旋转磁场的方向一致，即发电机的相序与电网的相序相同；第二，发电机的转速尽可能地接近同步转速。第一个条件必须严格满足，否则发电机并网后将处于电磁制动状态，在接线时应调整好相序。第二个条件虽然有要求，但不是很严格，发电机的转速与同步转速相差越小，并网时产生的冲击电流就越小，而且冲击电流衰减得越快。

2. 并网方式

在采用交流异步发电机的风力发电机组中，由于采用的发电机的容量和控制方式不同，因此并网方法也有变化。异步发电机的并网方式主要有直接并网、降压并网、准同期并网和捕捉

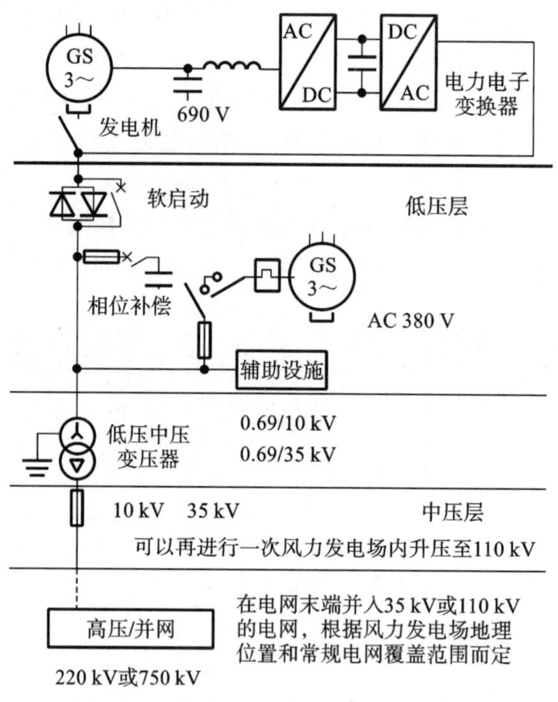

图 5-9　风力发电机组并网的一般结构

式准同步快速并网以及晶闸管软并网等。

1）直接并网

图 5-10 所示为异步发电机直接并网。当风力机启动后，通过增速齿轮箱将异步发电机的转子速度增加到同步转速附近，一般为 98%～100%。测速装置给出自动并网信号，通过断路器完成合闸并网过程。由于并网时发电机本身无电压，因此并网时必会产生一个过滤过程，产生 5～6 倍于额定电流的冲击电流，引起电网电压瞬时下降，不过一般零点几秒的时间即可转入稳态。这种情况对大容量电网系统的影响不大，但是会影响小容量电网系统中的其他设备的正常运行，甚至影响到小容量电网系统的稳定与安全。这种并网方式适用于异步发电机容量在百千瓦级以下，且电网容量较大的场合。

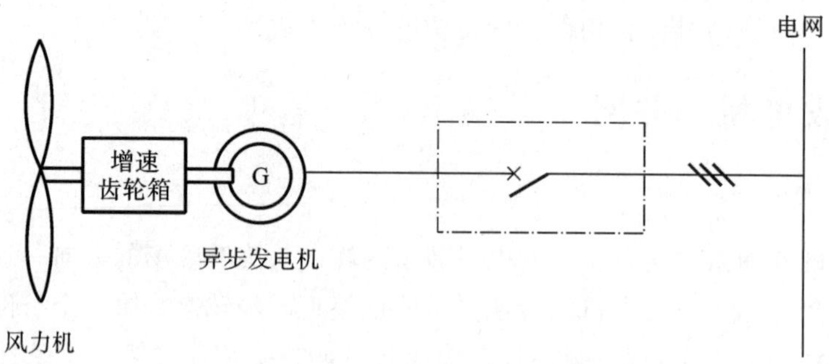

图 5-10　异步发电机直接并网

2）降压并网

降压并网是在发电机与电网之间串联电阻或电抗器，或者接入自耦变压器，以减小并网时的冲击电流和电网电压的下降幅度。发电机稳定运行时，将接入的元件迅速从电路中切出，以免消耗功率。这种并网方式经济性差，要增加电阻或电抗等元件，而且其投资成本随机组容量的增大而增加，适用于小容量的风力发电机组。

3)准同期并网和捕捉式准同步快速并网

当转速接近同步转速时，先用电容励磁，建立额定电压，然后对发电机的电压和频率进行调节和校正，使其与系统同步。当发电机的电压、频率、相位与系统一致时，将发电机投入电网运行。这种并网方式对系统电压的影响很小，适合于电网容量比风力发电机组容量稍大的情况。如果采用传统的步骤通过整步到同步并网，则需要高精度的调速器和整步、同期设备。捕捉式准同步快速并网是在频率变化中捕捉同步点，准确快速，对调速器的精度要求不高，可降低成本。

4)晶闸管软并网

(1)发电机和系统之间通过双向晶闸管直接连接。

图 5-11 所示为发电机和系统之间通过双向晶闸管直接连接的晶闸管软并网。该并网方式是在发电机的定子和电网之间每相串入一只双向晶闸管，通过控制晶闸管的导通角度，将并网时的冲击电流限制在允许的范围内，从而使异步发电机平稳地并入电网。当风轮带动异步发电机的转速接近同步转速时，双向晶闸管的控制角在 180°与 0°之间逐渐打开，双向晶闸管的导通角也同时在 0°与 180°之间同步逐渐增大。在导通阶段开始时，异步发电机的转速小于同步转速，异步发电机是作为发动机运行的；随着转速的增加，转差率逐渐减小到零，此时双向晶闸管的导通角全部导通，并网过程结束。

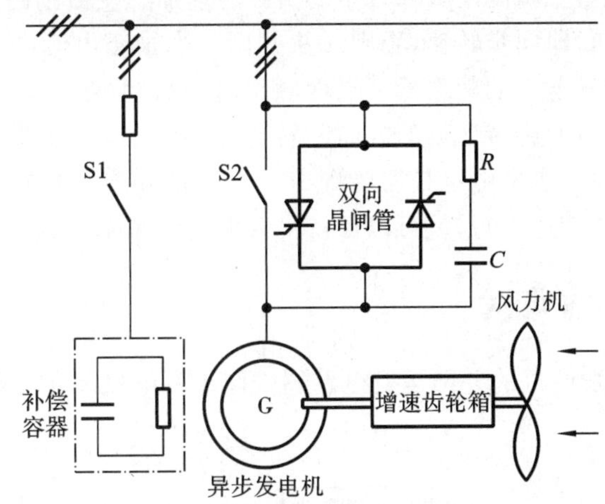

图 5-11 发电机和系统之间通过双向晶闸管直接连接的晶闸管软并网

(2)发电机和系统之间软并网过渡，零转差自动并网开关切换。

上述并网过程结束后，当发电机的转速与同步转速相同时，控制器发出信号，自动并网开关动作，常开触点闭合，由开关装置将晶闸管短接，异步发电机的输出电流不再经过双向晶闸管，而是通过已经闭合的自动并网开关触点流向电网。发电机并入电网后，应立即在发电机端并入功率因数补偿装置，将发电机的功率因数提高到 0.95 以上，并网过程结束。这种并网方式可以将冲击电流控制在 1.5 倍的额定电流以下，因此并网过程平稳。

晶闸管软并网是目前国内外中、大型风力发电机组普遍采用的并网方式。

3. 双馈异步发电机的并网方式

目前，大型绕线型异步发电机——双馈异步发电机的并网方式采用了转子上接功率可双向流动的背靠背电力电子整流逆变装置，即交-直-交双向背靠背恒压源 PWM。背靠背恒压源 PWM 由两个常规的 PWM 构成，是双向功率转换器，可以使定子频率与电网频率一致，同时控制机组输出的无功功率，如图 5-12 所示。

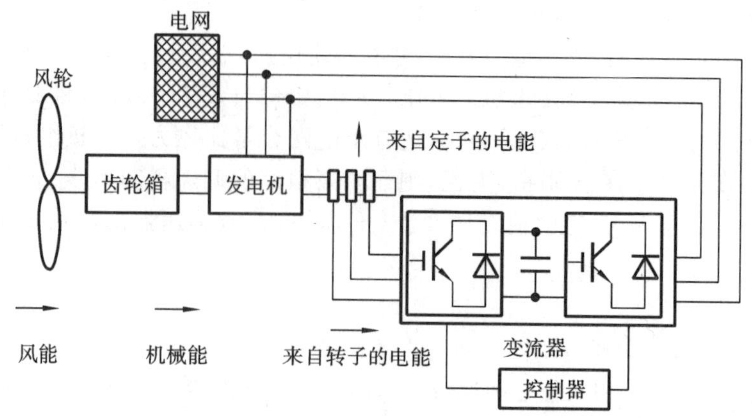

图 5-12　双馈异步发电机的并网方式

双馈异步发电机并网运行时，定子三相绕组直接与电网连接，转子绕组接交-直-交背靠背电力电子逆变装置。双馈异步发电机的可调量有励磁电流的频率、幅值和相位。调节频率，可以保证变速运行时发出恒定频率的电能；调节幅值和相位，可以调节有功功率和无功功率。

我国使用的是 50 Hz 的工频电，一般采用 4 极双馈异步发电机。并网时发电机定子、转子的旋转磁场必须是相对静止的，因此要求转子的实际转速加上交流励磁产生的旋转磁场的转速等于定子旋转磁场的转速，即同步转速，否则无法并网。当励磁电流产生的旋转磁场的方向和转速的方向相同，并且励磁电流的频率低于电网频率时，双馈异步发电机会以低于同步转速的速度运行；当励磁电流产生的旋转磁场的方向和转速方向相反时，双馈异步发电机则以高于同步转速的速度运行。双馈异步发电机只需要将 25%左右的功率通过转子与电网之间的电力电子逆变装置实现风力机的变速运行，就可以保持接入电网的频率恒定不变。

二、同步发电机的并网

图 5-13 所示为同步发电机的并网运行电路图。同步发电机的定子绕组通过断路器与电网相连。

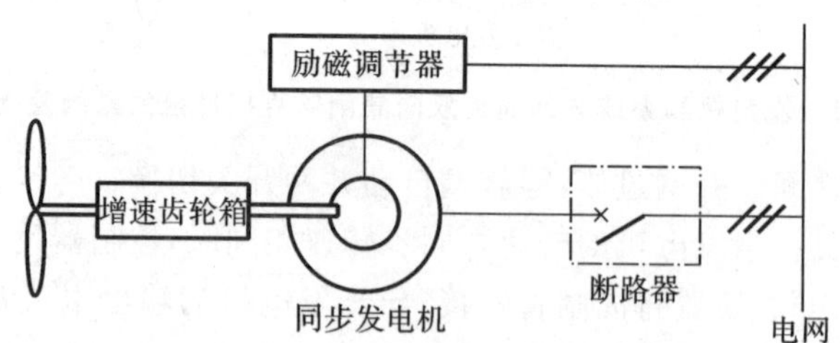

图 5-13　同步发电机的并网运行电路图

1. 并网条件

风力发电机组中，同步发电机并联到电网时，为了防止过大的电流冲击和转矩冲击，风力发电机输出的各相端电压的瞬时值要与电网端对应相电压的瞬时值完全一致，即波形相同、幅值相同、频率相同、相序相同和相位相同。

波形相同可以通过发电机设计、制造和安装来保证；只要使发电机的各相绕组输出端与电网各相互相对应，就可以满足相序相同。因此，并网时主要是幅值相同、频率相同和相位相同的检测和控制，其中频率相同必须满足。

2. 并网方式

1）自动准同步并网

满足上述理想并网条件的并网方式称为准同步并网。当发电机的转速在风力机的带动下接近同步转速时，励磁调节器向发电机输入励磁电流，通过励磁电流的调节，使发电机输出的端电压与电网电压相近。在发电机的转速几乎达到同步转速，发电机的端电压与电网电压的幅值大致相同，并且断路器两端的电位差为零或很小时，控制断路器合闸并网。同步发电机并网后，通过自整步作用牵入同步，使发电机电压频率与电网电压频率一致。并网过程中的检测和控制都是通过电脑来实现的。

自动准同步并网不会产生冲击电流，电网电压不会下降，也不会对定子绕组和其他机械部件造成冲击，但它的控制与操作复杂、费时。当电网出现故障而要求迅速将备用发电机投入运行时，由于电网电压和频率不稳定，自动准同步并网很难操作。

2）自同步并网

自同步并网可以克服上述电网故障时不能将备用发电机投入运行的问题。自同步并网的方法是：同步发电机的转子励磁绕组先通过限流电阻短接，发电机中无励磁磁场，用原动机将发电机转子的转速拖到同步转速附近，差值小于5%时，将发电机并入电网，再立刻给发电机励磁，在定子、转子之间的电磁力的作用下，发电机自动牵入同步。

由于发电机并网时，转子绕组中无励磁电流，因而发电机定子绕组中没有感应电动势，不需要对发电机的电压和相角进行调节和校准，控制简单，并且从根本上排除了不同步合闸的可能性。自同步并网方式的缺点是合闸后有电流冲击和电网电压的短时下降现象。

3. 永磁同步发电机的并网方式

永磁同步发电机可以省去励磁环节，而且通常省去齿轮箱，即为直驱永磁同步发电机。永磁同步发电机的并网方式如图5-14所示。

由于直驱永磁同步发电机省去了齿轮箱，因此发电机必须工作在与风力机相同的低转速下。由于风速的变化对电压有影响，最主要的是风力机的电压、电流的频率与电网不匹配，因此必须在发电机输出端和电网之间加装全功率变流器，使之相互匹配的同时还可以通过变流器的控制来减小或抑制风速的扰动，同时实现恒定功率因数的控制，只是需要增加发电机的磁极数，以降低发电机的转速。

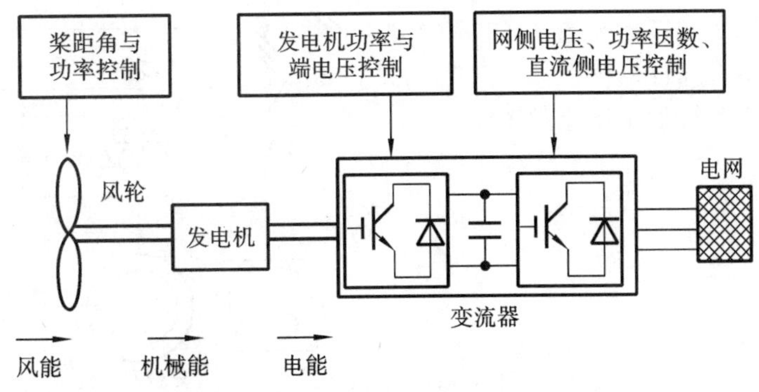

图5-14　永磁同步发电机的并网方式

练习与提高

一、简答题

1. 试说明风力发电机组中的发电系统的构成，并简要说明并网风力发电机组的发电原理。
2. 简述异步发电机的结构和工作原理。
3. 简述同步发电机的结构和工作原理。
4. 风力发电机组中的发电系统主要有哪些形式？各有何特点？
5. 简述恒速恒频发电系统的工作原理。
6. 试说明变速恒频发电系统的工作原理。
7. 变速恒频发电系统的变速方式有哪些？
8. 试比较风力发电机采用同步发电机和异步发电机时的优缺点。
9. 异步发电机的并网条件是什么？
10. 异步发电机如何并网？
11. 同步发电机的并网条件是什么？
12. 同步发电机如何并网？
13. 双馈异步发电机如何实现并网运行？
14. 永磁同步发电机如何实现并网运行？

二、识图绘图题

1. 根据图 5-15 回答下列问题：

(1)部件 1 的名称是什么？

(2)部件 2 的名称是什么？

(3)此图是什么系统的工作原理图？

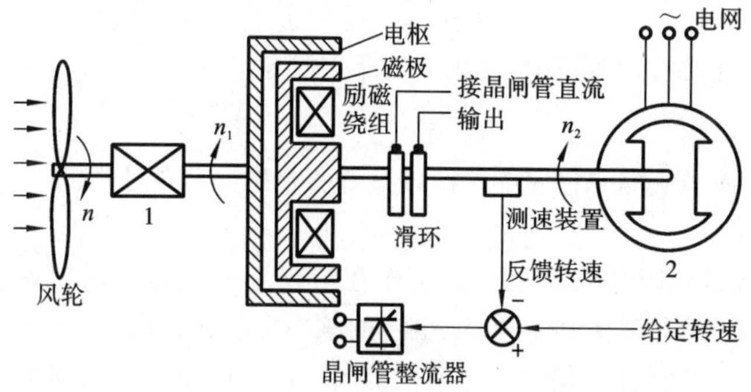

图 5-15　题 1 图

2. 根据图 5-16 回答下列问题：

(1)组件 1 的电气元件名称是什么？

(2)组件 2 的电气元件名称是什么？

(3)此图是什么系统的工作原理图？

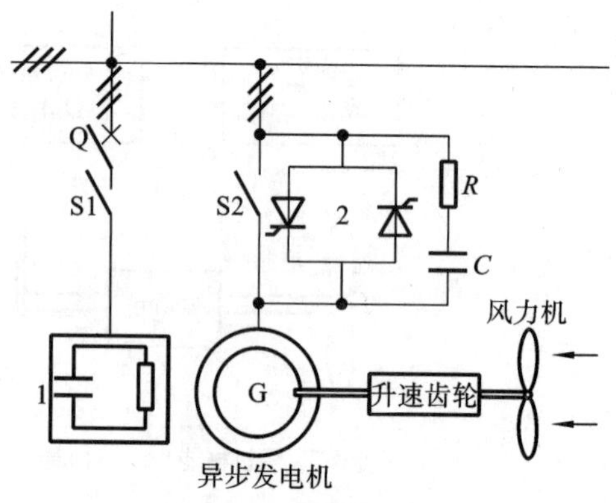

图 5-16　题 2 图

第6章
储能装置

6

本章概要

本章讲述了蓄电池的种类和性能参数、铅酸蓄电池的组成和工作原理、蓄电池组的串并联、蓄电池容量的选择与计算、蓄电池控制器等内容。

风力发电系统中的储能装置一般是蓄电池。蓄电池是一种化学能源，它可以将直流电能转换为化学能储存起来，需要时再将化学能转换为电能。

6.1 蓄电池的种类及型号

蓄电池根据不同的分类方式可以分为不同的类型。

(1)根据蓄电池的使用性能，蓄电池可以分为一次性电池和二次电池。

电量用完后无法再次充电的电池，称为一次性电池(或原电池)，例如人们常用的手电筒用电池。

电量用完后可以再次充电的可充电电池，称为二次电池，例如汽车启动用的铅蓄电池，收音机、录音机等使用的镉镍电池、镍氢电池，手机、笔记本电脑使用的锂电池。

(2)根据蓄电池的化学成分，蓄电池可分为铅酸蓄电池、碱性电池、胶体电池、硅能蓄电池、燃料电池。其中，铅酸蓄电池的应用最为广泛，尤其是密封型的铅酸蓄电池，它是独立运行的供电系统储能设备的主流。铅酸蓄电池可分为如下两种类型。

①单体蓄电池：蓄电池的最小单元(格)。

②蓄电池组：由单体蓄电池串联和(或)并联组成，以满足存储大容量电能的需要。

蓄电池的名称由单体蓄电池格数、型号、额定容量、电池功能或形状等组成。当单体蓄电池的格数为1(2 V)时省略，6 V、12 V分别为3格和6格。各个生产厂家的产品型号有不同的解释，但基本含义不会改变。表6-1所示为蓄电池常用字母的含义。

表 6-1 蓄电池常用字母的含义

代号	拼音	汉字	全称	代号	拼音	汉字	全称
G	Gu	固	固定式	D	Dong	动	动力式
F	Fa	阀	阀控式	N	Nei	内	内燃机专用
M	Mi	密	密封式	T	Tie	铁	铁路客车专用
J	Jiao	胶	胶体	D	Dian	电	电力机专用

如蓄电池的型号为GFM-50，其中G表示固定式，F表示阀控式，M表示密封式，50表示10小时率的额定容量；又如蓄电池的型号为6-GFMJ-100，其中6表示6个单体，电压为12 V，G表示固定式，F表示阀控式，M表示密封式，J表示胶体，100表示20小时率的额定容量。

6.2 蓄电池的主要性能影响因素

影响蓄电池性能的主要因素有蓄电池的电压、容量、能量、功率、效率、使用寿命及失效形式。

一、蓄电池的电压

蓄电池的电压包括理论充放电电压、工作电压、充电电压、终止电压。

蓄电池的理论充电电压与理论放电电压相同，等于电池的开路电压。

蓄电池的工作电压为电池的实际放电电压，它与蓄电池的放电方法、使用温度、充放电次数等有关。

蓄电池的充电电压大于开路电压，充电电流越大，工作电压越高，电池的发热量越大，充电过程中电池的温度越高。

蓄电池的终止电压是指电池在放电过程中电压下降到不宜再继续放电的最低工作电压。

二、蓄电池的容量

通常情况下，蓄电池的额定电压有2 V、6 V和12 V，额定容量用安时(A·h)来表示。

蓄电池的实际容量表示满荷电状态的蓄电池在放电过程中，从端电压降低到终止电压时所放出的电量，通常取温度为25 ℃时10小时率容量作为蓄电池的额定容量。

蓄电池额定容量的单位为安时(A·h)，它是放电电流(A)和放电时间(h)的乘积。由于对于同一个蓄电池，用不同的放电参数所得到的A·h是不同的，为了便于对蓄电池的容量进行描述、测量和比较，必须事先设定统一的条件。实践中，蓄电池的容量被定义为用设定的电流把蓄电池放电至设定的电压所得到的能量，也可以描述为用设定的电流把蓄电池放电至设定的电压所经历的时间和这个电流的乘积。

为了设定统一的条件，首先根据蓄电池的构造特征和用途的差异，设定若干个放电率，最常见的有20 h、10 h、2 h放电率，分别写作C_{20}、C_{10}、C_2，其中C代表蓄电池的容量，后面跟随的数字表示该类蓄电池以某种强度的电流放电到设定电压所需要的时间(h)。于是，用容量除以时间即可得到额定放电电流。也就是说，容量相同而放电时率不同的蓄电池，其额定放电电流相差甚远。比如，一辆电动自行车的蓄电池容量为10 A·h，放电时率为2 h，记作10 A·h/2，它的额定放电电流为10 A·h/2 h=5 A；而一辆汽车启动时用的蓄电池容量为54 A·h，放电时率为20 h，记作54 A·h/20，它的额定放电电流仅为54 A·h/20 h=2.7 A。换个角度来说，即这两种蓄电池分别用5 A和2.7 A的电流放电，则分别持续2 h和20 h才能下降到设定电压。

上述设定电压一般是指终止电压，即电压下降到不宜再继续放电的最低工作电压。终止电压不是固定不变的，它随放电电流的增大而降低。同一个蓄电池，其放电电流越大，终止电压越低，反之则越高。也就是说，大电流放电时，容许蓄电池的电压下降到较低的值，而小电流放电时则不行，否则会造成蓄电池的损坏。

蓄电池的容量不是一个固定的参数，它是由设计、工艺和使用条件等综合决定的，它的影响因素主要有以下几点。

1. 放电率的影响

蓄电池放电能力的大小用放电率表示，放电率有以下两种表示方法。

(1)小时率(时间率)：以一定的电流值放完电池的额定容量所需的时间。

(2)电流率(倍率)：放电电流值相对于蓄电池额定容量的倍数。如容量为100 A·h的蓄电池，以100×0.1 A=10 A的电流放电，电流率为0.1 C_{10}；若以100 A的电流放电，1 h将全部电量放完，电流率为1 C_{10}，以此类推。C_{10}表示10 h放电率下的电池容量，C_{20}表示20 h放电率下的电池容量，C的下角标表示放电小时率。

一般规定10 h放电率的容量为固定式蓄电池的额定容量。若以低于10 h放电率的电流放电，则可得到高于额定值的电池容量；若以高于10 h放电率的电流放电，所放出的能量要比蓄电池的额定容量小。图6-1所示为放电率对蓄电池容量的影响，从图中可以看出，随着放电率的增大，蓄电池的额定容量逐渐减小。

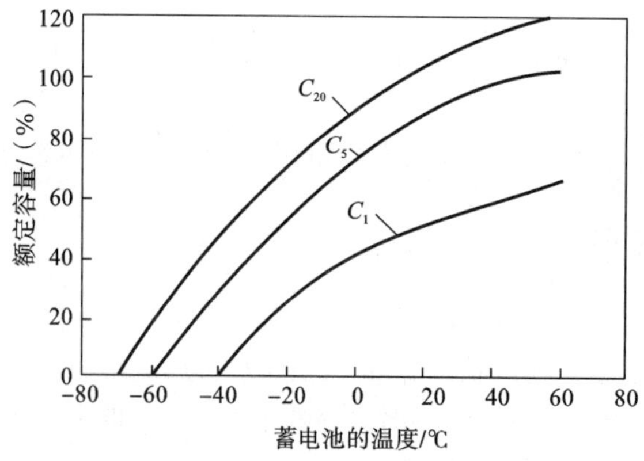

图 6-1　放电率对蓄电池容量的影响

2. 电解液温度的影响

电解液温度升高(在允许的温度范围内),离子的运动速度加快,获得的动能增加,因此渗透力增强,从而使蓄电池的内阻减小,扩散速度加快,电化学反应加强,蓄电池的容量增大;当电解液的温度下降时,渗透力减弱,蓄电池的内阻增大,扩散速度降低,因而电化学反应滞缓,使蓄电池的容量减小。图 6-2 所示为电解液温度对蓄电池容量的影响,从图中可以看出,温度对蓄电池容量的影响为,随着电解液温度的增加,蓄电池的额定容量呈增大的趋势。

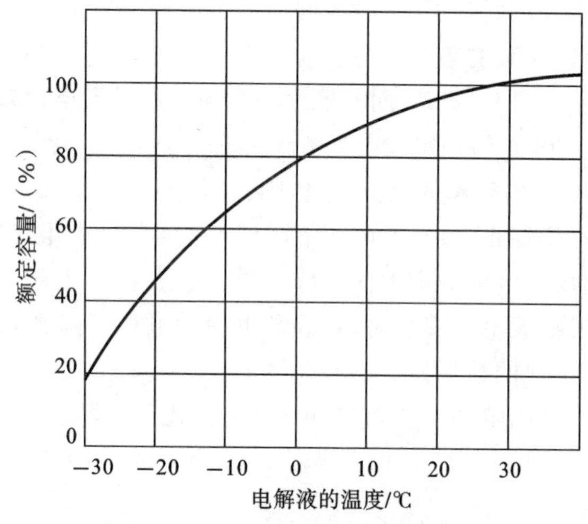

图 6-2　电解液温度对蓄电池容量的影响

3. 电解液浓度及层化的影响

在实际使用的电解液浓度范围内,增加电解液的浓度,就等于增加了反应物质,因此蓄电池的容量随之增大。极板孔眼内部的电解液浓度是决定蓄电池容量和电压的重要因素。若降低电解液浓度,在放电过程中,孔眼内部的电解液浓度相应地降低,由于不能维持足够的硫酸量,因此蓄电池的容量将减小。

电解液的层化是由于蓄电池充放电时,其反应往往集中在极板上且靠近电流的输出端,致使位于极板上部的电解液浓度低于极板下部的电解液浓度,即产生了浓度差。对于在静态环境中使用的富液式铅酸蓄电池,电解液的均匀性还受到重力的影响,使得密度大的硫酸向极板下部沉降。当蓄电池充放电循环时,电解液密度的差异,很容易造成极板上的活性物质得不到完全的、均匀的转化，以致影响到蓄电池的容量和使用寿命。

三、蓄电池的能量

蓄电池的能量是指在一定的放电条件下，可以从单位质量（体积）的蓄电池中获得的能量，即蓄电池所释放的电能。

四、蓄电池的功率

蓄电池的功率是指在一定的放电条件下，单位时间内蓄电池输出的电能，单位为 W 或 kW。

蓄电池的比功率是指单位质量（体积）的蓄电池所能输出的功率，单位为 W/kg 或 W/L。

比功率是蓄电池重要的技术性能指标，蓄电池的比功率大，表示它承受大电流放电的能量强。

五、蓄电池的效率

在计算蓄电池供电期间的系统效率时，蓄电池的效率有着重要的影响，其值为蓄电池放出的电能（功率×时间，即电压×电流×时间）与相应所需输入的电能之比，可以理解为蓄电池的容量效率和电压效率之积。

蓄电池的输出效率有三个物理量：能量效率、安时效率和电压效率。

在保持电流恒定的条件下，在相等的充电和放电时间内，蓄电池放出电量和充入电量的比值，称为蓄电池的能量效率。铅酸蓄电池效率的典型值是：安时效率为 87%～93%，能量效率为 71%～79%，电压效率为 85%左右。在设计蓄电池的储能系统时，应着重考虑能量效率。

蓄电池的效率还受到许多因素的影响，如温度、放电率、充电率、充电终止点的判断等。

影响蓄电池能量效率的电能损失主要来自以下几个方面：

(1)充电末期产生电解作用，将水电解为氢气和氧气而消耗电能。

(2)蓄电池的局部放电作用（或漏电）消耗了部分电能。

(3)蓄电池的内阻产生热损耗而损失电能。

另外，蓄电池的效率随使用时间而变化，新的蓄电池的效率可以达到 90%，而旧的蓄电池的效率仅有 60%～70%；再者，蓄电池的效率是指 25 ℃温度下的效率，当环境温度在零下或者 50 ℃以上时，蓄电池的实际效率要下降很多。

六、蓄电池的使用寿命

普通蓄电池的使用寿命为 2～3 年，优质阀控式铅酸蓄电池的使用寿命为 4～6 年。

影响蓄电池使用寿命的因素主要有以下几种。

1. 环境温度

过高的环境温度是影响蓄电池使用寿命的主要因素。一般蓄电池生产厂家要求的环境温度是 15～20 ℃。随着温度的升高，蓄电池的放电能力有所提高，但环境温度一旦超过 25 ℃，温度每升高 10 ℃，蓄电池的使用寿命会减少一半。同样，温度过低，则蓄电池的有效容量也将下降。

2. 过度放电

蓄电池过度放电是影响蓄电池使用寿命的另一个重要因素,这种情况主要发生在交流停电后蓄电池为负载供电期间。当蓄电池被过度放电时,蓄电池阴极的硫酸盐化。在阴极板上形成的硫酸盐越多,蓄电池的内阻越大,蓄电池的充放电性能就越差,其使用寿命就越短。

3. 过度充电

极板腐蚀是影响蓄电池使用寿命的重要因素。在过度充电的状态下,正极由于析氧反应,水被消耗,H^+增加,从而导致正极附近的酸度增大,极板腐蚀加速。如果蓄电池使用不当,长期处于过度充电状态,那么蓄电池的极板就会变薄,容量降低,使用寿命缩短。

4. 浮充电

目前,蓄电池大多都处于长期的浮充电状态,只充电,不放电,这种工作状态极不合理。大量的统计数据显示,这样会造成蓄电池的阳极极板钝化,使蓄电池的内阻急剧增大,蓄电池的实际容量远远低于其标准容量,从而导致蓄电池所能提供的实际后备供电时间大大缩短,缩短了其使用寿命。

七、蓄电池的失效

在独立运行的发电系统中,蓄电池的失效主要有以下几种形式。

1. 蓄电池失水

铅酸蓄电池失水会导致电解液密度增大、蓄电池正极栅板腐蚀,使得蓄电池的活性物质减少,从而使蓄电池的容量降低而失效。

2. 负极板硫酸化

蓄电池负极板的主要活性物质是海绵状铅。蓄电池充电时负极板发生如下化学反应,即

$$PbSO_4+2e^-=Pb+SO_4{}^{2-}$$

正极板上发生氧化反应,即

$$PbSO_4+2H_2O=PbO_2+4H^++SO_4{}^{2-}+2e^-$$

放电过程发生的化学反应是这一反应的逆反应。当阀控式密封铅酸蓄电池的荷电不足时,在蓄电池的正、负极板上就有 $PbSO_4$ 存在,$PbSO_4$ 长期存在会失去活性而不能再参与化学反应,这一现象称为活性物质的硫酸化。硫酸化使蓄电池的活性物质减少,降低蓄电池的有效容量,也影响蓄电池的气体吸收能力,最终导致蓄电池失效。

为防止硫酸化的形成,蓄电池必须经常保持在充足电的状态。

3. 正极板腐蚀

蓄电池失水,造成电解液密度增大,过强的电解液酸性加剧正极板的腐蚀。为了防止极板腐蚀,必须注意防止蓄电池失水现象的发生。

4. 热失控

热失控是指蓄电池在恒压充电时,充电电流和蓄电池温度发生一种累积性的增强作用,并逐步损坏蓄电池。从目前国内蓄电池的使用状况来看,热失控是蓄电池失控的主要原因之一。造成热失控的根本原因是普通富液式铅酸蓄电池的正、负极板间充满了液体而无间隙,所以在充电过程中正极产生的氧气不能到达负极,使得负极未去极化,较易产生氢气,氢气随氧气逸出电池。

因为不能通过失水的方式散发热量，阀控式密封蓄电池过充电过程中产生的热量多于富液式铅酸蓄电池。

应合理选择浮充电压。浮充电压是指蓄电池长期使用的充电电压，它是影响蓄电池使用寿命至关重要的因素。一般情况下，浮充电压定为 2.23～2.25 V/单体(25 ℃)比较合适。如果不按此浮充电压范围工作，而是采用 2.35 V/单体(25 ℃)，则蓄电池连续充电 4 个月就可能出现热失控；或者采用 2.3 V/单体(25 ℃)，蓄电池连续充电 6～8 个月就可能出现热失控；或者采用 2.28 V/单体(25 ℃)，蓄电池连续充电 12～18 个月就会出现严重的容量下降，进而导致热失控。

热失控的直接后果是蓄电池的外壳鼓包、漏气，容量下降，严重的还会引起极板变形，最后导致蓄电池失效。

6.3 铅酸蓄电池

用铅和二氧化铅作为负极和正极的活性物质(即参加化学反应的物质)，以浓度为 27%～37%的硫酸溶液作为电解液的电池，称为铅酸蓄电池。

铅酸蓄电池具有运行温度适中、放电电流大、可以根据电解液密度的变化检查电池的荷电状态、存储性能好及成本较低等优点，目前在蓄电池的生产和使用中仍保持着领先地位。铅酸蓄电池不仅具有化学能和电能转换效率较高、循环寿命较长、端电压高、容量大(高达 3000 A·h)的特点，而且还具有防酸、防爆、消氢、耐腐蚀等性能。同时，随着工艺技术的发展，铅酸蓄电池的使用寿命也在提高。

近年来，我国的蓄电池产业得到了迅速发展，尤其是具有免维修特点的密封式铅酸蓄电池。密封式铅酸蓄电池与液体铅酸蓄电池的差别是，密封式铅酸蓄电池的电解质是凝胶、固体和海绵状物质，当密封式铅酸蓄电池使用电解质时，电解液全部被吸附在超细玻璃纤维隔板中，以防止倒置时漏液。密封式铅酸蓄电池不需要像普通铅酸蓄电池那样频繁地检查和加注蒸馏水，维护简便，运输方便。

一、铅酸蓄电池的分类

根据铅酸蓄电池结构与用途的不同，可以粗略地将铅酸蓄电池分为四种，如图 6-3 所示。

1. 固定式铅酸蓄电池

固定式铅酸蓄电池又称为开口式蓄电池，多用于为通信、海岛、部队、村落等而建设的风力发电系统、光伏发电系统以及各类互补系统，使用时需经常维护(如加水)，价格适中，使用寿命为 5～8 年。

2. 小型密封铅酸蓄电池

小型密封铅酸蓄电池大多为 2 V、6 V 和 12 V 的组合蓄电池，常用于用户离网发电系统(风力发电系统、光伏发电系统)，其使用寿命为 3～5 年。

3. 工业型密封铅酸蓄电池

工业型密封铅酸蓄电池又称为阀控式蓄电池、免维修蓄电池，主要用于通信、军事等的供电系统；在整个使用期间不需要加水，电池可以设计成经过 30 天短路试验之后仍可以使用，而且

(a) 固定式铅酸蓄电池

(b) 小型密封铅酸蓄电池

(c) 工业型密封铅酸蓄电池

(d) 汽车、摩托车启动用铅酸蓄电池

图 6-3　常见的铅酸蓄电池

再次充电后电池实际上拥有与测试之前相同的容量；由于水分明显减少，只出现少量的析氢和低速率的自放电现象；所需的维护工作量极小，价格与固定式铅酸蓄电池相当；便于安装，使用寿命为 5～8 年。

4. 汽车、摩托车启动用铅酸蓄电池

汽车、摩托车启动用铅酸蓄电池价格便宜，但使用寿命最短，一般只有 1～3 年，需加水和经常维护，而且有酸雾污染。

二、铅酸蓄电池的基本结构及工作原理

铅酸蓄电池主要由正、负极板组，隔离物，容器和电解液等构成，其结构如图 6-4 所示。

1. 极板

铅酸蓄电池的正、负极板由纯铅制成，上面直接形成有效物质。有些极板用铅镍合金制成栅架，上面涂以有效物质。正极(阳极)的有效物质为二氧化铅，负极(阴极)的有效物质为海绵状铅。在同一个蓄电池内，同极性的极板片数超过两片者，用金属条连接起来，称为极板组或极板群。至于极板组内的极板片数，随蓄电池容量(蓄电能力)的大小而异。

2. 隔离物

为了减小蓄电池的内阻和体积，正、负极板应尽量靠近，但彼此又不能接触而短路，所以在相邻的正、负极板间加上绝缘隔板。隔板应具有多孔性，以便电解液能够渗透，而且应具有良好的耐酸性和抗碱性。

隔板材料有木质、微孔橡胶、微孔塑料、玻璃纤维以及树脂浸渍纸等。近年来，还有将微孔

图 6-4 铅酸蓄电池的结构

塑料隔板做成袋状，紧包在正极板的外部，防止活性物质脱落。

3. 容器

容器是用来盛放电解液和极板组的，其外壳应耐酸、耐热、耐震。通常有玻璃容器、衬铅木质容器、硬橡胶容器和塑料容器。

4. 电解液

铅酸蓄电池的电解液是由高纯度的硫酸和蒸馏水按一定比例配制而成的。蓄电池用的电解液（稀硫酸）必须保持纯净，不能含有害于铅酸蓄电池的任何杂质。

铅酸蓄电池由两组极板插入稀硫酸溶液中构成，其在充电和放电过程中的可逆反应理论较为复杂，目前公认的是双极硫酸化理论。该理论的含义是：铅酸蓄电池放电时，两电极的有效物质和硫酸发生作用，均转化为硫酸化合物——硫酸铅；铅酸蓄电池充电时，硫酸铅又变为原来的铅和二氧化铅。

现以阀控式密封铅酸蓄电池为例，具体说明铅酸蓄电池的工作原理。

阀控式密封铅酸蓄电池具有体积小、重量轻、放电性能高、维护工作量小等优点，因此近几年得到了迅速的应用和发展，逐渐取代了传统的固定式防酸隔爆式蓄电池及其他碱性蓄电池。

阀控式密封铅酸蓄电池的正、负极板采用特种合金浇铸成型，隔板采用超细玻璃纤维制成，结构上采用紧装配、贫液设计工艺技术，蓄电池槽盖采用ABS树脂注塑而成，蓄电池壳内采用单向安全排气阀，其充放电化学反应均在蓄电池壳内进行。

阀控式密封铅酸蓄电池的工作原理如图 6-5 所示。

阀控式密封铅酸蓄电池充、放电过程的化学反应方程为：

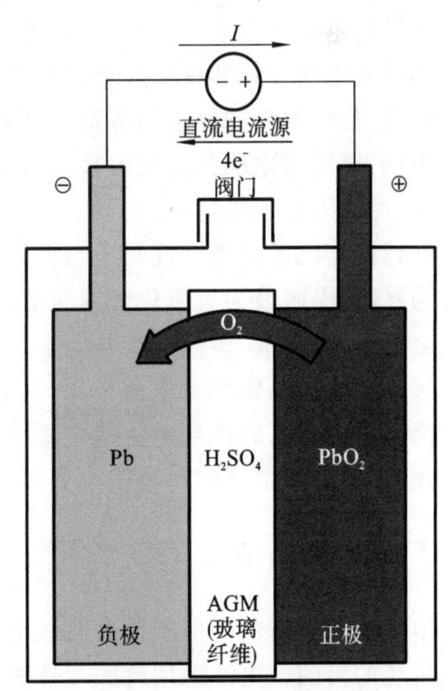

图 6-5 阀控式密封铅酸蓄电池的工作原理

正极：

$$PbSO_4 + 2H_2O \underset{放电}{\overset{充电}{\rightleftharpoons}} PbO_2 + H_2SO_4 + 2H^+ + 2e^-$$

正极副反应：

$$H_2O \xrightarrow{充电} \frac{1}{2}O_2 \uparrow + 2H^+ + 2e^-$$

负极：

$$PbSO_4 + 2H^+ \underset{放电}{\overset{充电}{\rightleftharpoons}} Pb + H_2SO_4$$

负极副反应：

$$2H^+ + 2e^- \xrightarrow{充电} H_2 \uparrow$$

总反应：

$$PbO_2 + 2H_2SO_4 + Pb \rightleftharpoons 2PbSO_4 + 2H_2O$$

通过上述化学反应，将电能转化为化学能储存起来，需要时再将化学能转化为电能，供给用电设备。

充电时，如果蓄电池的内部压力过大，单向安全排气阀的胶帽将自动开启，当蓄电池的内部压力恢复正常后，单向安全排气阀的胶帽就会自动关闭，以防止外部气体进入，达到防酸、防爆的目的。

6.4 其他种类的蓄电池

一、碱性蓄电池

碱性蓄电池以电解液的性质而得名。此类蓄电池的电解液采用了苛性钾或苛性钠的水溶液。碱性蓄电池按其极板材料，可分为镉镍蓄电池、铁镍蓄电池等。

镉镍蓄电池以镉和铁的混合物作为负极活性物质，以氧化镍作为正极活性物质，电解液为氢氧化钾溶液，常见的外形为方形和圆柱形，其有开口、密封和全密封三种结构。按极板制造方式的不同，镉镍蓄电池又分为极板盒式、烧结式、压成式等。镉镍蓄电池具有放电倍率高、低温性能好、循环寿命长等特点。

铁镍蓄电池的正极活性物质与镉镍蓄电池的正极活性物质基本相同，为氧化镍，负极活性物质为铁粉，电解液为氢氧化钾或氢氧化钠水溶液。铁镍蓄电池具有结构坚固、耐用、寿命长等特点，但比能量较低，多用于矿井运输车辆动力电源。

碱性蓄电池与铅酸蓄电池相比，具有体积小，可深放电、耐过充和过放电，以及使用寿命长、维护简单等优点。碱性蓄电池的主要缺点是内阻大、电动势较低、造价高。同低成本的铅酸蓄电池比较，镉镍蓄电池的初始成本要高 3～4 倍，因此在独立发电系统中应用较少。

二、胶体电池

电解液呈胶态的电池统称为胶体电池。

传统的铅酸蓄电池采用硫酸液作为电解质，在生产、使用和废弃过程中，对自然环境造成毁坏性的污染，这成为这种产品发展的致命伤。胶体电池属于铅酸蓄电池的一种发展分类，最简单的做法是在硫酸液中添加胶凝剂，使硫酸液变为胶态，这样就减少了硫酸液对自然环境的污染。

从广义上来讲，胶体电池与常规的铅酸蓄电池的区别不仅仅在于电解液改为胶凝态。随着技术的进步，胶体电池的范围进一步扩大。如非凝固态的水性胶体，从电化学分类结构和特性看同属于胶体电池；又如在板栅中结附高分子材料，俗称陶瓷板栅，这也可以看成胶体电池的应用特色。近期已有实验室在极板配方中添加一种靶向偶联剂，大大提高了极板活性物质的反应利用率。

胶体电池的性能及特点是：结构密封，电解液呈凝胶态，无渗漏，充、放电无酸雾、无污染，是国家大力推广的环保产品；自放电小，耐存放；过放电恢复性能好，大电流放电容量比铅酸蓄电池增加 30%以上；容量大，与同级铅酸蓄电池相比增加了 10%～20%；低温性能好，满足－30～50 ℃启动电流要求，高温特性稳定，满足 65 ℃甚至更高温度的使用要求；循环寿命长，可达到 800～1500 充放次；单位容量工业成本低于铅酸蓄电池，经济效益高。

三、硅能蓄电池

目前，由于生产蓄电池的材料，如铅和酸，在废弃后会对环境造成污染，同时市场上对大容量、高效率、深充深放蓄电池的需求，许多新型蓄电池应运而生，硅能蓄电池便是其中之一。

硅能蓄电池采用液态低钠盐化成液代替硫酸液作为电解质，生产过程中不会产生腐蚀性气体，实现了制造过程、使用过程及废弃物均无污染，从根本上解决了传统铅酸蓄电池污染环境的问题。

硅能蓄电池的能量特性、使用寿命均超过目前国内外普遍使用的铅酸蓄电池，并克服了其不能大电流充放电的缺点，而这正是作为动力电池所必备的基本条件。

硅能蓄电池的性能及特点是无污染，比能量大，能大电流充电和快速充电，耐低温，使用寿命长。与其他多种改良的铅酸蓄电池比较，硅能蓄电池电解质改型使硅能蓄电池的性能明显提升，掀起了电解质环保和制造业环保的新概念，是蓄电池技术的标志性进步之一。

四、燃料电池

燃料电池的一般结构为燃料（负极）＋电解质（液态或回态）＋氧化剂（正极）。在燃料电池中，负极常称为燃料电极或氢电极，正极常称为氧化剂电极、空气电极或氧电极。

燃料有气态，如氢气、一氧化碳、二氧化碳和碳氢化合物；有液态，如液氢、甲醇、高价碳氢化合物和液态金属；有固态，如碳等。按照电化学性能的强弱，燃料的活性排列次序为氢＞醇＞一氧化碳＞烃＞煤。燃料的化学结构越简单，制造燃料电池时出现的问题越少。

电解质是离子导电而非电子导电的材料，液态电解质分为碱性电解液和酸性电解液，固态电解质有质子交换膜和氧化锆隔膜等。在液态电解质中应采用微孔膜，其厚度为 0.2～0.5 mm；在固态电解质应采用无孔膜，其厚度约为 20 μm。氧化剂为纯氧、空气和卤素。

燃料电池的反应为氧化还原反应，电极的作用是一方面传递电子，另一方面在电极表面发生多相催化反应，反应不涉及电极材料本身。这一特点与一般化学电池中电极材料参加化学反应不同，电极表面起催化剂的作用。

氢氧燃料电池的反应为氧化还原反应，氢和氧在各自的电极上发生反应，氧电极进行氧化反应，放出电子，氢电极发生还原反应，吸收电子，总反应为 $O_2+2H_2=2H_2O$，反应结果是氢和氧发生电化学燃烧，产生水和电能。

燃料电池工作的中心问题是燃料和氧化剂在电极过程中的反应活性问题。对于气体电极过程，必须采用多空气体扩散电极和高效电催化剂，增大比表面，提高反应活性，增大电池比功率。

氢在负极的氧化过程是氢原子离解为氢离子和电子的过程。若用有机化合物燃料，首先需要催化裂化或重整，生成富氧气体，必要时还要除去毒化催化剂的有害物质。这些反应可在电池外部或内部进行，但需添加辅助系统。正极中的氧化反应缓慢，燃料电池的活性主要依赖正极。随着温度的升高，氧的还原反应有一定的改善。高温反应有利于提高燃料电池的反应活性。

对于燃料电池的发电系统，其核心部件是燃料电池组，它由燃料电池单体堆积而成。单体电池的串联或并联的选择，主要依据满足负载的输出电压和电流，并使总电阻最小，尽量减小电路短路的可能性。

其余部件是燃料预处理装置、热量管理装置、水量管理装置、电压变换调整装置和自动控制装置。通过燃料预处理，实现燃料的生成和提纯。燃料电池的运行或启动，有的需要加热，而工作的时候又放出大量的热量，这些都需要热量管理装置进行合理的加热或散热。燃料电池工作时，在碱性电解液负极或酸性电解液正极生成水，为了保证电解液浓度的稳定，生成的水要及时排除。高温燃料电池生成的水会汽化，容易排除，水量管理装置将实现合理的排水。燃料电池和化学电池一样，输出直流电压，需要通过电压变换调整装置将直流电压转换为交流电压后送到用户或电网。

燃料电池的发电系统通过自动控制装置，使各个部件协调工作，进行统一的控制和管理。目前，由于燃料氢的获取需要大量的能量，其存储和运输都有很大的困难，所以，燃料电池尚未在风力发电系统中得到广泛的应用。

6.5 其他形式的蓄能装置

一、飞轮蓄能

飞轮蓄能是一种新型的机械蓄能系统，即在风力发电机的轴系上安装一个飞轮，利用飞轮旋转时的惯性蓄能原理，当风力强时，风能以动能的形式存储在飞轮中，当风力弱时，存储在飞轮中的动能则释放出来驱动发电机发电。采用飞轮蓄能，可以平抑由于风力的起伏而引起的发电机输出电能的波动，改善电能的质量。

风力发电系统中采用的飞轮一般是由钢制成的，飞轮的尺寸则视系统所需存储和释放能量的多少而定。

飞轮蓄能经常被用在不间断电源(UPS)中。

与传统的电池(包括蓄电池)相比，飞轮电池具有如下优点：

(1)充、放电速度快；

(2)循环使用寿命长，维护简单；

(3)清洁环保，不会对环境产生污染；

(4)蓄能能力不受外界温度等因素的影响，稳定性好；

(5)效率高。

二、电解水制氢蓄能

众所周知，电解水可以制氢，而且氢可以储存。在风力发电系统中采用电解水制氢蓄能，就是在用电负荷小时，将风力发电机组提供的多余电能用来电解水，使氢和氧分离，把电能储存起来；当用电负荷增大，风力减弱或无风时，使储存的氢和氧在燃料电池中进行化学反应而直接产生电能，继续向负荷供电，从而保证供电的连续性。故这种蓄能方式是将随机的不可储存的风能转换为氢能储存起来，而制氢、储氢及燃料电池则是这种蓄能方式的关键技术和部件。

储氢技术有多种形式，其中以金属氢化物储氢最好，其储氢密度高，优于气体储氢及液态储氢，不需要高压和绝热的容器，安全性能好。

近年来国外还研制出一种再生式燃料电池，这种燃料电池既能利用氢氧化合直接产生电能，反过来应用它也可以电解水而产生氢和氧。

毫无疑问，电解水制氢蓄能是一种高效、清洁、无污染、工作安全、寿命长的蓄能方式，但燃料电池及储氢装置的费用则较昂贵。

三、抽水蓄能

抽水蓄能在地形条件合适的地区可以采用。所谓地形条件合适，就是在安装风力发电机的地点附近有高地，在高处可以建造蓄水池或水库，而在低处有水。当风力强而用电负荷需要的电能少时，风力发电机发出的多余的电能驱动抽水机，将低处的水抽到高处的蓄水池或水库中，多余的电能转换为水的位能储存起来；当无风期或是风力较弱时，则将高处蓄水池或水库中储存的水释放出来流向低处水池，利用水流的动能推动水轮机转动，并带动与之连接的发电机发电，从而保证用电负荷不断电。实际上，这时是风力发电和水力发电同时运行，共同向负荷供电。当然，在无风期，只要在高处蓄水池或水库中有一定的蓄水量，就能靠水力发电来维持供电。

四、压缩空气蓄能

压缩空气蓄能也叫高压储气。与抽水蓄能方式相似，这种蓄能方式也需要特定的地形条件，即要有挖掘的地坑或是废弃的矿坑或是地下的岩洞。当风力强或用电负荷所需的电能少时，可将风力发电机发出的多余的电能驱动一台由电动机带动的空气压缩机，将空气压缩后储存在地坑内；而在无风期或用电负荷增大时，则将储存在地坑内的压缩空气释放出来，形成高速气流，从而推动涡轮机转动，并带动发电机发电。

五、超导磁场蓄能

超导磁场能量储存(superconducting magnetic energy storage，SMES)系统把能量存储在流经超导线圈的电流产生的磁场中。当温度下降到超导体的临界温度(−269 ℃)时，超导线圈的电阻下降到零，此时超导线圈可以没有损耗地传导很大的电流。超导磁场能量储存系统可以用于需要快速反应、高功率和低能量的场合，例如不间断电源(UPS)和高功率品质调节。

当储存电能时，将风力发电机产生的交流电，经过交直流变流器整流成直流电，激励超导线圈；当发电时，直流电经过逆变器装置变为交流电输出，供应电力负载或直接接入电力系统。由于采用了电力电子装置，这种转换非常简便，响应极快，并且储能密度高，结构紧凑，不仅可用于降低甚至消除电网的低频功率振荡，还可以调节无功功率和有功功率，对于改善供电品质和提高电网的动态稳定性有巨大的作用。超导磁场蓄能的效率高达90%以上，远高于其他蓄能技术。小容量超导磁场蓄能装置已经商品化。

六、超级电容蓄能

超级电容器又称为超大容量电容器、双电层电容器、(黄)金电容、蓄能电容或法拉电容，英文名称为 electric double layer capacitors，即 EDLC，通俗的称呼还有 super capacitors、ultra capacitors、gold capacitors，计量单位为法(拉)。随着社会经济的发展，人们对绿色能源和生态环境越来越关注，超级电容器作为一种新型的蓄能器件，因为其无可替代的优越性，受到广大科研工作者的重视。众所周知，化学电池是通过电化学反应产生法拉第电荷转移来储存电荷的，而超级电容器的电荷储存发生在电极/电解质形成的双电层上，以及在电极表面进行欠电位沉积、电化学吸附、脱附和氧化还原产生的电荷的迁移。与传统的电容器和二次电池相比，超级电容器的比功率是二次电池的10倍以上，储存电荷的能力比普通电容器高，并具有充放电速度快、对环境无污染、循环寿命长、使用的温度范围宽等特点。

6.6 蓄电池组的串并联

单体蓄电池的电压、容量均有限，为了满足系统对储能的要求，往往需要把蓄电池进行串联，以满足系统对直流电压的要求，然后再把串联后的蓄电池组进行并联，以满足总电量的要求。

将相同型号的蓄电池串联，串联后的电压等于各个蓄电池电压之和，如图6-6所示。蓄电池的输出电流与蓄电池的内阻有关，两个蓄电池串联时内阻相加，所以输出电流和单个蓄电池的输出电流一样，电流不变。如3个12 V/500 A·h的蓄电池串联之后的电压是36 V，输出电流和单个蓄电池的输出电流一样，电量是500 A·h。

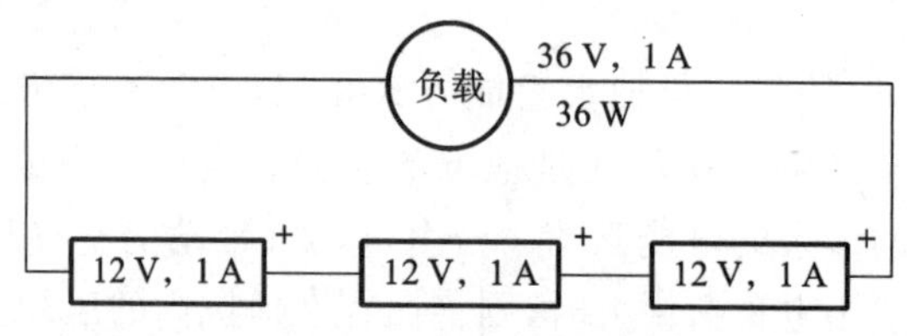

图6-6 蓄电池的串联

将相同型号的蓄电池并联，并联之后的电压不变，电流和容量是各并联蓄电池电流和容量之和，如图6-7所示。如3个12 V/500 A·h的蓄电池并联之后的电压是12 V，输出电流是3个蓄电池输出电流之和，即3 A，电量是1500 A·h。

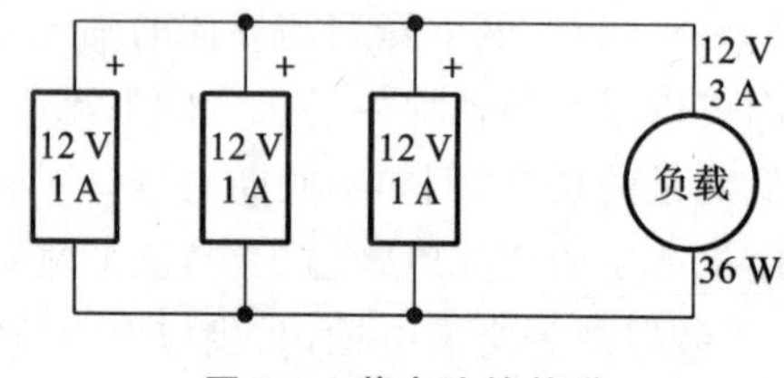

图6-7 蓄电池的并联

【例】某系统需要直流电压 48 V，蓄电池能存储的电量为 48 kW·h，用一组 2 V/500A·h 的蓄电池如何实现？

【解】首先把 24 个 2 V/500 A·h 的蓄电池串联，组成一个 48 V/500A·h 的蓄电池组，然后再把相同的两组串联的蓄电池组并联，这样就构成了一个满足系统要求的蓄电池组。

电压为

$$2\times 24\ \mathrm{V}=48\ \mathrm{V}$$

容量为

$$500\times 2\ \mathrm{A\cdot h}=1000\ \mathrm{A\cdot h}$$

总的存储电量为 $48\times 1000\ \mathrm{W\cdot h}=48\ 000\ \mathrm{W\cdot h}=48\ \mathrm{kW\cdot h}$

因此共需要 2 V/500 A·h 的蓄电池 48 个。

6.7 蓄电池容量的选择与计算

如前所述，在独立运行的风力发电系统中，用蓄电池组作为风电的储能环节和用户的补充电源，在当今的技术水平条件下是一种较为经济、适用的方式，被广泛应用。

在使用蓄电池组的风力发电系统中，蓄电池组容量的选择至关重要。计算和选择蓄电池的容量时，应该遵循以下原则。

一、年能量平衡法

年能量平衡法是指通过分析风力发电机组一年中的发电量与负荷耗电量之间的电能平衡关系来确定蓄电池的容量，这种方法是静态的、客观的。

在选择风力发电机组的容量时，一般规定风力发电机组的全年发电量必须大于负荷用电量，系统中的蓄电池应尽可能地利用这部分剩余电力。因此，风力发电机组、蓄电池组和负荷三者实际上是在发电量、蓄能和耗电量之间寻求一种平衡。蓄电池组的功能是在风电短缺时把存储的电能提供给负荷。

【例】某户安装 100 W 的风力发电机组，年发电量为 260 kW·h，扣除损耗功率，全年剩余电能约为 15 kW·h，其中 1—5 月份和 10—12 月份共富余电能 21.4 kW·h，而 6—9 月份共亏损电能 7.0 kW·h。蓄电池的功能便是尽量将风电富余月的电能存储起来补足亏电的 6—9 月份。

已知风力发电机组的输出电压为 24 V，若要完全保证 6—9 月份不中断供电，则配备的蓄电池的容量应为

$$C=\Delta E/U=7000/24\ \mathrm{A\cdot h}=292\ \mathrm{A\cdot h}$$

式中：C——蓄电池的容量，A·h；U——蓄电池的输出电压，V。

因此，蓄电池的容量选用 300 A·h。

二、无效风速小时能量平衡法

所谓无效风速小时，是指当地风速小于风力发电机组发电运行风速的时间。在无效风速时，风力发电机组不发电，负荷只能依靠蓄能装置来提供电能。一旦风力发电机组的运行风速确定了，当地的无效风时便可计算出来。

采用无效风速小时数来选择和计算蓄电池的容量有两种方法，下面以户用型为例来说明这两种方法的应用。

1. 连续最长无效风速小时计算法

根据一年的风速小时变化曲线，可以统计出不同时段的无效风速小时数。

【例】100 W 的风力发电机组，其运行风速为 3～15 m/s，当地风速小于 3 m/s 的时间为 3361 h，共计 54 次，平均为 62 h，其中无效风速最长时间为 102 h，用户日负荷耗电量为 0.493 kW·h，则蓄电池的容量为

$$C=ED/(U\eta)=493\times\frac{102}{24}/(24\times0.8)\ \text{A}\cdot\text{h}\approx109\ \text{A}\cdot\text{h}$$

式中：E——用户日耗电量，W·h；D——最长连续无效风速天数，取$\frac{102}{24}$天；U——用电器电压，取 24 V；η——蓄电池组的效率，取 0.8。

同样，考虑适当的裕度，蓄电池组的容量选用 120 A·h。

2. 平均连续无效风速小时计算法

【例】在统计的无效风速小时数中，将 1 h 的无效风速小时数删去(假定有 13 次)，然后将求出的年平均无效风速小时数作为计算天数 D，于是有

$$D=(3361-13)\div(54-13)\div24\ 天\approx3.4\ 天$$

$$C=493\times3.4\div24\div0.8\ \text{A}\cdot\text{h}=87\ \text{A}\cdot\text{h}$$

同样，考虑适当的裕度，蓄电池组的容量选用 90 A·h。

3. 风电盈亏平衡计算法

众所周知，独立运行的风力发电系统，如果不设置蓄能装置，风电与负荷之间经常会处于风电过剩或短缺的不平衡状态，即风电盈亏。风电盈亏平衡计算法的原理如下。

【例】某村落安装的独立运行的风力发电系统，统计出系统总的短缺电量为 77 508 kW·h，无效风速小时数为 3639 h，小时最大短缺量为 76.6 kW·h，小时平均缺电量为 21.3 kW·h。通常以小时平均缺电量来计算蓄电池的容量，即

$$C=\Delta E/(KU)=21.3\div(0.1\times0.44)\ \text{A}\cdot\text{h}=484\ \text{A}\cdot\text{h}$$

式中：ΔE——小时平均缺电量，kW·h；U——蓄电池平均放电端电压，kV；K——蓄电池放电率。

根据计算结果，考虑适当的裕度，蓄电池的容量取 500 A·h 为宜。

4. 基本负荷连续供电保障小时计算法

由于蓄电池投资大、运行费用高，有时采用基本负荷连续供电保障小时计算法来计算独立运行的风力发电系统蓄电池的容量。

【例】某用户生活负荷为 15.4 kW，供电处端电压为 440 V，考虑用户用电量的增长，留 20% 的裕度，即按 18.5 kW 计算。若要保证向基本负荷连续供电 8 h，则有

$$C=\Delta E/(KU)=18.5\div(0.125\times0.44)\ \text{A}\cdot\text{h}\approx336\ \text{A}\cdot\text{h}$$

蓄电池的容量取 400 A·h，即可完全满足用户要求。

采用年能量平衡法计算蓄电池的容量较简单，但计算结果往往偏大，尤其在低风月份，蓄电池会经常处于充电不足状态，影响其使用寿命。

连续最长无效风速小时计算法需要提供风速小时变化曲线，对于户用型独立运行的风力发电系统用户来说是非常困难的，因此可以通过一些年平均风速相似的典型分布曲线来获取。用

这种计算方法得出的蓄电池容量基本满足用户需求，但也会在某些时候存在蓄电池严重放电后充电不足的问题。

风电盈亏平衡计算法主要适用于村落型独立运行的风力发电系统，往往在安装设备之前对这些地方的风力资源进行测量，可以得到比较完整的风速小时变化曲线。用这种方法计算出的蓄电池容量是可靠的。根据计算公式可以看出，配置的蓄电池容量与放电系数 K 有关。如果 $K=0.08$(12.5 h 放电)，则配置的蓄电池容量将达到 605 A·h。

基本负荷连续供电保障小时计算法是一种最简单的计算方法，适用于户用型独立运行的风力发电系统，也适用于村落型独立运行的风力发电系统。关键是设计者必须根据当地的风况，通过和用户协调，提出合理的基本负荷连续供电保障小时数。提出的指标过高，将使投资增加，也会使蓄电池充电容量不足，降低蓄电池的使用寿命，反之则会使蓄电池容量过低而使用户停电时间延长。

6.8 蓄电池控制器

在独立运行的风力发电系统中，蓄电池起着存储和调节电能的作用。当系统发电量过剩时，蓄电池将多余的电能存储起来；反之，当系统发电量不足或负载用电量大时，蓄电池向负载补充电能，并保持供电电压的稳定。为此，需要为系统设计一种控制装置，该装置能够对风力的大小以及负载的变化进行实时监测，并不断对蓄电池组的工作状态进行切换和调节，使其在充电、放电、浮充电等多种工况下交替运行，从而保证供电系统的连续性和稳定性。

具有上述功能，在系统中对发电设备、储能蓄电池组和负载实施有效保护、管理和控制的装置称为控制器。控制器可以通过检测蓄电池的荷电状态，发出蓄电池继续放电、减少放电量或停止放电的指令。

目前，随着风电产业的迅猛发展，风力发电系统的装机容量在大幅度地增加，设计单位以及用户对系统运行状态、运行方式的合理性以及安全性的要求越来越高。因此，近年来，设计单位不断地研制出各种新型控制器，这些新型控制器具有更多的保护和监视功能，使早期的充电控制器发展到今天比较复杂的系统控制器，在控制原理和使用的元器件方面有了很大的发展和提高。目前较先进的控制器都具有微电脑芯片和多种传感器，实现了软件编程和智能控制。对于系统中有多台风力发电机的供电系统，多台控制器可以组柜，即组合成风力发电机控制柜，如图6-8所示。

一、控制器的分类

根据控制器不同的特性，控制器可以有很多种不同的分类方式。下面按照控制器的功能特征、整流装置安装位置、控制器对蓄电池充电调节原理的不同进行分类。

1. 按照控制器的功能特征分类

1)简易型控制器

简易型控制器是一种对蓄电池过充电、过放电和正常运行具有指示功能，并能将配套机组发出的电能输送给用电器的设备。

2)自动保护型控制器

自动保护型控制器是一种对蓄电池过充电、过放电和正常运行具有自我保护和指示功能，

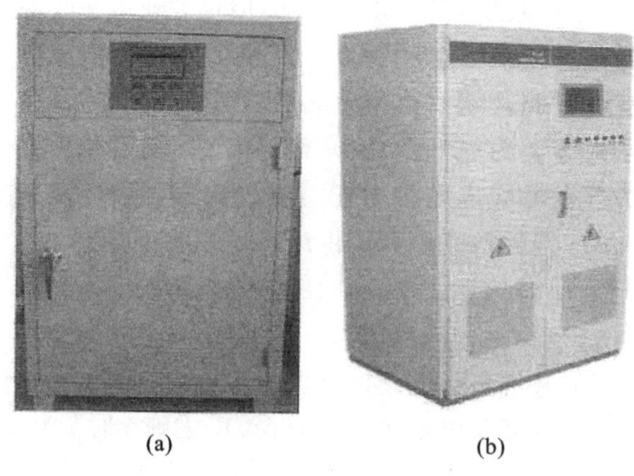

(a) (b)

图 6-8 风力发电机控制柜的外观

并能将配套机组发出的电能输送给用电器的设备。

3)程序控制型控制器

程序控制型控制器对蓄电池在不同的荷电状态下具有不同的充电模式，并对各阶段的充电具有自动控制功能，对蓄电池放电具有自动保护功能；采用带 CPU 的单片机对多路风力发电控制设备的运行参数进行高速实时采集，并按照一定的控制规律由软件程序发出指令，控制系统工作状态；能将配套机组发出的电能输送给蓄能装置和直流用电器，同时又具有实现系统运行实时控制参数采集和远程数据传输的功能。

2. 按照控制器电流输入类型分类

1)直流输入型控制器

直流输入型控制器是一种使用直流发电机组或把整流装置安装在发电机上的与独立运行的风力发电机组相匹配的装置。

2)交流输入型控制器

交流输入型控制器的整流装置直接安装在控制器内。

3. 按照控制器对蓄电池充电调节原理分类

1)串联控制器

早期的串联控制器使用继电器作为旁路开关，目前多使用固体继电器或工作在开关状态的功率晶体管。串联控制器中的开关元件还可替代旁路控制方式中的防反二极管，起到防止夜间反向泄漏的作用。

2)多阶控制器

多阶控制器的核心部件是一个受充电电压控制的多阶充电信号发生器。多阶充电信号发生器根据充电电压的不同，产生多阶梯充电电压信号，控制开关元件顺序接通，实现对蓄电池组充电电压和电流的调节。此外，还可以将开关元件换成大功率的半导体器，通过线性控制实现对蓄电池组充电的平滑调节。

3)脉冲控制器

脉冲控制器包括变压、整流、蓄电池电压检测电路。脉冲充电方式首先是用脉冲电流对电池充电，然后让电池停充一段时间后再充，如此循环充电，使蓄电池充满电量。间歇期使蓄电池经化学反应产生的氧气和氢气有时间重新化合而被吸收掉，使浓差极化和欧姆极化自然消除，从而减小蓄电池的内压，使下一轮的恒流充电能够更加顺利地进行，使蓄电池可以吸收更多的电量。间歇脉冲，使蓄电池有较充分的反应时间，减少了析气量，提高了蓄电池对充电电流的接受率。

4）脉宽调制（PWM）控制器

脉宽调制（PWM）控制器以 PWM 脉冲方式对发电系统的输入进行控制。当蓄电池趋向充满时，脉冲的宽度变窄，充电电流减小；而当蓄电池的电压回落时，脉冲的宽度变宽。

二、控制器的型号和基本参数

1. 控制器的型号

控制器的型号按以下方式进行编制：

代号	控制器类型	额定电压	……	额定功率	改型序号

（1）代号：用汉语拼音字母 FK 表示，F 代表风力发电机，K 代表充电型控制器。

（2）控制器类型：用汉语拼音字母 ZJ 表示，Z 为直流输入型，J 为交流输入型。

（3）控制器产品改型序号：用汉语拼音字母 A，B，C，D……表示，A 为第一次改型，B 为第二次改型，其余依次类推。

示例：FK-Z-24-0.6A，FK 表示风力发电机采用充电型控制器，Z 表示输入电压直流电，电压等级为 24 V，额定功率为 0.6 kW，A 表示第一次改型。

2. 控制器的基本参数

（1）控制器的额定输出参数包括额定功率、额定电流、额定电压、蓄电池的容量等，其数值均应按 GB/T 321—2005 R10 系列优先采用。其中，额定电压应在 12 V、24 V、36 V、48 V、72 V（非优先值）、110 V、220 V 中选择。

（2）控制器的额定输入参数包括直流输入电压、交流输入电压、风力发电机组功率等。其中，直流输入电压、交流输入电压应在 12 V、24 V、36 V、48 V、72 V（非优先值）、110 V、220 V 中选择。

6.9 控制系统对蓄电池充放电的控制机理

目前，独立运行的风力发电系统中使用最多的储能装置是铅酸蓄电池，现以铅酸蓄电池为例介绍控制器的充放电控制机理。

一、控制器对蓄电池的充电机理

蓄电池充电控制的目的是，在保证蓄电池被充满的前提下尽量避免电解水。蓄电池充电过程中的氧化还原反应和水的电解反应都与温度有关。温度升高，氧化还原反应和水的电解反应都变得容易，其电化学电位下降。此时应当降低蓄电池的充满门限电压，以防止水的电解。在风力发电系统中，蓄电池的电解液温度有季节性的周期性变化，同时也有因受局部环境影响的波动，因此要求控制器具有对蓄电池充满门限电压进行自动温度补偿的功能。温度系数一般为单只±（3～5）mV/℃，即当电解液温度（环境温度）偏离标准条件时，每升高 1 ℃，蓄电池充满门限电压按照每只电池向下调整 3～5 mV；每下降 1 ℃，蓄电池充满门限电压按照每只电池向上调整 3～5 mV。蓄电池的温度补偿系数可查阅蓄电池技术说明书或者向生产厂家咨询。

二、控制器对蓄电池的过放电机理

1. 铅酸蓄电池的放电特性

铅酸蓄电池的放电特性曲线如图 6-9 所示，由该曲线可以看出，蓄电池的放电过程有三个阶段，开始阶段（*OA*）电压下降较快，中期（*AB*）电压缓慢下降，延续较长时间，*B* 点后放电电压急剧下降。电压随放电过程不断下降的原因主要有三个：第一，随着蓄电池的放电，酸浓度降低，引起电动势降低；第二，活性物质的不断消耗，反应面积减小，使极化不断增加；第三，由于硫酸铅的不断生成，电池内阻不断增加，内阻压降不断增大。图 6-9 中 *B* 点电压标志着蓄电池已接近放电终了，应立即停止放电，否则将会使铅酸蓄电池损坏。

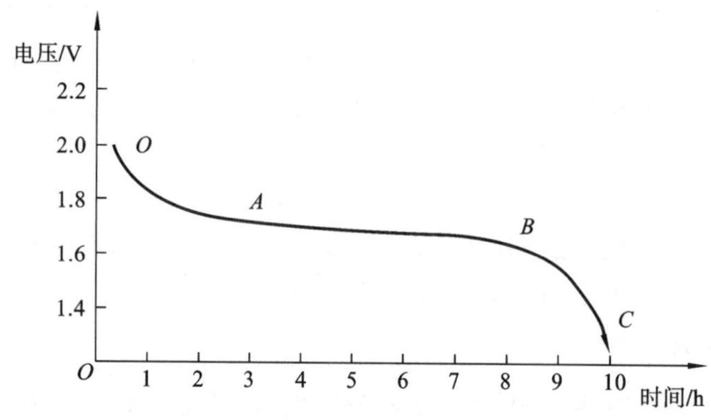

图 6-9　铅酸蓄电池的放电特性曲线

2. 常规过放电保护原理

通过对蓄电池放电特性的分析可知，在蓄电池的放电过程中，当放电到相当于 *C* 点的电压出现时，就标志着该电池已到达放电终了。依据这一原理，在控制器中设置电压测量和电压比较电路，通过监测 *C* 点的电压值，即可判断蓄电池是否应结束放电。对于开口式铅酸蓄电池，标准状态（25 ℃，0.1 C 放电率）下的放电终了电压（*C* 点电压）为 1.75～1.8 V；对于阀控式密封铅酸蓄电池，标准状态（25 ℃，0.1 C 放电率）下的放电终了电压为 1.78～1.82 V。在控制器里比较器设置的 *C* 点电压称为门限电压或电压阈值。

3. 蓄电池剩余容量控制法

在很多领域，铅酸蓄电池是作为启动电源或备用电源使用的，如汽车启动电瓶和 UPS 电源系统。在这种情况下，蓄电池处于浮充电状态或充满电状态，运行过程中其剩余容量或荷电状态 SOC（state of charge）始终处于较高的状态（80%～90%），而且有高可靠性的、一旦蓄电池过放电就能将蓄电池迅速充满的充电电源。蓄电池在这种使用条件下很不容易被过放电，因此使用寿命较长。

在独立运行的风力发电系统中，蓄电池的充电电源来自风力发电机，其保证率远远低于交流电的场合，气候的变化和用户的过量用电都很容易造成蓄电池的过放电。铅酸蓄电池在使用过程中如果经常深度放电（SOC 低于 20%），则铅酸蓄电池的使用寿命将会大大缩短；反之，如果铅酸蓄电池在使用过程中一直处于浅放电（SOC 始终大于 50%）状态，则铅酸蓄电池的使用寿命将会大大延长。

图 6-10 所示为蓄电池循环寿命与放电深度 DOD 的关系，从图中可以看出，当放电深度

DOD(SOC=1−DOD)等于 100%时，蓄电池循环寿命只有 350 次；当放电深度控制在 50%时，蓄电池循环寿命可以达到 1000 次；当放电深度控制在 20%时，蓄电池循环寿命甚至可以达到 3000 次。蓄电池剩余容量控制法指的是蓄电池在使用过程中(蓄电池处于放电状态时)，系统随时检测蓄电池的剩余容量，并根据蓄电池的荷电状态 SOC，自动调整负载的大小或调整负载的工作时间，使负载和蓄电池的剩余容量相匹配，以确保蓄电池的剩余容量不低于设定值(如 50%)，从而保证蓄电池不被过放电。

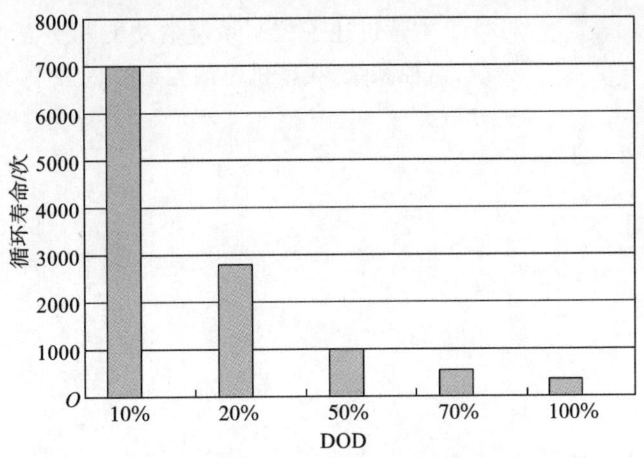

图 6-10　蓄电池循环寿命与放电深度 DOD 的关系

练习与提高

1. 蓄电池有哪些种类？
2. 蓄电池有哪些主要的性能参数？
3. 试简述铅酸蓄电池的构成。
4. 铅酸蓄电池的工作原理是什么？
5. 铅酸蓄电池的放电特性是什么？

第 7 章
风力发电机组的控制系统

本章概要

本章讲述了控制系统的功能和主要参数、安全保护系统、监控系统、典型机组的控制以及控制系统的维护与故障分析。

风力发电机组的控制系统是风力发电机组正常运行的核心，它直接关系到风力发电机组的工作状态、发电量的多少、设备的安全。控制系统随着风力发电机组类型的发展而逐步发展，从风力发电机组恒速恒频技术发展到今天的变速恒频技术，控制系统从单一的功能控制发展到复杂控制，并且贯穿到风力发电机组的各个组成部分。控制系统的性能指标也从解决风力发电机组的安全问题，逐步向监测风力发电机组的工作状态、提高发电量、改善机组的运行效率方向发展。

7.1 控制系统概述

风力发电机组的控制系统不仅要监视电网、风况和机组的运行数据，确保运行过程的安全性和可靠性，还需要根据风速和风向的变化对机组进行优化控制，以获取更多的风能，提高机组的运行效率和发电质量。另外，风力资源丰富的地区一般都是沿海地区、海岛、海上、戈壁荒漠、山口或草原，分散安装的风力发电机组要求能够实现无人值守运行和远程监视控制，这就对风力发电机组控制系统的自动化程度和可靠性提出了极高的要求。

一、控制系统的功能

风力发电机组是利用风轮系统实现了从风能到机械能的能量转换，再利用发电机和控制系统实现了从机械能到电能的能量转换过程。风能是一种能量密度低、稳定性较差的能源，风力发电具有不确定性和多干扰等特点。由于风速和风向的随机性，风力发电过程中会产生一些特殊问题，如风力机叶片攻角不断变化，使叶尖速比偏离最佳值，对风力发电系统的发电效率产生影响，引起叶片的摆振、塔架的弯曲与抖振等力矩传动链中的力矩波动，影响系统运行的可靠性和使用寿命，发电机发出电能的电压和频率随风速而变，从而影响电能的质量和风力发电机的并网，这就为风力发电系统的控制提出了目标：

(1)保证风力发电机组安全、可靠地运行，同时高质量地将不断变化的风能转化为频率、电压稳定的交流电送入电网。

(2)采用计算机控制技术实现对风力发电机组的运行参数、状态的监控显示及故障处理，完成机组的最佳运行状态的管理和控制。

(3)利用计算机智能控制实现机组的功率优化控制，定桨距恒速风力发电机组主要进行软切入、软切出及功率因数补偿控制，变桨距风力发电机组主要进行最佳叶尖速比和额定风速以上的恒功率控制。

因此，并网运行的风力发电机组要求控制系统应具备以下功能：

(1)根据风速信号自动进入启动状态或从电网切出。

(2)根据功率及风速大小自动进行转速和功率控制。

(3)根据风向信号自动偏航对风。

(4)发电机超速或转轴超速时能紧急停机。

(5)当电网故障，发电机脱网时，能确保机组安全停机。

(6)电缆扭绞到一定程度后，能自动解缆。

(7)在机组运行过程中，能对电网、风况和机组的运行状况进行检测和记录，对出现的异常情况能够自行判断并采取相应的保护措施，并能够根据记录的数据生成各种图表，以反映风力发电机组的各项性能指标。

(8)具有以微型计算机为核心的中央监控系统(上位机)，可以对在风电场中运行的风力发电机组进行监测、显示及控制，具备远程通信的功能，可以实现异地遥控操作。

(9)具备完善的保护功能，能确保机组的安全。

实现的保护功能包括电网故障保护、风力机超速保护、机舱振动保护、发电机齿轮箱过热保护、发电机油泵及偏航电机的过载保护、主轴过热保护、电缆扭绞保护、液压系统超压及低压保护、雷击保护等。

二、控制系统的主要参数

以下是某风力发电机组控制系统的主要参数。

1. 主要技术参数

主发电机输出功率(额定)	P_e(kW)
发电机最大输出功率	1.2 P_e(kW)
工作风速范围	4～25 m/s
额定风速	v_e(m/s)
切入风速(1 min 平均值)	4 m/s
切出风速(1 min 平均值)	25 m/s
风轮转速	N (r/min)
发电机并网转速	(1000/1500+20) r/min
发电机输出电压	U±10%
发电机发电频率	(50±0.5) Hz
并网最大冲击电流(有效值)	<1.5 I_e
电容补偿后功率因数	0.6～0.92

2. 控制指标及效果

方式	专用微控制器
过载开关	<690 V，660 A
自动对风偏差范围	±15°
风力发电机组自动启、停时间	<60 s
系统测试精度	⩾0.5%
电缆缠绕 2.5 圈自动解缆	
解缆时间 55 min	
手动操作响应时间	<5 s

3. 保护功能

超电压保护范围	连续 30 s>1.3 U_e(V)
欠电流保护范围	连续 30 s<1.3 I_e(A)
风轮转速极限	<40 r/min
发电机转速极限	<1800 r/min

发电机过功率保护值	连续 60 s>1.2 P_e(kW)
发电机过电流保护值	连续 30 s>1.5 I_e(A)
大风保护风速	连续 600 s>25 m/s
系统接地电阻	<4 Ω
防雷感应电压	>3500 V

三、控制系统的结构

1. 总体结构

不同类型的风力发电机组由于采用的发电机的结构和类型不同，因此控制系统的结构和控制方案也各有不同，但大多数的控制系统主要由各种传感器、变桨距系统、主控制器、功率输出单元、无功补偿单元、并网控制系统、安全保护系统、监控系统和通信接口电路等组成。具体的控制功能有信号的数据采集与处理、变桨控制、偏航控制、转速控制、自动解缆、功率控制、并网和解列控制、启动与停机控制、制动控制、监控与事故处理等。图 7-1 所示为某风力发电机组控制系统的总体结构。

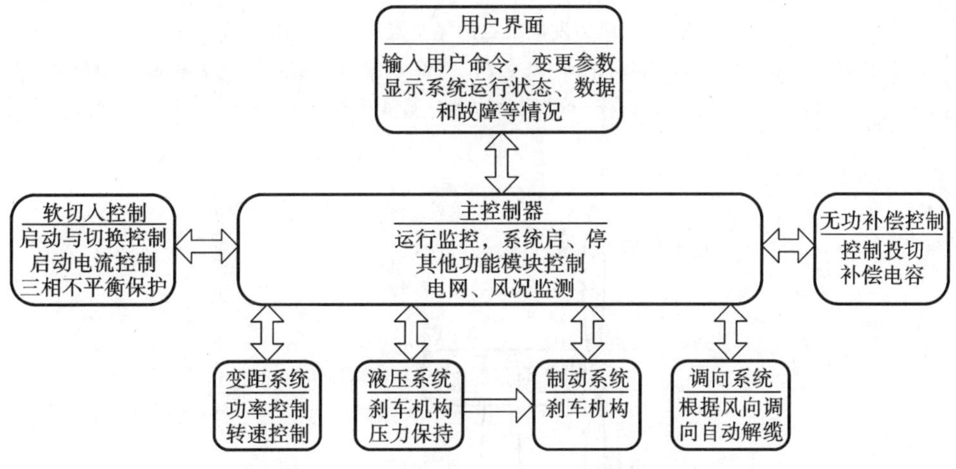

图 7-1　风力发电机组控制系统的总体结构

现代的风力发电机组一般都采用微机控制，将风向标、风速仪、风轮的转速，发电机的电压、频率、电流，电网的电压、电流、频率，发电机和增速齿轮箱等的温升，机舱和塔架等的振动，电缆过缠绕等传感器的信号经过模/数转换输送给微机，由微机根据设计程序发出各种控制指令。图 7-2 所示为风力发电机组的微机控制原理框图。

2. 主控制器

控制系统的主要硬件分别放置在机舱控制柜和塔基控制柜中，如图 7-3 所示。

主控制器是控制系统的核心。图 7-4 所示为丹麦 Mita 控制器，它常用于双馈变速恒频风力发电机组。处理模块位于塔基控制柜中，机舱采集传感器将信号输到 I/O 模块，再由通信模块转换为光纤通信信号，传递到塔基控制柜中的通信模块，经处理后由光纤通信返回给机舱，从而控制各传感器执行元件的输出。

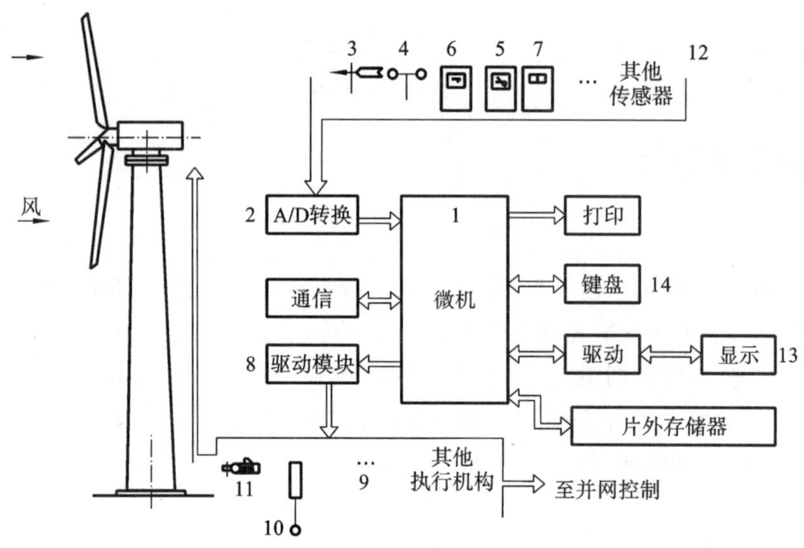

图 7-2 风力发电机组的微机控制原理框图

1—微机;2—A/D 转换模块;3—风向标;4—风速仪;5—频率计;6—电压表;7—电流表;8—控制机构;9—执行机构;10—液压缸;11—偏航电动机;12—其他传感器;13—显示器;14—键盘

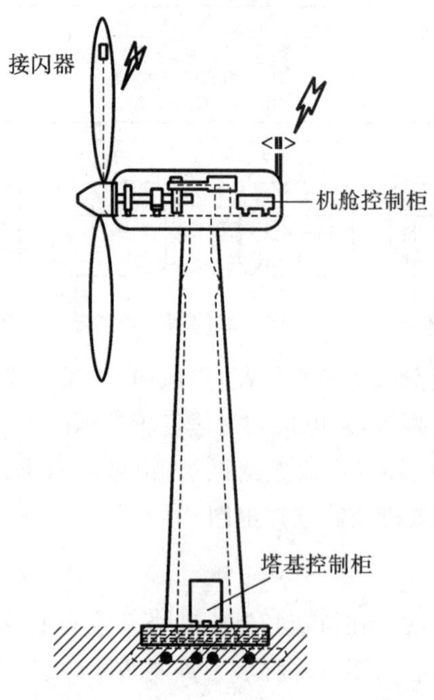

图 7-3 控制柜体的布置图

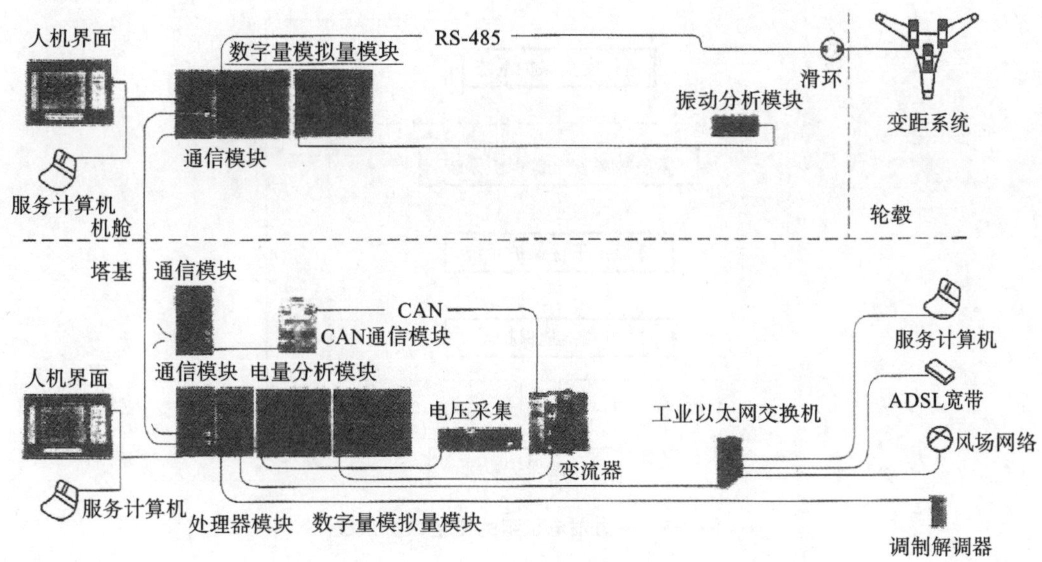

图 7-4 丹麦 Mita 控制器

7.2 安全保护系统

为了使风力发电机组能够可靠地运行，控制系统必须具备完善的安全保护功能，这是风力发电机组安全运行的必要条件。

一、安全保护系统的要求和内容

1. 要求

当风力发电机组的内部或外部发生故障，或监控的参数超过极限值而出现危险情况，或控制系统失效，风力发电机组不能保持在它的正常运行范围内时，应启动安全保护系统，使风力发电机组维持在安全状态。

当控制失败或安全保护系统内部发生任何部件单一失效或动力源故障而出现危险情况，以致引起风力发电机组不能正常运行时，安全保护系统应能对风力发电机组实施保护。安全保护系统的动作应独立于控制系统，即使控制系统发生故障，也不会影响安全保护系统的正常工作。保护环节应为多级安全链互锁。安全保护系统不能对控制系统造成不必要的干扰。安全保护系统的软件设计中，应采取适当的措施防止由于用户和其他人的误操作而引起风力发电机组误动作。

2. 内容

风力发电机组的安全保护系统包括运行安全保护系统、紧急故障安全链保护系统、微机抗干扰保护系统、接地保护系统和雷电安全保护系统等，如图 7-5 所示。

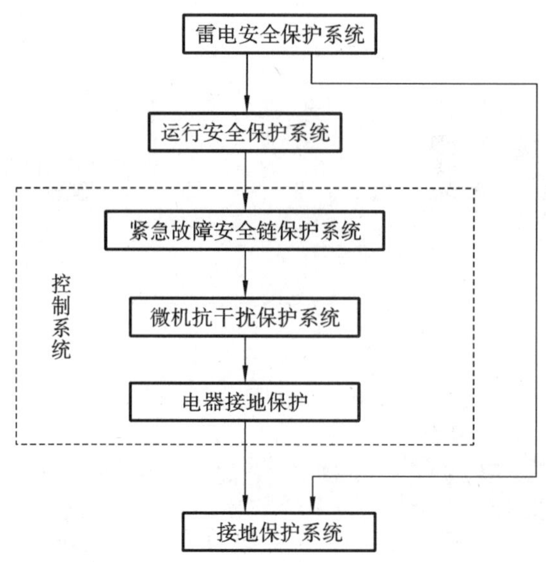

图 7-5 风力发电机组的安全保护系统

二、运行安全保护系统

1. 大风安全保护

一般来说，风力发电机组取 10 min 内的平均风速 25 m/s 作为切出风速，风速大于此速度时，系统必须采取保护措施。停机前，失速型风力发电机组的风轮叶片自动降低风能的捕获，机组的输出功率保持在额定功率左右；对于变桨距风力发电机组，必须调节叶片的桨距角，以实现输出功率的调节。大风停机时，机组必须按照安全程序停机，停机后机组 90°对风控制。

2. 参数越限保护

(1)超速保护。当转速传感器检测到发电机或风轮的转速超过额定转速的 110%时，控制器将给出正常停机的指令。

(2)超电压保护。超电压保护是指对电气元件遭到的瞬间高压冲击所进行的保护。通常，对控制系统的交流电源进行隔离稳压保护，同时安装高压瞬态吸收元件，以提高控制系统的耐高压能力。

(3)超电流保护。除安全链外，控制系统所有的电器电路都必须加熔丝、断路器等过电流保护装置。

3. 电网失电保护

风力发电机组离开电网的支持是无法工作的，一旦有突发故障而停电时，控制器由于失电会立即终止运行，并失去对风力发电机组的控制。此时，安全保护系统应控制空气动力系统和机械制动系统动作，执行紧急停机。紧急停机就意味着在极短的时间内，风力机的制动系统将使风轮的转速由运行转速变为零。大型机组在极短的时间内完成制动过程，将会对机组的制动系统、齿轮箱、主轴、叶片以及塔架产生强烈的冲击，会对风力机的寿命造成一定的影响。突然停电往往出现在天气恶劣、风力较强时，导致机组的控制器突然失电且无法将风力机停机前的各项状态参数及时存储下来，这样就不利于及时对风力机发生的故障作出判断和处理。因此，应在控制系统电源中加设在线 UPS 后备电源，当电网突然停电时，在线 UPS 后备电源将自动投入运行，并为机组的控制系统提供电力，使机组的控制系统按正常程序完成停机过程。

4. 振动保护

机组应设有三级振动频率保护：振动开关、振动频率上限1、振动频率极限2。当振动开关动作时，控制系统将分级进行处理。

5. 开机关机保护

设计机组开机的正常顺序控制，以确保机组安全运行。在小风、大风、故障时，控制机组按顺序停机。

6. 主电路保护

在变压器低压侧三相四线进线处设置低压配电断路器，以实现机组电气元件的维护操作安全和短路过载保护。该低压配电断路器应配有分动脱扣和辅助动触点。发电机三相电缆入口处应设有配电断路器，用来实现发电机的过电流、过载及短路保护。

三、紧急故障安全链保护系统

安全链是独立于计算机系统的软硬件保护措施，即使控制系统发生异常，也不会影响安全链的正常动作。采用反逻辑设计，将可能对风力发电机造成致命伤害的超常故障串联成一个回路。图7-6所示为安全链组成，一旦其中的一个节点动作，将引起紧急停机，以便最大限度地保证机组的安全。发生下列故障时将触发安全链：风轮超速、机组部件损坏、机组振动、扭缆、电源失电、紧急停机按钮动作等。如果故障节点得不到恢复，整个机组的正常运行操作都不能实现。同时，安全链也是整个机组的最后一道保护，它处于机组的软件保护之后。安全链引起的紧急停机只能通过手动复位才能重新启动。

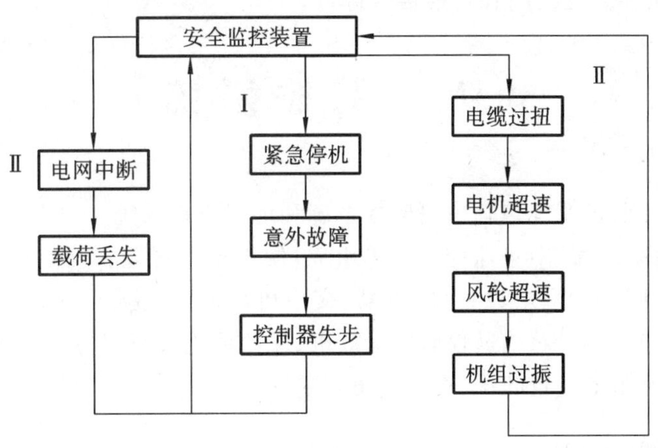

图7-6 安全链组成

在实际的接线上，安全链上的各个节点并不是真正地串联在一起的，而是通过安全链模块中“与”的关系联系在一起的。

四、微机抗干扰保护系统和自动检测功能

1. 风电场控制系统的主要干扰源

(1)工业干扰，包括高压交流电场、静电场、电弧、功率电子器件等。

(2)自然界干扰，包括雷电冲击、各种静电放电、磁爆等。

(3)高频干扰,包括微波通信、无线电信号、雷达等。

这些干扰会通过直接辐射或由某些电气回路传导的方式进入控制系统,干扰控制系统工作的稳定性。从干扰的种类来看,干扰可分为交变脉冲干扰和单脉冲干扰两种,它们均以电或磁的形式干扰控制系统。

2. 抗干扰措施

(1)进入微机的输入信号和输出信号均采用光隔离器,以实现微机控制系统内部与外界完全的电气隔离。

(2)输入输出信号线采用带护套的抗干扰屏蔽线。

(3)控制系统各功能板的电源均采用隔离电源。

(4)控制系统的数字部分和模拟部分分开。

(5)系统电路板由具有屏蔽功能的铁盒封装。

(6)采用有效的接地保护系统。

3. 自动检测功能

微机应该能够对系统故障进行自动检测,利用自动检测和修复方法使故障自动消除,或者使系统操作人员尽快发现故障,迅速修复,以保证微机安全运行。

(1)脱机自检。脱机自检是在系统执行用户程序前或者执行的间隙中进行的自检,包括指令系统自检、读写存储器自检、只读程序存储器自检、外设及接口自检等。

(2)在线自检。在线自检是在系统执行用户程序过程中进行的自检,主要包括通过程序监视器(看门狗)监视程序的执行;通过外设状态反馈控制动作来检错及判错编码,比如可以通过奇偶校验或者通过海明码纠错;超时故障检测,可以通过建立计数器或者改变软件程序来实现;A/D 变换器,通过奇异数据判断和校准信号进行。

7.3 监控系统

风力发电机组的监控系统包括中央监控系统和远程监控系统。中央监控系统由通信网络、中央监控计算机、保护装置、中央监控软件等组成,便于集中管理和控制风力发电机组;远程监控系统由就地监控计算机、网络设备(路由器、交换机、ADSL 设备、CDMA 模块)、数据传输介质(电话线、无线网络、Internet)、远程监控计算机、保护系统、远程监控软件组成,便于远程用户实时查看风力发电机组的运行状况、查阅历史记录等。

一、中央监控系统

1. 中央监控系统的结构

中央监控系统一般在中央控制室的一台通用 PC 机或工控机上运行,通过与分散在风电场上的每台机组的就地控制系统进行通信,实现对全场机组的集群监控,它是风电厂人员监测、控制、获取数据的平台。图 7-7 所示为中央监控系统的结构。

对于大型的并网型机组,各机组都有各自的控制系统,用于数据检测、控制运行状态和保护等,使单台机组实现自动控制。除保证单台机组可靠地运行外,同时还要具有与中央监控系统通信联系的网络连接。

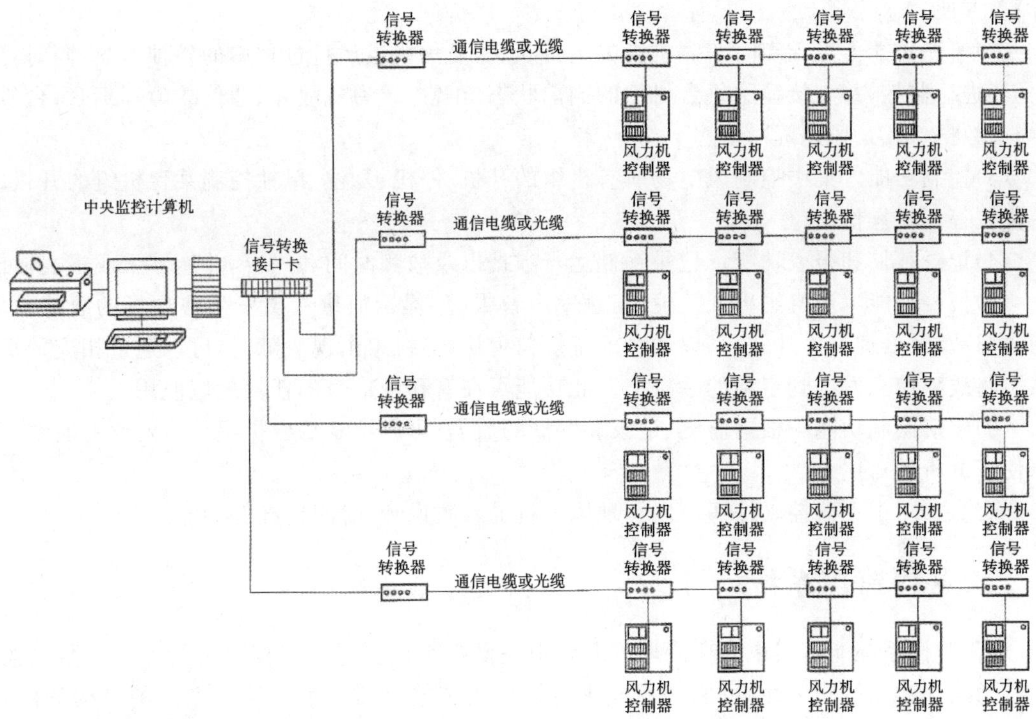

图 7-7 中央监控系统的结构

2. 通信网络的方式

中央监控机与就地控制系统之间的通信属于较远距离的一对多通信。中央监控系统一般可以采用的通信方式有 4～20 mA 电流环通信方式、RS485 串行通信方式、PROFIBUS 通信方式、工业以太网通信方式等，各种通信方式的简要对比如表 7-1 所示。

表 7-1 各种通信方式的简要对比

序号	通信方式	传输介质	性能特点	工程造价	适用的风力机及条件
1	电流环	通信电缆	数据传输稳定，抗干扰性能强	较高，元器件需要进口	适用于现场环境非常复杂、雷电少的地区
2	RS485	通信电缆 通信光缆 光电混合	数据传输稳定，抗干扰性能强	较低，元器件国内采购	适用于现场环境非常复杂的地区
3	PROFIBUS	通信电缆 通信光缆 光电混合	数据传输非常稳定，抗干扰性能强	较高，元器件需要满足 PROFIBUS 协议	适用于现场环境非常复杂的地区
4	工业以太网	通信电缆 通信光缆 光电混合	数据传输非常稳定，传输量大，抗干扰性能强	高	适用于各种现场环境

3. 中央监控软件的主要功能

(1)控制界面清晰方便。中央监控软件应该充分考虑风电场的运行管理要求和特点，使操作简单方便。

(2)监测功能。可以实时监测机组的运行状态,显示机组运行过程中的各种参数,同时可以对全场进行监控,并直接显示每台机组的当前状态(正常、风力机故障、通信故障等)和每台机组的当前数据(出力、风速等)。

(3)控制功能。集中控制风电场所有机组的开机、停机、复位,单独控制某台机组的开机、停机、复位等相关操作。

(4)记录存储和报表功能。记录存储运行数据以及故障时间和内容,并能够生成报表输出。

(5)报警功能。当机组出现故障时,触发声音报警,提示值班人员发生在现场的故障,以便于其进行及时处理。另外,还可以通过配置短信模块,当机组出现故障时,可以通过相应的短信发送,将故障信息发送到定制的手机上。此功能可在有移动信号的任何地域使用。

(6)图形绘制功能。根据监测、记录和存储的数据,可以绘制每台机组的主要性能曲线并输出,便于分析和对比。

除此之外,中央监控软件还可以实现风力机的参数设置、时间校准等功能。

二、远程监控系统

远程监控系统能够实现的功能理论上和中央监控系统一样。根据电力行业远程数据监控要求,为确保数据的安全性,可以采用电力专网作为传输介质。远程监控系统的结构如图 7-8 所示。

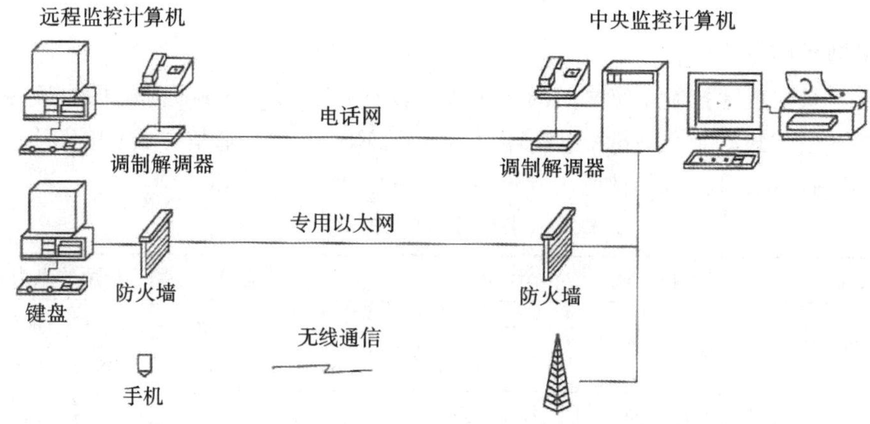

图 7-8　远程监控系统的结构

如果配有完善的网络路由器及防火墙,也可通过光纤、ISDN、ADSL、CDMA、GPRS 等连接因特网,实现远程监控。使远程监控机成为就地网络中的一台客户端,具备现场风力发电机组远程监控功能,软件系统管理人员可以通过权限设置来确定远程客户具备的权限,从而实现远程监控。

三、抗干扰措施

(1)对于上位机来说,在机箱、控制柜的结构方面,要求机箱能有效地屏蔽来自空间辐射的电磁干扰,尽可能地将所有的电路、电子器件均安装于机箱内,还应防止由电源进入的干扰。所以,应加入电源滤波环节,同时要求机箱和机房内有良好的接地装置。

(2)在通信线路方面,通过使用屏蔽电缆,可以保证信号传输线路有较好的信号传输功能,衰减较小，而且不受外界电磁场的干扰。

(3)在通信方式及电路方面，不同的通信方式对干扰的抵御能力是不同的。比如，采用串行异步通信方式，其接口形式采用 RS485 接口电路。RS485 串行通信接口电路适合于点对点、一点对多点、多点对多点的总线型或星形网络，它的信号发送和接收是分开的，所以组成双工网络非常方便，很适合于风电场的监控系统。

7.4 典型机组的控制

一、机组的基本控制

1. 工作状态

1)运行状态

机械制动松开，允许机组并网发电，机组自动偏航，液压系统保持工作压力，叶尖扰流器回收或变桨距系统选择最佳工作状态，冷却系统自动状态，操作面板显示“运行”状态。

2)暂停状态

机械制动松开，液压泵保持工作压力，机组自动偏航，叶尖扰流器弹出或变桨距顺桨，风力发电机组空转或停止，冷却系统自动状态，操作面板显示“暂停”状态。

3)停机状态

机械制动松开，叶尖扰流器弹出或变桨距顺桨，液压系统保持工作压力，偏航系统停止工作，冷却系统非自动状态，操作面板显示“停机”状态。

4)紧急停机状态

机械制动与空气动力制动同时动作，紧急电路(安全链)开启，控制器所有输出信号无效，控制器仍在运行和测量所有输入信号，操作面板显示“紧急停机”状态。

2. 启动方式

1)自启动

风力发电机组在系统上电后，首先进行自检，并检测电网，系统无故障后，安全链复位，然后启动液压泵，液压系统建压，在液压系统压力正常且风力发电机组无故障的情况下，执行正常的启动程序。

2)本地启动

本地启动即塔基面板启动。本地启动具有优先权。在进行本地启动时，应屏蔽远程启动功能。当机舱的维护按钮处在维护位置时，则不能响应该启动命令。

3)远程启动

远程启动是指通过远程监控系统对单机中心控制器发出启动命令，在控制器收到远程启动命令后，首先判断系统是否处于并网运行状态或者正在启动状态，且是否允许风力发电机组启动。若不允许启动，将对该命令不响应，同时清除该命令标志；若电控系统有顶部或底部的维护状态命令时，同样清除命令，并对其不响应；当风力发电机组处于待机状态并且无故障时，才能在收到远程开机命令后执行与面板开机相同的启动程序。在完成启动后，清除远程启动标志。

3. 停关机方式

1)正常关机

在控制系统控制下进行的关机为正常关机。在风速很低、发电机输出功率很小甚至从电网吸收功率,或者机组出现紧急停机以外需要进行关机的故障时,应进行正常关机。

2)紧急停机(包括安全链动作)

当控制系统发生紧急故障,如风力发电机组发生飞车、超速、振动及掉负载等故障时,风力发电机组应紧急停机。

4. 功率过高和过低的控制

1)功率过高

电网频率降低时,同步转速下降,而发电机转速在短时间内不会降低,转差较大,各项损耗和风力转换机械能瞬时不突变,因此功率瞬时会变得很大。另外,由于气候变化,空气密度的增加也会引起功率增大。可设置相应的界限值,实施停机。

2)功率过低

如果功率持续过低,机组将退出电网,处于待机状态。机组重新切入时,将切入预置点自动提高 0.5%,转速下降到预置点以下后升起并网时,预置值自动恢复到初始值。

二、定桨距恒速恒频风力发电机组的控制系统

1. 机组的特点

由于定桨距风力机的叶片与轮毂的连接是固定的,因此,当风速变化时,叶片的迎风角不能随之变化。这就要求定桨距风力发电机组在风速高于额定风速时,其叶片能够将功率限制在额定值附近,即采用失速性能良好的叶片。当运行过程中电网突然失去时,叶片叶尖扰流器动作,使机组在大风的情况下安全关机。

2. 失速调节原理

图 7-9 所示为定桨距风力机叶片的气动特性。当气流流经上下翼面形状不同的叶片时,因突然的弯曲,使气流加速,压力较低。凹面相比于平缓面,气流速度缓慢,压力较高,因此产生升力。

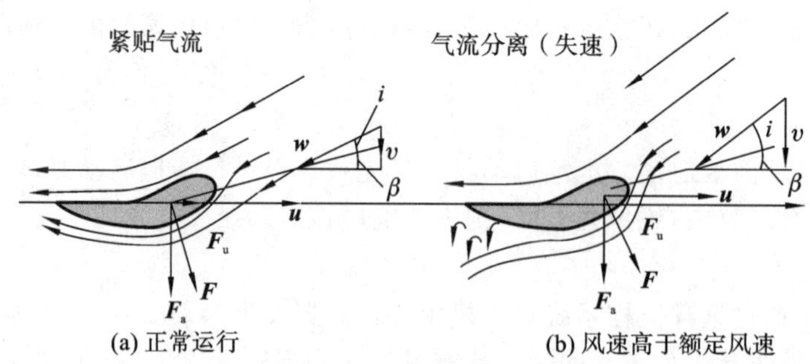

图 7-9　定桨距风力机叶片的气动特性

叶片的失速性能是指叶片在最大升力系数附近的性能。当叶片的安装角不变时,随着风速的增加,攻角增大,升力系数线性增加;当接近最大升力系数时,升力系统增加缓慢,达到最大值后开始减小。

一方面,阻力系数初期不断增大。当升力开始减小时,由于气流在叶片上的分离随攻角的

增大而增大，分离区形成大涡流，流动失去翼型效应，阻力继续增大。与没有分离时相比，上下翼面的压力差减小，致使阻力激增，升力减小，造成叶片失速，从而限制了功率的增加。

另一方面，失速叶片的攻角沿轴向由根部向叶尖逐渐减小，因此，根部叶片先开始失速，随着风速的增加而向叶尖扩展。失速部分使功率减小，未失速部分仍有功率增加，从而使输入功率保持在额定功率附近。

3. 控制系统的组成

图 7-10 所示为定桨距双速发电机组控制系统的组成框图。

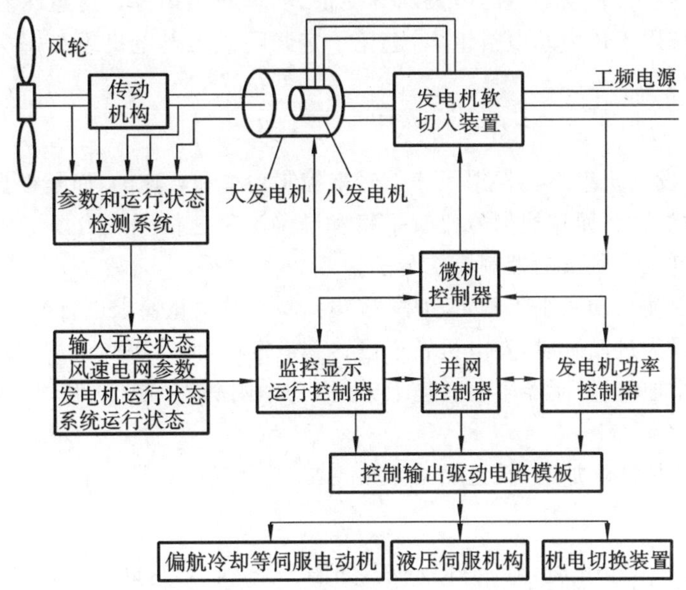

图 7-10 定桨距双速发电机组控制系统的组成框图

（1）微机控制器。

微机控制器包括监控显示运行控制器、并网控制器、发电机功率控制器。

（2）运行状态数据监测系统。

（3）控制输出驱动电路模板。

控制输出驱动电路模板包括输出伺服电动机、液压伺服机构、机电切换装置。

此外，该控制系统包括空气断路器，控制切换接触器，过电流、过电压及防雷保护器件，电流、电压及温度的变换电路，发电机并网控制装置，偏航控制系统，相位补偿系统，停机制动控制装置。系统传感信号主要由信号接口电路完成，它们向计算机控制器提供电气隔离标准信号。

三、变桨距变速恒频风力发电机组的控制系统

1. 机组的特点

变桨距风力发电机组与定桨距风力发电机组相比，在相同的额定功率点，变桨距风力发电机组的额定风速比定桨距风力发电机组的要低。对于定桨距风力发电机组，一般在低风速段的风能利用系数较高。当风速接近额定点时，风能利用系数开始大幅下降。因为这时随着风速的升高，功率上升已趋缓，而过了额定点后，叶尖已开始失速，风速升高，功率反而有所下降。对于变桨距风力发电机组，由于叶片桨距可以控制，因此无须担心风速超过额定点后的功率控制问题，可以使额定功率点仍然具有较高的风能利用系数。

由于变桨距风力发电机组的桨距角是根据发电机输出功率的反馈信号来控制的，它不受气流密度变化的影响，因此，无论是由于温度变化还是海拔引起空气密度变化，变桨距系统都能通过调整叶片角度，使之获得额定功率输出，这对于功率输出完全依靠叶片气动性能的定桨距风力发电机组来说具有明显的优越性。

变桨距风力发电机组在低风速时，桨距可以转动到合适的角度，使风轮具有最大的启动力矩，从而使变桨距风力发电机组比定桨距风力发电机组更容易启动。一般在变桨距风力发电机组中，不再设计电动机启动的程序。当风力发电机组需要脱离电网时，变桨距系统可以先通过调整桨距来使功率减小，在发电机与电网断开之前，功率减小至零。这意味着当发电机与电网脱开时，没有转矩作用于风力发电机组上，避免了定桨距风力发电机组在每次脱网时所要经历的突甩负载的过程。

2. 控制要求

变速恒频风力发电机组不是根据风速信号来控制功率和转速的，而是根据转速信号进行控制，因为风速信号扰动大，而转速信号比较平稳和准确。变速恒频风力发电机组的运行控制过程分为三个阶段，这三个阶段的控制要求分别为：

(1)低风速阶段输出功率小于额定功率，按输出功率最大化要求进行变速控制。

(2)中风速阶段为过渡阶段，发电机转速已达到额定值，而功率尚未达到额定值。桨距角控制投入工作，风速增加时，控制器限制转速上升，而功率则随着风速的增加而增大，直到达到额定功率。

(3)高风速阶段风速增加时，转速靠桨距角控制，功率靠变频器控制。

3. 运行状态

变桨距风轮的叶片静止时，桨距角为 90°，如图 7-11 所示，这时气流对叶片不产生转矩，整个叶片实际上是一块阻尼板。当风速达到启动风速时，叶片向 0°方向转动，直到气流对叶片产生一定的攻角，风轮开始启动。风轮从启动到额定转速，其叶片的桨距角随转速的增大而连续变化。根据给定的速度参考值调整桨距角，进行所谓的速度控制。通过控制叶片的桨距角在一定范围(0°～90°)内变化，起到调节输出功率的作用，避免定桨距风力发电机组在确定桨距角后有可能出现夏季发电低而冬季又超发的问题。在低风速阶段，功率得到优化，能更好地将风能转化为电能。当转速达到额定转速后，发电机并入电网，这时发电机的转速受到电网频率的牵制，变化不大，主要取决于发电机的转差，发电机的转速控制实际上已转换为功率控制。为了优化功率曲线，在进行功率控制的同时，通过转子电流控制器对电机转差进行调整，从而调整风轮转速。当风速较低时，发电机的转差调整到很小(1%)，转速在同步转速附近；当风速高于额定风速时，发电机的转差调整到很大(10%)，使叶尖速比得到优化，功率曲线达到理想的状态。

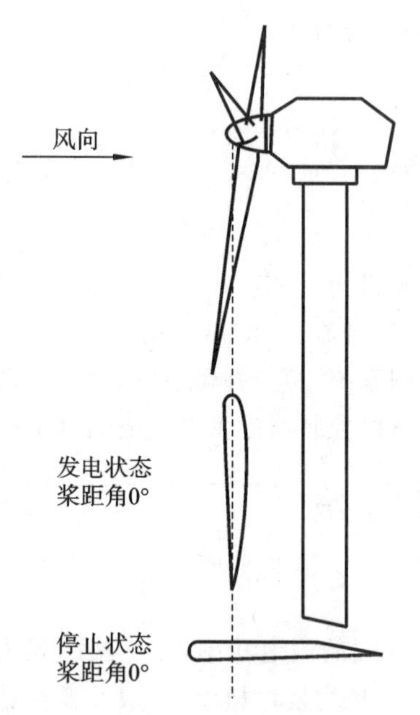

图 7-11 变桨距风力发电机组的桨距角示意图

4. 变桨距控制过程

为了使风力发电机组能够产生更多的能量，在额定风速以下的低风速状况下，要实现的主要目标就是让叶轮尽可能多地捕获风能。在一定的叶轮面积下，C_p值越大，捕获的风能越多。由于额定风速以下的风速较小，因此没有必要变桨，此时只需要将叶片角度设置为规定的最小桨距角即可。风速在额定风速以上的阶段为变速控制器（扭矩控制器）和变桨控制器同时发挥作用。通过变速控制器即控制发电机的扭矩使其恒定，从而使功率恒定。通过变桨调整发电机的转速，使其始终跟踪转速设置点，并减小叶轮受到的载荷。

变桨距控制过程如图 7-12 所示。变桨距控制系统实际上是一个随动系统。桨距控制器是一个非线性比例控制器，它可以补偿比例阀的死带和极限。变桨距控制系统的执行机构是液压系统，桨距控制器的输出信号经 D/A 转换器转换后，变成电压信号，控制比例阀（或电液伺服阀），驱动油缸活塞，推动桨叶变距机构，使叶片节距角变化。活塞的位移反馈信号由位移传感器测量，经 A/D 转换器转换后输入比较器。

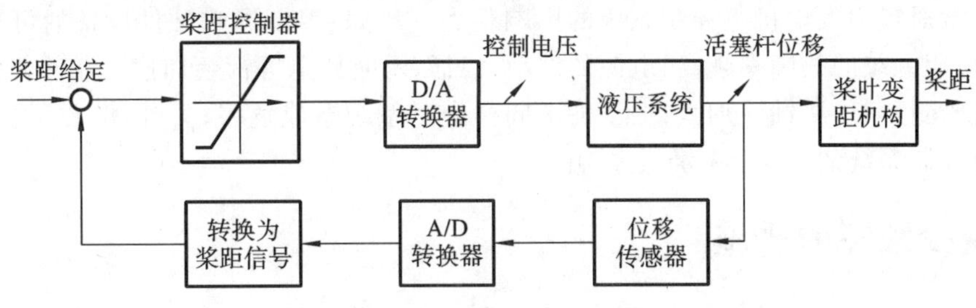

图 7-12　变桨距控制过程

新设计的机组大多采用变桨电机来驱动变桨机构，采用由接近开关及限位开关等组成的检测系统来检测桨距变化。

7.5　控制系统的维护与故障分析

一、控制系统的故障

1. 电气元件故障

电气元件故障是指电气装置、电气线路和连接、电气与电子器件、电路板、接插件所产生的故障，主要表现为输入信号脱落或腐蚀；控制线路、端子板、母线接触不良；执行输出电动机过载或烧毁；保护线路熔丝烧毁或断路器过电流保护；继电器、接触器安装不牢、接触不可靠，动触点机构卡涩或触头烧毁；配电箱过热或配电板损坏；控制器输入、输出模板功能失效、烧毁等。

2. 传感器故障

传感器故障主要表现为温度传感器引线振断、热电阻损坏，磁电式转速电气信号传输失灵；电压变换器或电流变换器对地短路或损坏；速度继电器和振动继电器动作信号调整不准或不动作；开关状态信号传输线断开或接触不良，使传感器不能工作。

3. 软件系统故障

软件系统故障主要来自设计。

4. 其他故障

其他故障包括安全链失效，转速传感器支架脱落，风速仪、风向标转动轴承损坏，液压泵堵塞或损坏等。

二、故障原因

1. 元器件失效

元器件在工作过程中会发生失效，有的是由于某种原因而突然失效，有的是由于参数变化或性能逐渐变差而退化失效。元器件失效会造成系统无法正常工作甚至无法工作。

2. 使用不当

如果不按照正常的使用条件使用元器件，会造成元器件的故障率提高。

3. 环境因素

环境因素对风力发电机组控制系统的影响很大。比如：温度影响硬件设备的可靠性，温度越高，微机应用系统的故障率越高；电源的波动、浪涌、瞬时掉电等都会加速元器件的失效；湿度大容易造成密封不良，腐蚀性加大；振动冲击同样会对系统造成危害；另外，电磁干扰、压力、盐雾等均会对控制系统的正常运行产生影响。

三、减少故障的措施

正确选择、筛选使用元器件，并降额使用。降额使用就是使元器件工作在低于它们额定工作条件以下。提高机械部件的可靠性，合理设计电路和控制系统软件。

练习与提高

1. 控制系统的设计原则和要求有哪些？
2. 风力发电机组的控制目标有哪些？
3. 风力发电机组的控制系统由哪些子系统组成？
4. 风力发电机组控制系统的常见类型有哪些？简要描述控制过程。
5. 定桨距失速调节型恒速恒频风力发电机组的控制系统如何实现调节？
6. 变桨距变速恒频双馈型风力发电机组如何实现控制？
7. 风力发电机组的控制系统有哪些功能？
8. 风力发电机组的控制系统有几种启动方式？优先级如何排列？
9. 停机关机控制程序及要求是什么？
10. 风力发电机组控制系统的安全保护系统的设计原则有哪些？
11. 控制系统的安全保护功能有哪些？各有什么控制要求？
12. 简述风力发电机组紧急停机安全链保护的作用和要求。
13. 风力发电机组远程监控系统由哪几部分组成？各有什么功能？
14. 风电场的通信网络以及通信方式有哪些特点？
15. 风力发电机组控制系统的干扰源有哪些？应采取哪些措施来抗干扰？
16. 风电场的监控软件应具备哪些功能？它们是如何实现工作的？
17. 风力发电机组电控系统常见的故障有哪些？如何处理这些故障？

第8章
互补运行发电系统

本章概要

本章讲述了风力-光伏互补发电系统、风力-柴油互补发电系统的组成和原理。

一般来说，由两种以上的能源组成的供电系统，称为互补运行发电系统。其中至少有一种能源相对稳定，才能保证系统供电的连续性和稳定性。由于风力发电系统或光伏发电系统均受外部条件的影响，仅靠独立的风力或光伏发电系统经常会难以保证系统供电的连续性和稳定性，因此，在采用风力或光伏发电技术为系统供电时，往往还要采用互补运行发电系统来进行相互补充，实现连续、稳定地供电。

常用的互补运行发电系统主要包括风力-光伏互补发电系统、风力-柴油互补发电系统、光伏-柴油互补发电系统以及风力-光伏-柴油互补发电系统等四种类型。

8.1 风力-光伏互补发电系统

在新能源中，太阳能与风能的开发与利用日趋受到各国的普遍重视，它们已经成为新能源领域中开发利用水平最高、技术最成熟、应用最广泛、最具商业化发展条件的新型能源。我国幅员辽阔，地理位置南北方向自北纬4°至52°多，东西方向自东经73°至135°多，太阳能资源十分丰富。据估算，中国陆地每年的太阳辐射能约为50×10^{18} kJ(千焦)，年日照时数在2200 h以上的地区约占国土面积的2/3以上。据气象局测算，按离地10 m的高度估算，全国陆地风能资源总量约为32.26亿千瓦，海上风能储量约为7.5亿千瓦。所以说，我国是一个非常适合利用太阳能和风能的国家，高效地利用太阳能及风能资源将有效地缓解资源危机和环境污染等问题。

我国从20世纪50年代就开始着手研究太阳能及风能的发电技术，到20世纪80年代，两者都取得了突破，并由此产生了光伏发电和风力发电产业。然而由于风能和太阳能都存在间歇性的特点，独立风力发电系统和独立太阳能发电系统都存在能量不稳定的缺点。阴雨天或夜晚，太阳能电池的发电效率很低或根本不发电；风速很大时，容易损毁风力机，而风速太小时，又不能带动风力机发电，并且发出的电能也极不稳定。风力-光伏互补发电系统是利用风能和太阳能资源的互补性，具有较高性价比的一种新型能源发电系统，具有很好的应用前景。

一、风力-光伏互补发电系统的组成

所谓风力-光伏互补，是指风力发电和光伏发电配合组成的混合发电系统，实质上就是风能和太阳能在能量上的相互补充，共同向负载供电。风能资源不论白天还是夜晚都存在，而太阳能资源白天才有，但由于太阳能相对较为连续稳定，弥补了风能间歇性的缺点，而且也弥补了风能在白天不连续的不足。起初的风力-光伏互补系统的结构形式只是将传统的独立光伏发电系统和独立风力发电系统进行一个简单的组合，其中有两套控制装置分别对风力机和光伏阵列进行检测、保护，以及对蓄电池的充电进行控制，这无疑增加了系统的投资。目前，风力-光伏互补发电系统基本上都采用图8-1所示的运行结构。

风力-光伏互补发电系统主要由风力发电机组、太阳能光伏阵列、控制器、蓄电池、逆变器、交流负载、直流负载等部分组成。该系统是集风能、太阳能及蓄电池等多种能源发电技术及系统智能控制技术为一体的复合可再生能源发电系统。

整个风力-光伏互补发电系统按环节可划分为能量产生环节、能量存储环节、能量消耗环节三部分。能量产生环节由风力发电机组和太阳能光伏阵列组成，负责将风能及太阳能转化为电能；能量存储环节为蓄电池，它将风力机和太阳能产生的电能储存在其中，起到稳定供电的作用；能量消耗环节是指系统的负载，包括直流负载和交流负载。

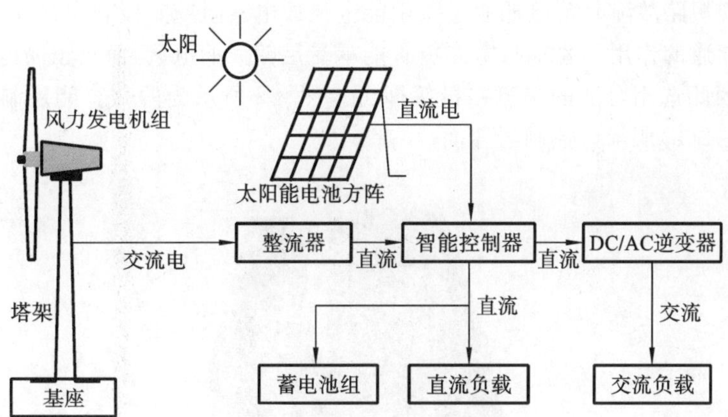

图 8-1　风力-光伏互补发电系统的结构示意图

1. 风力发电部分

风力发电部分利用风力机将风能转换为机械能，通过风力发电机将机械能转换为电能，再通过控制器对蓄电池充电，经过逆变器对负载供电。风力发电机是风力-光伏互补发电系统中风能的吸收和转化设备。从能量转换的角度看，风力发电机由两大部分组成：其一是风力机，它的功能是将风能转换为机械能；其二是发电机，它的功能是将机械能转换成电能。

2. 光伏发电部分

光伏发电部分利用太阳能电池板的光伏效应将光能转换为电能，然后对蓄电池充电，通过逆变器将直流电转换为交流电，对负载进行供电。

风力-光伏互补发电系统中，由光伏阵列负责将太阳光辐射转换成电能。光伏阵列由一系列的太阳能电池经过串、并联后组成。太阳能电池是光伏发电的最基本单元，其基本种类有单晶硅太阳能电池、多晶硅太阳能电池和非晶硅太阳能电池。单晶硅太阳能电池是当前开发最快的一种太阳能电池，其产品结构与生产工艺已定型，广泛应用于空间和地面，转换效率最高，可达 24%，但成本也最高；多晶硅太阳能电池的制作工艺与单晶硅太阳能电池差不多，其光电转换效率约为 12%，稍低于单晶硅太阳能电池，但其材料制造简便，节约电能，总的生产成本较低，因此得到了很大的发展；非晶硅太阳能电池的光电转换效率偏低，而且不够稳定，但制造工艺简单，易于加工。

3. 控制部分

控制部分根据日照强度、风力大小及负载的变化，不断地对蓄电池组的工作状态进行切换和调节。一方面把调整后的电能直接送往直流负载或交流负载，另一方面把多余的电能送往蓄电池组存储。发电量不能满足负载需求时，控制器把蓄电池的电能送往负载，保证了整个系统工作的连续性和稳定性。

风力-光伏互补发电系统的控制部分应起到如下几个作用。

(1)在保证风电、光电向蓄电池充电及向负载供电的同时，保证各种必要参数的计量、检测和显示。

(2)当蓄电池过充电或过放电时，可以报警或自动切断线路，保护蓄电池。

(3)按需要给出高精度的恒电压或恒电流。

(4)当蓄电池有故障时，可以自动切换，接通备用蓄电池，以保证负载正常用电。

(5)当负载发生短路时，可以自动断开充电电路。阻塞二极管的作用是避免太阳能电池方阵不发电，或出现短路故障时蓄电池通过太阳能电池放电。阻塞二极管串接在太阳能电池方阵电路中，起单向导通的作用。要求阻塞二极管能承受足够大的电流，而且正向电压降要小，反向饱和电流要小，因此选用合适的整流二极管即可。图 8-2 所示为两款智能控制器，图 8-2(a)所示为实物图，图 8-2(b)所示为控制器界面。

(a) 实物图

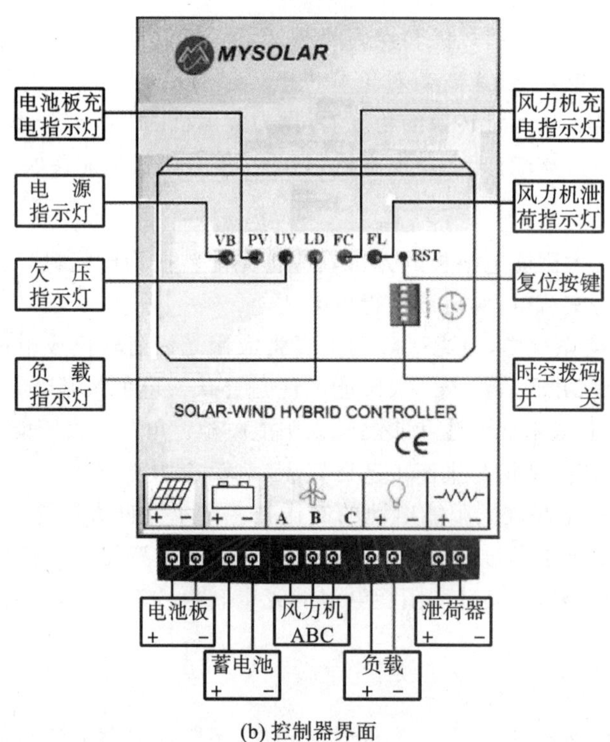

(b) 控制器界面

图 8-2　两款智能控制器

4. 蓄电池部分

蓄电池是风力-光伏互补发电系统的储能装置，一般由多块蓄电池组成，在风力和日照充足时可存储供给负载后多余的电能，在风力和日照不佳时输出电能给负载。因此，蓄电池在系统中起到能量调节和平衡负载两大作用。固定式铅酸蓄电池因其性能优良、质量稳定、容量较大、价格较低，是目前风力-光伏互补发电系统主要选用的储能装置。

5. 逆变系统

逆变系统由几台逆变器组成。逆变器是指整流器的逆向变换器，它是通过半导体功率开关器件的开通和关断作用，把直流电变换成交流电的一种电力电子变换器，其变换效率较高，但变换输出波形较差，含有相当多谐波成分的波形，因而需要进行交流低通滤波器的滤波。

在风力-光伏互补发电系统中，负载大部分为交流负载，而蓄电池中存储的是直流电，应通过逆变器把蓄电池中的直流电变成标准的220 V的交流电，所以逆变器的转换效率和稳定性直接影响到整个系统的转换效率和稳定性。由于蓄电池的电压随充放电状态的改变而变动较大，因此要求逆变器能在较大的直流电压范围内正常工作，而且要保证输出电压的稳定。

6. 直流负载

直流负载主要是指以直流电为动力的装置或设备，如直流电动机、高强度LED发光管等。

7. 交流负载

交流负载主要是指以交流电为动力的装置或设备，如交流电动机、日常家用电器等。

二、风力-光伏互补发电系统的特点

在当前可利用的几种可再生能源中，风能和太阳能由于具有分布广泛，取之不尽，用之不竭，就地取材，无污染等优点而被广泛利用，但受其能量密度低、能量稳定性差等缺点的影响，其利用也受到一定的制约。太阳能和风能都是相对不稳定、不连续的能源，用于无电网地区时，需配备大量的储能设备，使得系统的耗费大大增加。而中国的气候属于季风性气候，一般冬季风大，太阳辐射小，夏季风小，太阳辐射大，风能和太阳能这两种资源正好可以相互补充利用。因此，采用风力-光伏互补发电系统可以很好地克服风能和太阳能提供能量的随机性和间歇性的缺点，实现不间断供电。风力-光伏互补发电系统与单独的风电系统和光电系统相比有着明显的优势。

首先，利用太阳能和风能的互补特性，可以产生比较稳定的总输出，增加了系统的稳定性和可靠性。在风能和太阳能资源丰富并且互补性较好的地区，合理匹配设计的风力-光伏互补发电系统可以满足用户较大的用电需求，并能实现一年四季均衡供电，这是采用单一风力或太阳能发电无法达到的。

其次，在保证同样供电的情况下，风力-光伏互补发电系统所需的蓄电池容量远远小于单一风力或太阳能发电系统，且通过系统匹配的优化设计，太阳能电池板容量降低，避免了因昂贵的太阳能电池带来的系统高成本。同时，风电系统和光电系统在蓄电池组和逆变环节是可以通用的，所以风力-光伏互补发电系统的造价可以降低，系统成本趋于合理。

再次，充分利用了自然资源，大大增加了对蓄电池的有效充电时间，改善了蓄电池的工作条件，通过选择合理的蓄电池充放电控制策略，更能延长蓄电池的使用寿命，减少系统的维护。

风力-光伏互补发电系统与单一风力发电系统或光伏发电系统相比也存在一些不足之处，例如系统设计较为复杂，对系统的控制和管理要求较高。另外，由于风力-光伏互补发电系统存在着两种类型的发电单元，与单一发电方式相比，增加了维护工作的难度和工作量。

总之，风力-光伏互补发电系统可以根据用户的用电负荷情况和资源条件进行系统容量的合理配置，无论是怎样的环境和怎样的用电要求，风力-光伏互补发电系统都可做出最优化的系统设计方案，既可保证系统供电的可靠性，又可降低发电系统的造价。应该说，风力-光伏互补发电系统是最合理的独立电源系统。

三、光伏电池的发电原理及其特性

1. 光伏电池的发电原理

光伏电池又称为太阳能电池，其发电原理是以利用半导体PN结接受太阳光照产生光伏效应为基础，将太阳能直接转换成电能。所谓光伏效应，就是半导体吸收光能后在 PN 结上产生电动势的现象。当太阳光照射到太阳能电池上时，产生光生电子——空穴对。在电池的内建电场的作用下，光生电子和空穴被分离，太阳能电池的两端出现异号电荷的积累，即产生光生电压 U_{ph}。若在内建电场的两侧引出电极并接上负载 R，则在负载中就有光生电流 I_{ph} 流过，从而获得功率输出，这样太阳光能就直接变成可使用的电能。光伏电池的工作原理如图 8-3 所示。

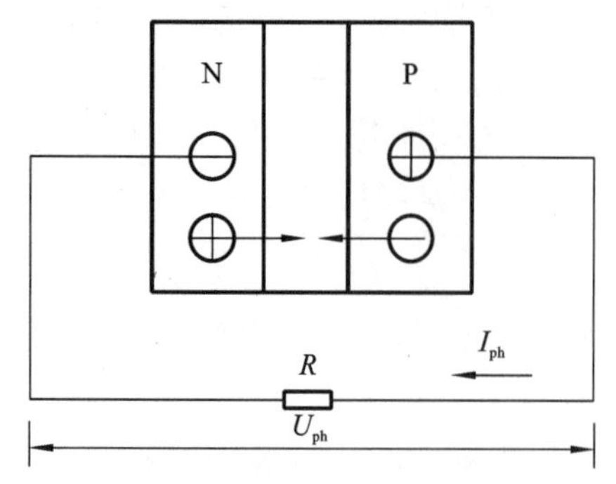

图 8-3　光伏电池的工作原理

下面是光伏效应的示意解释。

PN 结及两边产生的光生载流子被内建电场分离，在 P 区聚集光生空穴，在 N 区聚集光生电子，从而使得 P 区带正电，N 区带负电，在 PN 结两边产生光生电动势。上述过程通常称为光生伏特效应或光伏效应，如图 8-4 所示。光生电动势的电场方向和平衡 PN 结内建电场的方向相反，当太阳能电池的两端接上负载时，这些分离的电荷就形成了电流，如图 8-5 所示。

图 8-6 所示为太阳能电池的发电原理及构造。

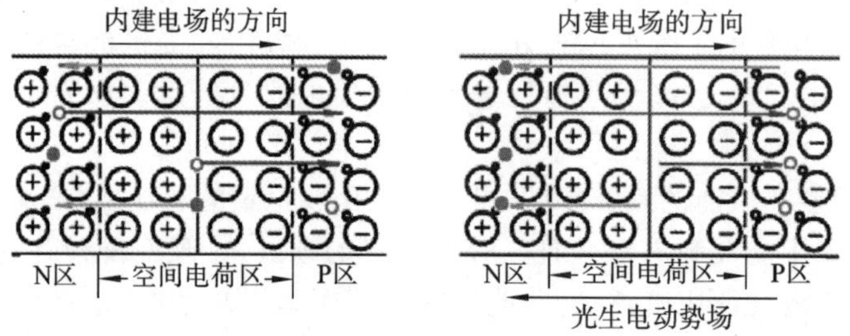

图 8-4　光伏效应示意图

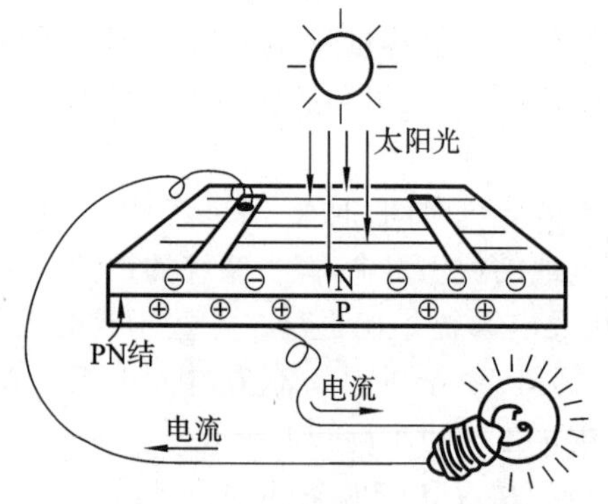

图 8-5　太阳能电池的发电原理

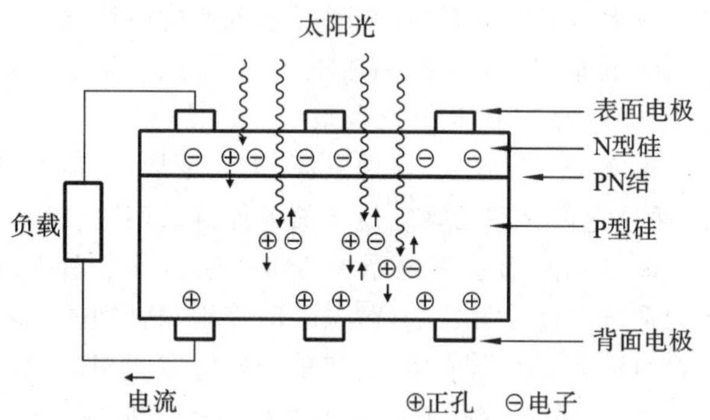

图 8-6　太阳能电池的发电原理及构造

2. 光伏电池的种类

按照材料的不同，光伏电池可分为如下三类。

1）硅太阳能电池

硅太阳能电池是以硅为基体材料的太阳能电池，例如单晶硅太阳能电池、多晶硅太阳能电池、非晶硅太阳能电池等。

2)硫化镉太阳能电池

硫化镉太阳能电池是以硫化镉单晶或多晶为基体材料的太阳能电池。

3)砷化镓太阳能电池

砷化镓太阳能电池是以砷化镓为基体材料的太阳能电池,例如同质结砷化镓太阳能电池、异质结砷化镓太阳能电池等。

3. 光伏阵列

单体太阳能电池不能直接作为电源使用。在实际应用时,应按照用电性能的要求,将几片或几十片单体太阳能电池串联、并联起来,经过封装,组成一个可以单独作为电源使用的最小单元,即太阳能电池组件。太阳能电池方阵则是由若干个太阳能电池组件串联、并联而成的阵列。图 8-7 所示为太阳能电池的单体、组件和方阵,图 8-8 所示为太阳能电池的连接方式,图 8-9 所示为太阳能电池组件的结构剖面图。

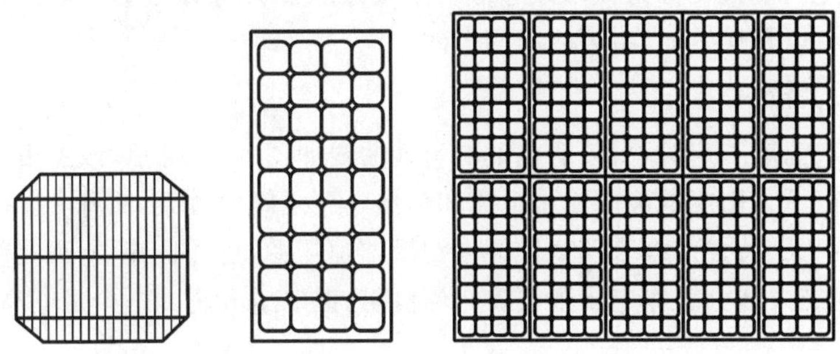

图 8-7 太阳能电池的单体、组件和方阵

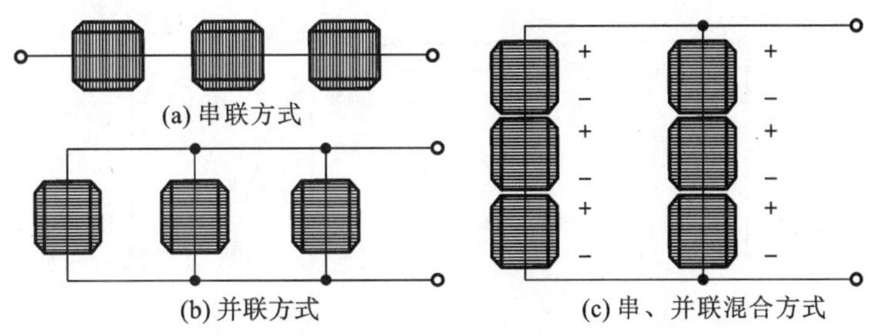

图 8-8 太阳能电池的连接方式

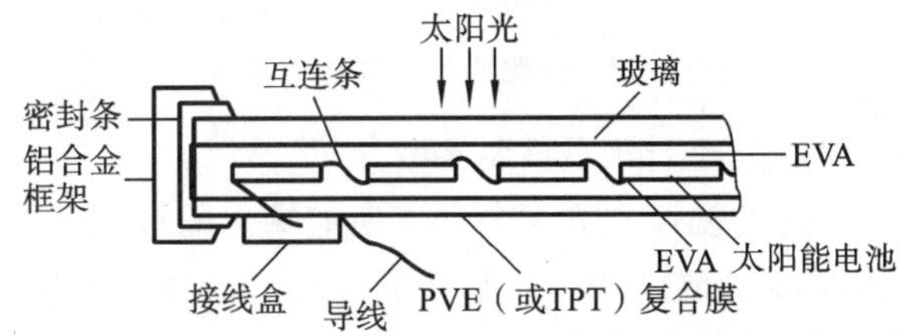

图 8-9 太阳能电池组件的结构剖面图

光伏阵列主要有以下四种类型。

1)平板式光伏阵列

将若干电池单元按平板结构组装在一起,且所有光伏电池均朝向相同方向,此时光伏阵列直接收集自然照射来的太阳光。光伏阵列可固定安装,也可安装成定向形式。该技术成熟,安装方便,维护简单,因此应用最为广泛。

2)曲面式光伏阵列

直接将光伏电池片贴在应用场地或物体上,如圆弧形、多棱形、圆锥形的房顶和飞行器等。光伏电池片可贴在凸面,也可贴在凹面。曲面式光伏阵列安装较为复杂,太阳遮挡的概率较大,适用于空间飞行器或附加太阳跟踪装置。

3)聚光式光伏阵列

通过反射镜或折射镜将太阳光聚集到一小块光伏电池上。该方式可增加单位面积的光照强度,使单位光伏阵列得到更多的电能,但与此同时电池板将工作在较高的温度下。此外,还需附加太阳跟踪装置,由此会带来太阳跟踪装置的维护及光伏阵列在高温下工作的可靠性等问题。

4)定向安装式光伏阵列

将光伏电池安装在特有的定向装置上,使光伏电池表面总是面向太阳旋转,以获得最大的功率输出。这种定向装置也称为太阳跟踪器。太阳跟踪器又可分为单轴跟踪和双轴跟踪两种形式。跟踪运行可以是连续的,也可以是间歇的。

4. 光伏电池的特性

在光照强度和温度一定时,太阳能电池的特性曲线如图 8-10 所示,该图表明了在某一确定的光照强度和温度下太阳能电池的输出电流和输出电压之间的关系,简称 I-U 特性。由该图可知,太阳能电池的 I-U 特性曲线表明太阳能电池既非恒压源,也非恒流源,而是一种非线性直流电源,其输出电流在大部分工作电压范围内相当恒定,但电压升高到一个足够高的电压之后,电流迅速下降至零。

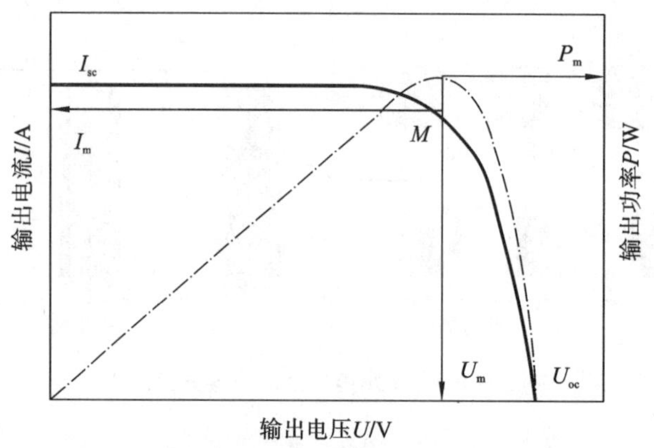

图 8-10 太阳能电池的特性曲线

根据特性曲线定义太阳能电池的几个重要参数如下。

(1)短路电流(I_{sc}):在给定的温度和光照条件下所能输出的最大电流。

(2)开路电压(U_{oc}):在给定的温度和光照条件下所能输出的最大电压。

(3)最大功率点电流(I_m):在给定的温度和光照条件下最大功率点上的电流。

(4)最大功率点电压(U_m):在给定的温度和光照条件下最大功率点上的电压。

(5)最大功率点功率(P_m):在给定的温度和光照条件下所能输出的最大功率,即 $P_m = I_m U_m$。

改变光照强度而保持其他条件不变,得到一组不同光照量下的 I-U 和 P-U 特性曲线,如图 8-11(a)、(b)所示。由图 8-11(a)可见,短路电流 I_{sc} 与光照强度成正比,而开路电压 U_{oc} 的变化很慢。

改变温度而保持其他条件不变，得到一组不同温度下的 I-U 和 P-U 特性曲线，如图 8-12 (a)、(b)所示。当电池的温度发生变化时，开路电压 U_{oc} 线性地随电池的温度变化，而短路电流 I_{sc} 略微变化。这里指的是太阳能电池的温度，而不是环境温度。

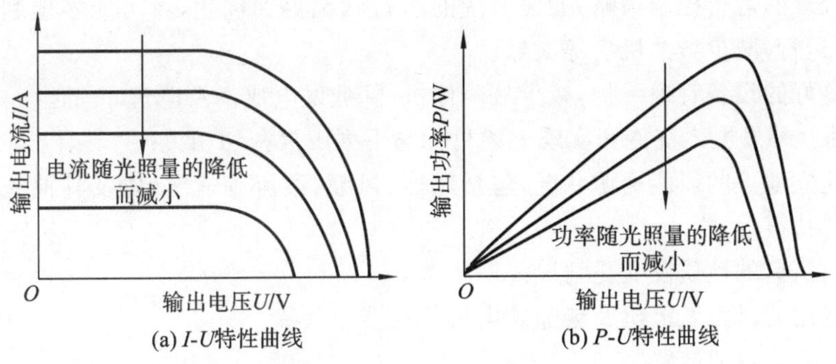

(a) I-U特性曲线　　(b) P-U特性曲线

图 8-11　不同光照量下的 I-U 和 P-U 特性曲线

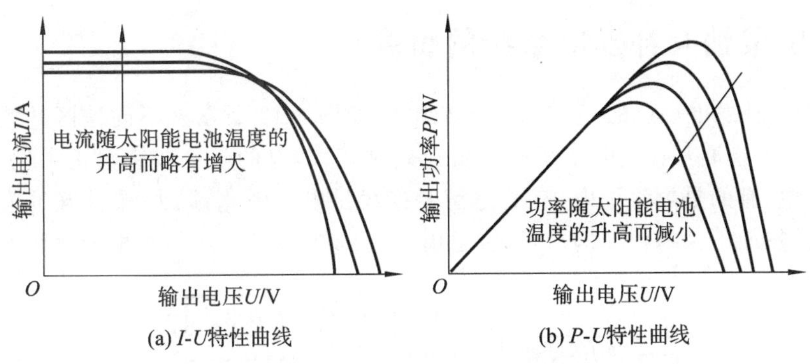

(a) I-U特性曲线　　(b) P-U特性曲线

图 8-12　不同温度下的 I-U 和 P-U 特性曲线

根据图 8-11 和图 8-12 可以得出以下结论：在一定的温度和光照条件下，太阳能电池的输出功率具有最大值，而太阳能电池一天的最大功率点轨迹接近于某恒压，即温度变化对太阳能电池的输出电压有影响。为了提高太阳能发电系统的效率，负载要及时跟踪光伏组件输出的最大功率点电压，这就要求系统能实现最大功率点跟踪。由于太阳能电池的最大功率点电压接近恒压，因此可适当选择光伏组件的输出电压与负载工作电压相匹配的参数，以便能基本满足最大功率点跟踪。

8.2　风力-柴油互补发电系统

目前，在电网难以覆盖的偏远山区或孤立地区，通常采用柴油发电机组来提供必要的生活和生产用电，但柴油价格高、供应紧张、运输困难等因素造成柴油发电成本相当高，且不能保证电力的可靠供应。而这些地区特别是海岛具有较丰富的风能资源，随着风力发电技术的日趋成熟，其电能的生产成本已经低于柴油发电的成本。采用风力-柴油互补发电系统，是目前解决这些偏远地区电能供应的比较经济可行的方法。

风力-柴油互补发电系统的目的是向电网覆盖不到的地区(如海岛、牧区等)提供稳定的不间断的电能，减少柴油的消耗，改善环境污染状况。由于各地区的风能资源及负荷情况不同，有多种不同结构形式的风力-柴油互补发电系统。但不论哪种结构形式的风力-柴油互补发电系统，皆应实现如下目标：

(1)能提供符合电能质量标准的电能。

(2)具有较好的柴油节油效果。

(3)具有合理的运行控制策略，能使系统的运行状况得到优化，尽可能多地利用风能，避免柴油机低负荷运行，减少柴油机启停次数。

(4)具有良好的设备管理维护，减少故障停机，降低发电成本及电价。

风力-柴油互补发电系统能否实现上述目标与下列因素密切相关：

(1)系统建立地点的风能资源状况，包括风速、风频、紊流等情况，以及其他气象条件，如气温、湿度、沙尘、盐雾等。

(2)系统内负荷的性质及变化情况。

(3)系统选用的风力发电机及柴油发电机的性能。

(4)系统内有无蓄能装置。

(5)系统的运行方式及控制策略。

一、风力-柴油互补发电系统的组成

风力-柴油互补发电系统的基本结构组成框图如图 8-13 所示。不同地区的风力资源状况不尽相同，故风力-柴油互补发电系统所带负荷差别较大，有的是一般家庭正常生活用电，有的是生产动力用电，有的是短时用电，有的是需要连续供电。因此，风力-柴油互补发电系统的结构形式有多种，然而不论哪种结构形式，皆是由图 8-13 所示的基本结构框架演化而来的。

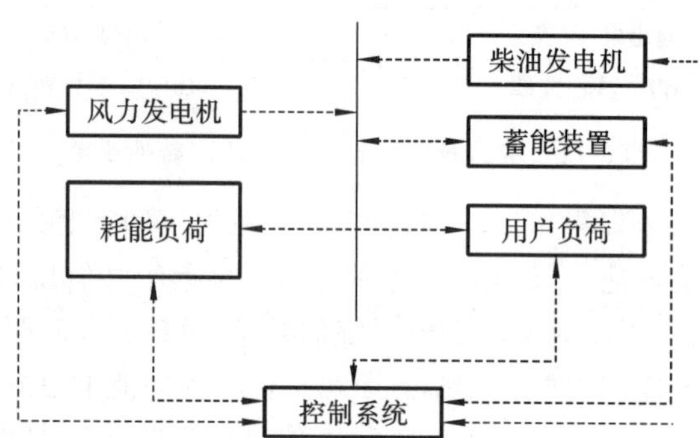

图 8-13 风力-柴油互补发电系统的基本结构组成框图

1. 风力-柴油发电并联运行系统

风力-柴油发电并联运行系统由风力发电机驱动异步发电机，柴油发电机驱动同步发电机，两者同时运转，并联后向负荷供电。这种系统是风力-柴油互补发电系统的基本形式。在这种系统中，柴油发电机一直不停地运转，即使在风力较强、负荷较小的情况下也必须运转，以供给异步发电机所需要的无功功率。这种系统的优点是结构简单，可实现连续供电；其缺点是由于柴油发电机始终不停地运转，因而柴油的节省效果差。风力-柴油发电并联运行系统的结构如图 8-14 所示。

由于风力-柴油发电并联运行系统是风力发电机与柴油发电机并联运行向负荷供电，因此必须慎重考虑异步发电机(由风力发电机驱动)向由柴油发电机驱动的同步发电机电网并网瞬间的电流冲击问题。为了保证系统的稳定与安全，一般对于小容量的电网(由小容量的柴油发电机驱动的同步发电机组成)，要求柴油发电机的容量与异步发电机的容量之比大于或等于

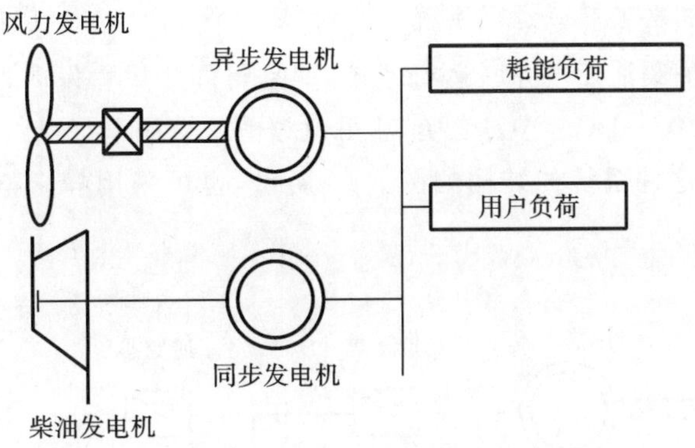

图 8-14 风力-柴油发电并联运行系统的结构

2∶1。此比值越大,则并网瞬间电网电压下降幅度越小,系统越安全稳定。这种由单台异步风力发电机及单台同步柴油发电机组成的并联运行系统,其容量较小。在运行过程中,风力发电机因风速变化,使输出的机械功率或系统负载突然发生较大变化,可能引起系统电压及频率的变化,这对发电机很不利。因此,应对系统的电压及频率进行监控。

2. 风力-柴油发电交替运行系统

在风力-柴油发电交替运行系统中,风力发电机与柴油发电机交替运行向负荷供电,两者在电路上无联系,因此不存在并网问题,但由风力发电机驱动的发电机应采用同步发电机(也可采用电容自励式异步发电机,但需增加电容器及其控制装置,故一般不采用)。这种系统的运行方式是根据风力的变化来实行负载控制,自动接通或断开某些负荷,以维持系统的平衡。通常按照用户负荷的重要程度将用户负荷分为优先负荷、一般负荷及次要负荷等三类,优先负荷所需电能应总是能被保证供给,其他两类负荷只是在风力较强时才通过频率传感元件给出信号,依次接通。当风力较弱,对优先负荷也不能保证供给时,风力发电机退出运行状态,柴油发电机自动启动并投入运行;当风力增大并足以供给优先负荷电能时,柴油发电机退出运行状态,自动停机,风力发电机自动启动,投入运行。这种系统的优点是可以充分地利用风能,柴油发电机运转的时间被大大减少,因此能达到尽可能多地节约柴油的目的;其缺点是交替运行会造成短时间内用户供电中断,而柴油发电机的频繁启停易导致其磨损加快,负荷的频繁通断则可能造成对电器的损坏。风力-柴油发电交替运行系统的结构如图 8-15 所示。

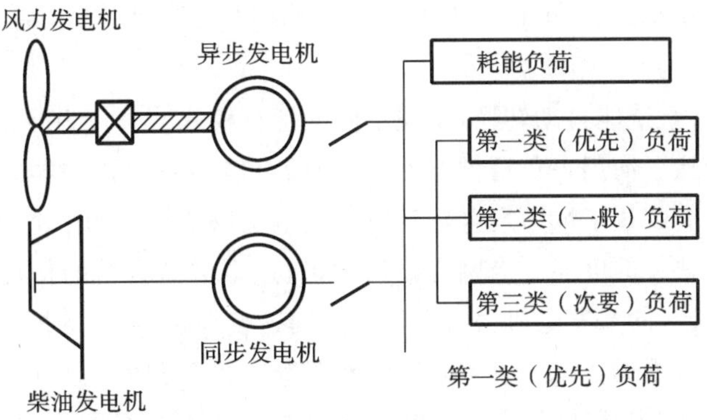

图 8-15 风力-柴油发电交替运行系统的结构

3. 集成的风力-柴油发电并联运行系统

所谓的集成的风力-柴油发电并联运行系统，就是将同步风力发电机发出的变频交流电进行交流—直流—交流(AC—DC—AC)变换，获得恒频恒压交流电，然后再与同步柴油发电机并联，向用户负荷供电。这种系统的结构如图 8-16 所示(也可采用静止整流、旋转逆变的 AC—DC—AC 变换方式)。

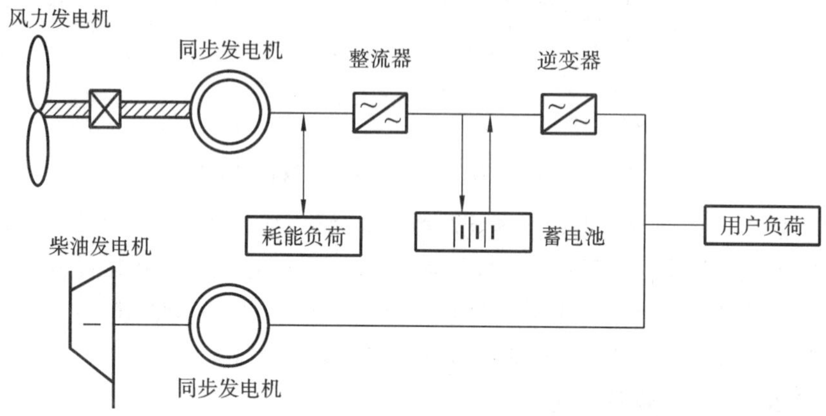

图 8-16　集成的风力-柴油发电并联运行系统

集成的风力-柴油发电并联运行系统的优点是风力发电机可以在变速下运行，因而可以更好地利用风能，系统中的 AC—DC—AC 装置可以实现恒频恒压输出及平抑功率起伏；其缺点是 AC—DC—AC 装置中的电力电子器件的价格较高，特别是当风力发电机的容量增大时，AC—DC—AC 装置及蓄电池的容量将随之增大，使得造价提高。

这种系统可以对用户负荷实现连续供电，在用户负荷不变的情况下，若风速降低，则柴油发电机自动启动，投入运行；在无风时，由柴油发电机向负荷供电。

4. 具有蓄电池的风力-柴油发电并联运行系统

具有蓄电池的风力-柴油发电并联运行系统与基本型的风力-柴油发电并联系统比较，有两点不同：一是在系统中增加了蓄能电池及与之串联的双向逆变器，二是在柴油发电机与同步发电机之间装有一个电磁离合器。与集成的风力-柴油发电并联运行系统中的蓄电池比较，这种系统中的蓄电池的容量小，通常可按风力发电机在额定功率下 1～2 h 输出的电能来考虑确定其容量。

当风力变化时，该系统能自动转换，实现不同的运行模式。当风力较强时，来自风力发电机及柴油发电机的电能除了向用户负荷供电外，多余的电能经双向逆变器向蓄电池充电，当短时间内用户负荷所需电能超过了风力发电机及柴油发电机所能提供的电能时，可由蓄电池经双向逆变器向负荷提供所缺欠的电能。当风力很强时，通过电磁离合器的作用，柴油发电机与同步发电机断开并停止运转，同步发电机由蓄电池经双向逆变器供电，变为同步补偿机运行，向网络内的风力发电机提供所需的无功功率，此时是风力发电机单独向用户负荷供电。当风力减弱时，通过电磁离合器的作用，柴油发电机与同步发电机连接并投入运行，此时由柴油发电机与风力发电机共同向用户负荷供电。为防止柴油发电机轻载运行，柴油发电机应运行于所限定的最低运行功率以上(一般为柴油发电机额定功率的 25%以上)，多余的电能可向蓄电池充电或由耗能负荷吸收。具有蓄电池的风力-柴油发电并联运行系统的结构如图 8-17 所示。

具有蓄电池的风力-柴油发电并联运行系统的优点是蓄电池可短时间内投入运行，能弥补风电的不足，而不需要启动柴油发电机发电来满足用户负荷所需的电能，因此节油效果较好，柴油发电机启停次数减少，其缺点是投资高，发电成本及电价皆比常规柴油发电要高。

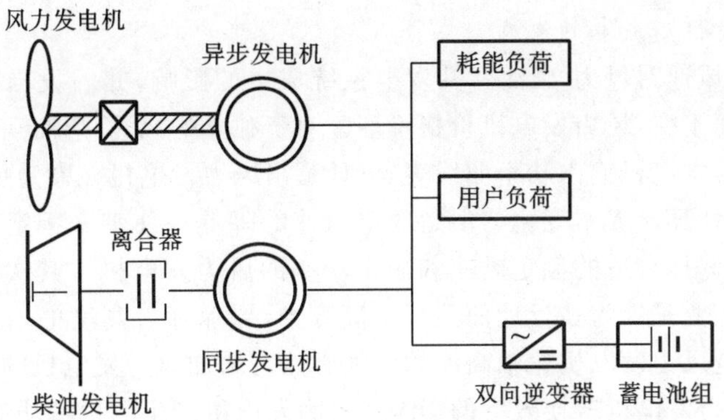

图 8-17 具有蓄电池的风力-柴油发电并联运行系统的结构

二、风力-柴油互补发电系统的实用性评价

上面介绍了几种风力-柴油互补发电系统的基本结构。风力发电与柴油发电究竟应该采用什么样的互补运行方式，在很大程度上取决于用户的不同需要和当地的风力资源条件。一种系统对某种用户可能是最合适的，但不可能对所有的地方都是合适的。评价系统的实用性时，应根据具体的资源及负载情况从以下三个方面考虑。

1. 节油效果

建立风力-柴油互补发电系统的一个目的就是节约柴油，所以节油率是衡量一个风力-柴油互补发电系统是否先进的重要指标之一。20 世纪 80 年代初的风力-柴油互补发电系统，特别是柴油机必须不停地连续运行的系统，其节油率是很低的。从 20 世纪 80 年代中期起，由于系统中逐渐增加了蓄能设施，风能的利用率有了很大的提高，系统的节油率普遍上升，到 20 世纪 90 年代初已达到 50%左右，目前有的系统的节油率已达到 70%以上。

2. 可靠性

对于一个节油效果较好的风力-柴油互补发电系统来说，风电容量一般约占总的系统容量的一半以上，而风速变化的随机性很大，风力发电机功率变化相当频繁，且幅度很大，在互补运行过程中，系统能否承受这种频繁的大幅度冲击，达到稳定运行，以提供可靠的电能，是风力-柴油互补发电系统能否成功的技术关键。

3. 经济性

经济性是评价风力-柴油互补发电系统的另一个重要指标。系统的经济性，除了与选择的系统模式有很大关系外，还与风能资源、负载性质与大小、风力发电机组与柴油发电机组和蓄电池组的容量比例等有很密切的关系。例如，蓄电池容量过大，虽然提高了风能利用率，减少了柴油发电机启停次数，但设备费用和运行维护费用增加；反之，则风能利用率降低，柴油发电机常处于低负荷、高耗油率的运行状态，同样增加了供电成本。因此，对于不同的风力-柴油互补发电系统，应以系统的综合供电成本来评价它的经济性。供电成本低的系统显然是良好的系统。

三、减少风力-柴油互补发电系统成本的措施

1. 影响风力-柴油互补发电系统成本的因素

1)风力发电机特性对成本的影响

首先，分析额定风速对风力-柴油互补发电系统成本的影响，并假设当额定风速变化时，风力发电机的额定功率不变，风力发电机价格不变。对于独立的风力-柴油互补发电系统，结合风速频率分布表和风力发电机输出功率曲线表，可计算出风力发电机在额定风速变化后带来的发电量的变化，从而可计算出成本变化。但是额定风速的降低往往带来额定功率的降低，应根据当地风速变化区间，选择合适的额定风速和额定功率的风力发电机。其次，分析风力发电机轮轴高度的影响。这主要是因为在近地面几百米高度内，风速随着高度的增加而提高，发电量自然也就增加了。但是风力发电机轮轴高度的增加必然会增加风力发电机的造价，这些都需综合考虑。最后，分析风力发电机转换效率的影响。风力发电机产生的机械功率经发电机转换为电能，肯定存在一个效率问题，效率越高，成本越低。

2)柴油发电机特性对成本的影响

由于柴油发电机采用柴油来发电，要消耗大量的柴油，因此使用时影响系统成本的因素主要为柴油消耗的费用，这就要归结到柴油发电机的柴油消耗率。

3)蓄电池组对成本的影响

首先当然是容量问题，较大容量的蓄电池，其价格也较高，因此要在保证系统发电稳定的基础上选择合适容量的蓄电池。

2. 减少风力-柴油互补发电系统成本的措施

(1)选择好的风能资源地点。

(2)根据电站所在地的风力资源特点以及风力发电机的特性，综合考虑选择合适的风力发电机组。

(3)在确保柴油发电机容量和系统安全的基础上，合理选择柴油发电机的容量，同时降低柴油发电机的柴油消耗率。

(4)合理选择蓄电池组容量，延长蓄电池组的使用寿命。

(5)争取长期低息贷款，减轻还贷压力；注意设备维护，延长系统使用寿命。

(6)对于容量较大的风力发电机组，由于主要依靠进口，因此可以通过申请减免税收来降低成本。

练习与提高

1. 简述风光互补运行发电系统的特点及类型。
2. 风光互补运行发电系统由哪几部分组成？各有什么用途？
3. 光伏电池的发电原理是什么？
4. 光伏电池有哪些特性？
5. 风光互补发电系统中蓄电池的充电有哪些注意事项？
6. 风光互补发电系统有哪些应用？
7. 风力-柴油互补发电系统由哪几部分组成？
8. 影响风力-柴油互补发电系统成本的因素有哪些？

第9章
海上风电场

本章概要

本章讲述了海上风电场的构成及特点、海上风电场的建设、海上风力发电的现状与前景。

海上风电场多指水深10 m左右的近海风电场。与陆上风电场相比，海上风电场的优点主要是不占用土地资源，基本不受地形地貌影响，风速更高，风力发电机组单机容量更大(3～5 MW)，年利用小时数更高。

但是，海上风电场建设的技术难度较大，建设成本一般是陆上风电场的2～3倍。

中国海上风能资源丰富，且主要分布在经济发达、电网结构较强、缺乏常规能源的东南沿海地区。中国海上可开发风能资源约为7.5亿千瓦。如东海大桥10万千瓦风电场年有效风时超过8000小时，发电效益高于陆上风电场的30%以上。

9.1 海上风电场的构成及特点

一、海上风电场的构成

一个完整的海上风电场由一定数量的单个风力发电机组和海底输电设备构成。单个风力发电机组包括叶片、风力发电机、塔身和基础，如图9-1所示。

图9-1 海上风电场

1. 叶片

通常来说，每个海上风力发电机组上安装有3片叶片，而叶片的尺寸大小直接决定了海上风力发电机的功率大小。

2. 风力发电机

风力发电机是风力发电的核心部分，主要由转子、风速计、控制器、发电机、变速器等部分组成。转子连接发电机舱和叶片，它的作用是提高风能利用效率，在低风速的时候能够利用更多的风力资源，在风速过高的时候起到保护作用。风速计的作用是测量风的方向和强度，并且迅速地将这些信息传递到中心控制电脑，以便调节各个叶片的角度和发电机舱的方向，从而更有效地利用风能。控制器由电脑操纵，控制整个风力发电机组，在无人的情况下保证海上风力发电机组的正常运作。

3. 塔身

塔身一般由空心的管状钢材制成，设计时主要考虑各种风况下的刚性和稳定性。根据安装地点的风况、水况和风轮半径确定塔身的高度，使风力发电机的叶片处于风力资源最丰富的高度。

4. 基础

1）固定式基础

海上风力发电机组最常用的固定式基础有3种形式：单桩式、重力式、三角架式。目前，单桩式和重力式应用较多，但只适用于近海区域；而三角架式尚未在海上风力发电场中应用。

单桩式基础因其结构简单和安装方便，为目前应用最普遍的形式。

单桩式基础即单根钢管桩基础，其结构特点是自重轻、构造简单、受力明确。单桩式基础由一个直径为3～4.5 m的钢桩构成，钢桩安装在海床下18～25 m的地方，其深度由海床地面的类型决定。单桩式基础有力地将风塔伸到水下及海床内，其优点是不需要整理海床，但是需要防止海流对海床的冲刷，而且不适用于海床内有巨石的位置。该技术应用范围内的水深小于25 m。大直径的钢管桩结构受波浪影响相对较小。目前，单桩式基础在国内外风电场的应用很广泛，金风科技2.5 MW机组潮间带响水项目中的风电场就使用的是此基础结构。单桩达指定地点后，将打桩锤安装在管状桩上并进行打桩，直到桩基进入要求的海床深度；另一种则是使用钻孔机在海床钻孔，装入桩后再用水泥浇注。单桩式基础适用的海域通常比重力式基础的要深，可以达到20 m以上。由于单桩式基础的桩和塔架都是管状的，因此在现场它们之间的连接相较于其他基础更为便捷。单桩式基础示意图如图9-2所示。

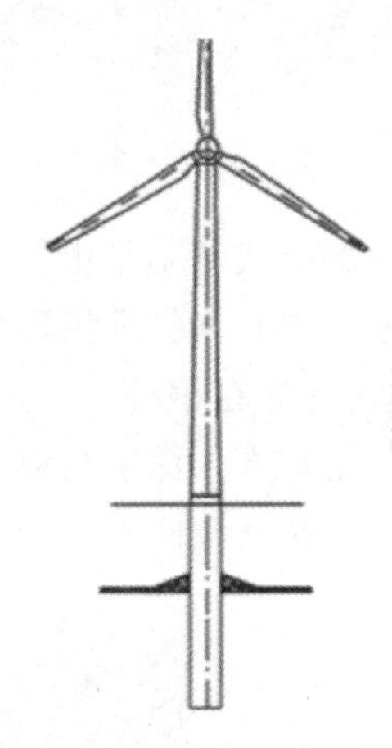

图9-2 单桩式基础示意图

重力式基础，顾名思义是靠重力来保证风力发电机平衡稳定的基础。重力式基础主要依靠自身的质量使风力发电机矗立在海面上，其结构简单，不需要打桩，造价低，且不受海床影响，稳定性好，减少了施工噪声；其缺点是需要进行海底准备，受环境冲刷影响大，且仅适用于浅水区域。世界上早期的海上风电场都是采用重力式基础，采用钢筋混凝土结构，其原理较简单，适用于水比较浅的区域，适用水域为0～10 m。重力式基础成本相对比较低，其成本随着水深的增加而增加，不需要打桩作业。重力式基础是在陆地上制造，然后通过船舶运输到指定地点，基础放置之前要对放置水域地面进行平整处理，凿开海床表层，基础放置完成后用混凝土将其周边固定。重力式基础示意图如图9-3所示。

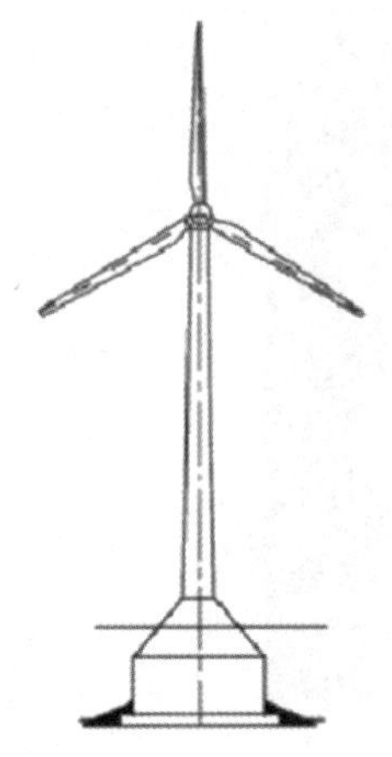

图9-3 重力式基础示意图

三脚架式基础又称三桩基础，其自重较轻，稳定性较好，适用水深为15～30 m，基础的水平度控制需通过浮坞等海上固定平台来完成。

三脚架式基础的原理为：将三根中等直径的钢管桩埋置于海床下10～20 m的地方，三根桩呈等边三角形均匀布设，桩顶通过钢套管支撑上部的三脚行架结构，构成组合式基础，三脚行架为预制构件，承受上部塔架荷载，并将应力与力矩传递给三根钢管桩。三脚架式基础示意图如图9-4所示。

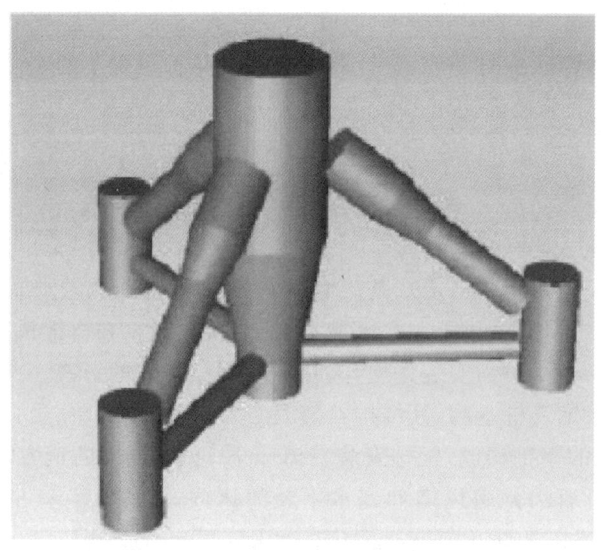

图 9-4　三脚架式基础示意图

三脚架式基础是由石油工业中轻型、经济的三只腿导管架发展而来的，由圆柱钢管构成。三脚架的中心钢管提供风力发电机塔架的基本支撑，类似于单桩结构，三脚架可采用垂直或倾斜套管，支撑在钢桩上。这种基础由单塔架机构简化演变而来，同时增强了周围结构的刚度和强度。钢桩嵌入深度与海床地质条件有关。

金风科技潮间带 2.5 MW 试验机组如东项目采用的就是三脚架式基础，如图 9-5 所示。

图 9-5　如东项目机组基础

2)浮式基础

浮式基础的概念最早是 1972 年麻省理工的 William E. Heronemus 提出的，随着海上浮式平台技术的成熟和世界海上风力发电的迅猛发展，这个概念更为人们所关注。

浮式基础按照基础上安装的风力发电机的数量分为多风机式和单风机式。多风机式是指在一个浮式基础上安装有多个风力发电机，但其稳定性不容易满足和所耗费的成本过高，一般不予考虑。单风机式主要参考现有的海洋石油开采平台而提出，因其技术上有参考，且成本较低，故是未来浮式基础发展的主要方向。

5. 海底电缆及电力传输设备

海上风电场除了风力发电机组设施之外，还有海底电缆、变压器和传输器等一些附属设施，按功能主要分为两种：一种是收集装置，另一种是传输装置。收集装置将各个发电机组产生的电收集起来，再通过变压器将电压升高，然后通过电缆将电输送出去。

二、海上风电场与陆地风电场的区别

1. 自然因素

海上的风能资源较陆地的多，同一高度的风速，海上的一般比陆地的大 20%，发电量海上风电场比陆地风电场高 70%，而且海上少有静风期，风力发电机组的利用效率较高。海上风的湍流强度低，因此作用在风力发电机组上的疲劳负荷减小，可延长其使用寿命。一般陆地风力发电机组的设计寿命为 20 年，海上风力发电机组的设计寿命可达 25 年或以上。

2. 工程因素

海上风电场建设施工和维修技术难度较大，建设成本高，风力发电机基础投资大约为陆地风电场的 10 倍，电力远距离输送和并网相对困难。海上风电场一般距离电网较远，且海底敷设电缆施工难度大，因此并网相对困难。海上风电场不占用紧缺的土地资源，远离城镇及居民生活区，对环境及景观的负面影响小。海上风电场的风力发电机组受噪声制约小，转速一般比陆地风电场的高 10%，风力发电机的利用效率相应地提高了 5%～6%。

3. 基础结构

海上风电场与陆地风电场的最大区别是基础结构。

(1)重力式基础。

用钢板制成圆筒形，底面焊接平钢板。重力式基础的优点是质量轻，便于普通船运，与吊装风力发电机相同的设备一起安放在海里，然后填充密度很大的橄榄石。

(2)单桩式基础。

(3)三角架式基础。

4. 其他

与陆地风电场相比，海上风电场中的设备所需的防腐蚀技术更为复杂、要求更高。海上风电场作为风电发展的最重要任务，对于海上风力发电机而言，最大的问题在于抗腐蚀、抗盐雾以及海上输配电，这些技术上的困难只能在实践中解决。海上风力发电机所处的环境恶劣，所需的防腐蚀技术比较复杂，需要分步、有针对性地进行。海上风力发电机组下部承托平台为钢筋混凝土结构，防腐蚀工作的重点在于对钢筋的防锈蚀保护，而海面以上部分主要受盐雾、海洋大气、飞溅浪花的腐蚀。

9.2 海上风电场的建设

海上风电场的建设包括三个阶段：设计阶段、施工阶段和运行阶段。

一、设计阶段

在设计阶段需要解决三个问题:如何选择风电场址、如何确定风力发电机基础、如何选取风力发电机组。

1. 场址选择

(1)风能资源调查。

(2)现场勘查。

(3)气象灾害影响。

(4)电网因素。

(5)环境及自然景观因素。

(6)电缆费用。

2. 基础确定

海上风力发电机的基础要承受水动力、空气动力的双重荷载作用,确定基础结构时,应该综合考虑风、浪、流的荷载特性,以及海底的地质条件和水深条件等。

(1)环境荷载。

(2)海底地质条件。

(3)水深条件。

(4)费用。

3. 风力发电机选取

风力发电机是海上风电场的核心产能设备,占整个风电场建设成本的50%左右。风力发电机的选取应该遵循安全可靠、高效经济的原则。

在风力发电机安全可靠地运行的前提下,还应该保证风力发电机的高效性和经济性。因此,在选择风力发电机时需要考虑叶片、传动系统等各组成部分的性能。

(1)叶片直径。

(2)叶片数目。

(3)翼尖速度。

(4)气动调节装置。

(5)风轮风向。

(6)传动系统。

二、施工阶段

海上风电场的施工主要分为基础施工和风力发电机安装两个部分。

1. 基础施工

目前海上风电场中最常用的基础是单桩式基础和重力式基础。

单桩式基础的施工应该通过综合考虑桩基直径、质量以及海床地质条件等各方面的因素来合理选择打桩锤。

重力式基础的施工应该考虑起重船的吊装能力。

2. 风力发电机安装

风力发电机的安装主要有海上分体安装和海上整体安装两种方式。海上分体安装就是在海上将风力发电机的各个零部件安装到一起，其安装设备有海上自升式平台、起重船和浮船坞等。海上整体安装包括陆上安装和海上运输两个部分。我国的大型起重船较多，无须改造就能进行施工，因此海上整体安装在国内较容易实现。

三、运行阶段

海上风电场在运行阶段会产生很多的问题，主要是设备的故障率较高，以机组叶片损坏、电缆疲劳损坏、齿轮箱损坏和变压器故障等最为常见。因此，需要对机组进行维护，包括定期的检查清洁和故障的维修处理。

四、海上风电场对环境的影响

海上风电场对环境的影响主要表现在以下几个方面：

(1)对海面景观的影响(主要指近海风电场)；

(2)对海底生物的影响以及对附近鸟类的影响；

(3)对海床的影响；

(4)对雷达信号的干扰；

(5)对附近海运航道的影响。

9.3 海上风力发电的现状与前景

目前全球海上风电场使用的风力发电机均为陆地风力发电机改造而成，而复杂的海上自然条件使得风力发电机的故障率居高不下。

一、世界海上风力发电现状

目前海上风力发电技术主要掌握在欧美国家。2000年丹麦在哥本哈根湾建设了世界上第一个具有商业化意义的海上风电场；到2006年底，全球海上风力发电装机容量只有100万千瓦，约占世界风力发电装机总容量的1.5%，其中欧盟约为90万千瓦；到2016年底，全球海上风力发电装机容量为1400万千瓦。

二、中国海上风力发电现状

根据中国可再生能源学会风能专业委员会(CWEA)数据，截至2016年底，我国已累计建成海上风力发电装机容量162万千瓦，初步具备了海上风力发电设计、施工及设备制造的能力。

三、海上风力发电发展前景

海上风力发电有其独特的优势，不需要占用土地资源就可以建设大型项目。海上的年发电时间一般可在3000小时以上，要比陆地的2000小时的发电时间长不少，利用效率大大高于陆地风电场。海上风力发电与其他新能源相比是最干净的，而且取之不尽用之不竭，既符合国家节能减排的政策要求，也符合我国可持续发展能力建设。和陆地风力发电相比，海上风力发电要面对更多的技术、人才难题和巨大的资金投入。陆地风电场安装一台风力发电机组，1 kW的成本是1万元，海上风电场则要两万元甚者更多。高成本还不是最主要的问题，由于中国海上风力发电起步较晚，技术发展和人才储备都很不够。

四、我国发展海上风力发电的优势和困难

截至2016年底，我国已累计建成海上风力发电装机容量162万千瓦。2009年，东海大桥海上示范风电场率先建成投产；之后的3年里，江苏如东30兆瓦和150兆瓦潮间带试验、示范风电场及其扩建工程陆续开工建成；2012年底，我国海上风电场累计装机容量接近40万千瓦；受海域使用推进缓慢等因素的影响，2013年海上风力发电发展明显放缓；2014年，我国海上风力发电新增并网容量约20万千瓦，全部位于江苏省；2015年，我国海上风力发电新增装机容量为36万千瓦，主要分布在江苏省和福建省；2016年，我国海上风力发电新增装机154台，容量达到59万千瓦，同比增长64%，我国海上风力发电占全国风力发电总装机容量的比重由2011年的0.42%上升至2016年的0.96%。

随着海上风电场规划规模的不断扩大，各主要风力发电机组整机制造厂都积极投入大功率海上风力发电机组的研发工作中，并在沿海地区进行安装调试。从海上风力发电机组设备来看，风力发电机组单机容量趋于大型化，新型大功率风力发电机正在逐步取代由陆地风力发电机组过渡而来的中小型风力发电机。目前，我国国内风力发电机组设备厂商单机容量最大的是6兆瓦级的海上风力发电机组，主要为联合动力、明阳风电、远景能源和金风科技的产品。

截至2016年底，在所有吊装的海上风力发电机组中，单机容量为4兆瓦的机组最多，累计装机容量达到74万千瓦，占海上装机容量的45.5%；其次是3兆瓦的机组，累计装机容量占比为14%。海上风力发电机组供应商共有10家，其中累计装机容量达到15万千瓦以上的机组制造商有上海电气、远景能源、华锐风电、金风科技，这4家企业的海上风力发电机组装机容量占海上风力发电机组装机总量的90.1%，上海电气以58.3%的占比拔得海上风力发电机组供应量头筹。

1.优势

1)我国近海风能资源丰富

目前，我国海上风力发电开发已经进入了规模化、商业化的发展阶段。我国海上风能资源丰富，根据全国普查结果，我国5～25米水深、50米高度的海上风力发电开发潜力约为2亿千瓦；5～50米水深、70米高度的海上风力发电开发潜力约为5亿千瓦。根据各省海上风力发电规划，全国海上风力发电规划总量超过8000万千瓦，重点布局分布在江苏、浙江、福建、广东等省，行业开发前景广阔。

2)发展起点高、速度快

目前，我国海上风电场的建设主要集中在浅海海域，且呈现由近海到远海、由浅水到深水、由小规模示范到大规模集中开发的特点。为了获取更多的海上风能资源，海上风力发电项目将逐渐向深海、远海方向发展。随着场址离岸越来越远，海上风力发电机组基础和送出工程成本等将逐步增加，另外对运行维护服务的要求也会更高，运行维护成本也会随之增加，故深海、远海的海上风力发电项目在经济性上仍存在较大的风险，需要柔性直流输电技术、漂浮式基础、海上移动运行维护基地的快速发展，为我国远海风力发电的开发提供必要的支撑。

3)国家政策的大力扶持

近几年，国内开始大力发展海上风力发电，我国东部沿海的经济发展和电网特点与欧洲的类似，适于大规模发展海上风力发电，国家已经推出了江苏及山东沿海两个千万千瓦级风力发

电基地的建设规划，并出台了《海上风电开发建设管理暂行办法》。2010年我国第一个海上风力发电示范项目——上海东海大桥102 MW海上风电场的34台机组已经实现并网发电，标志着我国海上风力发电的发展开始启动。到2021年底，风力发电累计并网装机容量确保达到3亿千瓦以上，其中海上风力发电并网装机容量达到500万千瓦以上，风力发电年发电量确保达到4200亿千瓦，约占全国总发电量的6%。“十三五”期间我国重点推动江苏、浙江、福建、广东等省的海上风力发电建设，到2021年这四省的海上风力发电建设规模均达到百万千瓦以上，积极推动天津、河北、上海、海南等省(市)的海上风力发电建设，探索性地推进辽宁、山东、广西等省(区)的海上风力发电项目。2020年，全国海上风力发电建设规模达到1000万千瓦，累计并网容量达到500万千瓦以上。我们认为，未来随着海上风力发电建设成本的逐渐下降，海上风力发电有望迎来快速增长。

4)机组逐步国产化、大型化

华锐、金风、湘电等一批风力发电机组整机制造厂家都致力于海上风力发电机组的研发工作，海上风力发电机组基本已经实现国产化。近年来，海上风力发电发展缓慢，一定程度上影响了风力发电机组整机制造厂家的积极性。目前，我国大部分风力发电机组整机制造厂家研发的海上风力发电机组都没有长时间、大批量的运行经验，基本处于机组设计研发、样机试运行阶段。从陆地风力发电的发展历程中可以看出，在巨大的市场需求的带动下，海上风力发电机组将逐步实现国产化。

由于海上施工条件恶劣，单台风力发电机组的基础施工和吊装费用远远大于陆地风力发电机组的施工费用，大容量的风力发电机组虽然在单机基础施工及吊装上的投资较高，但由于数量少，在降低风电场总投资上具有一定的优势，因此各风力发电机组整机制造厂家均致力于海上大容量风力发电机组的研发。目前，国内研发的最大单机容量已经达到6兆瓦，其中联合动力研发的6兆瓦机组已经在山东潍坊试运行，明阳研发的6兆瓦机组已在江苏海上试运行，金风研发的6兆瓦直驱机组也已在江苏大丰陆上试运行。

5)运行维护市场增长速度快

海上风电场的运行维护内容主要包括风力发电机组、塔筒及基础、升压站、海缆等设备的预防性维护、故障维护和定检维护，这些是海上风力发电发展十分重要的产业链。近年来，欧洲成为全球风力发电运行维护服务市场的大蛋糕。相比于欧洲，国内海上风力发电起步晚，缺乏专业的配套装备，运行维护效率低、安全风险大。未来随着海上风力发电装机容量的增加，势必带动相关产业快速发展。

6)建设成本呈小幅度降低趋势

巨大的市场需求将带动海上风力发电机组迅猛发展，随着大量海上风力发电机组的批量生产、吊装、并网运行，机组和配套零部件等的价格会呈现明显的下降趋势。随着海上风力发电机组成熟度的不断提高，国内厂家之间的竞争越来越激烈，机组价格在“十三五”末期下降。另外，海上升压站、高压海缆等的价格随着产业化程度的提高，进一步下降的趋势明显；随着施工技术的成熟、建设规模的扩大、施工船机的专业化，海上风力发电的施工成本将大幅度降低。目前，我国海上风力发电开发成本因离岸距离、水深、地质条件等的不同而差异较大，每千瓦的投资一般为15 000～19 000元。

7)配套产业发展日趋完善

目前，我国海上风力发电设计更多地受制于施工能力，大多是基于现有的运输船只、打桩设备、吊装设备等来设计一个相对经济、可行的方案。我国海上风力发电建设尚处于起步阶段，缺乏专业的施工队伍，施工能力较弱，以至于在设计过程中优化空间较小。随着海上风力发电项目的开工建设，将大大提高我国海上风力发电的施工能力，并逐渐形成一些专业的施工队伍，施工能力的提高反过来又为设计优化提供了更大的空间。

根据海上风力发电市场的需要，未来将出现一大批以运行、维护为主的专业团队，为投资企业提供全面、专业的服务。此外，海上风力发电装备标准、产品检测和认证体系等也将逐步建立并完善。毫无疑问，在海上风力发电项目的逐步发展过程中，海上风力发电设计、施工等将累积丰富的经验，相关配套产业的发展也将日趋完善。

2. 不足

(1)对近海风能资源的调查不够。

(2)产业和技术的发展相对落后。

(3)自主研发力量严重不足。

(4)电网制约。和陆地风力发电一样，海上风力发电也将遭遇并网难题，其难度甚至远远高于陆地风力发电。

(5)海上风力发电的技术难题。

对于海上风力发电机组，如果是一台机组有问题，可以找到安装工具，但若是一批机组有问题而需要拆卸的话，那么投入产出比就太大了。

海上风力发电机的最大挑战来自研发设计。根据风能资源环境，先要保证风力发电机组是能抗击台风的。欧洲的台风很少，而在中国则必须要面对这样的考验。比如台风“鲶鱼”在福建登陆时，有些公司的风力发电机就不行了。除了风力发电机的制造难度外，海洋工程同样也是中国海上风力发电发展的关键因素。

练习与提高

1. 海上风电场的主要特点是什么?
2. 海上风电场与陆地风电场的区别是什么?
3. 海上风电场的建设包括哪些内容?
4. 简述我国海上风力发电的发展现状。

第 10 章
偏远地区供电系统

10

本章概要

本章简要地介绍了偏远地区的供电方式和供电模式。

10.1 偏远地区的供电方式

电是人们生活中离不开的动力来源，随着社会的进步和人们生活水平的不断提高，人们对电的依赖越来越强。由于一些村镇及散居农牧户地处山区、沙漠、高原、海岛、湖泊等偏远地方，远离电网，用电负荷小而且分散，电网很难延伸到这些地方。除此之外，部队的边防哨所、邮电通信的中继站、公路和铁路的信号站、地质勘探和野外考察的工作站也难以利用电网实现有效供电。要解决长期稳定可靠地供电这一问题，只能依赖当地的自然能源。我国风能、太阳能资源丰富，可利用的风能资源约 2.5 亿千瓦，主要分布在沿海和内蒙古—甘肃—新疆一线的两大风带，有效风能密度在 200 瓦/米^{2}以上；我国 2/3 以上地区的年日照大于 2000 小时，年均辐射量约为 5900 兆焦耳/米^2，青藏高原、内蒙古、宁夏、甘肃北部、陕西、河北西北部、新疆南部和东北部的光照尤为突出，而我国大多数缺电人口恰好主要分布在这些地区。在各种能源中，太阳能和风能是最普遍的自然资源，也是取之不尽、用之不竭的可再生能源。柴油发电机是最常用的独立电源，但柴油的储运对于偏远地区来说成本太高，而且难以保障，所以柴油发电机可以作为一种短时的应急电源。出于实用性和经济性的考虑，风能和太阳能成为独立电源系统能量来源的最佳选择。由于无论是风能还是太阳能，它们都受到时间以及气候的各种限制，鉴于此，可以把风能和太阳能有机地结合起来，使它们互为补充，共同成为独立电源系统的能量来源，那么该系统将成为最经济、最合理的供电系统，也将较好地解决偏远地区供电困难的问题，满足偏远地区的用电需求。

一、我国太阳能发电现状

太阳能发电主要有两种方法：一种是将太阳能转换为热能，然后按常规方式发电，称为太阳能热发电；另一种是通过光电器件利用光生伏特效应将太阳能直接转换为电能，称为太阳能光伏发电。

“十二五”时期，国务院发布了《国务院关于促进光伏产业健康发展的若干意见》，光伏产业政策体系逐步完善，光伏技术取得显著进步，市场规模快速扩大。同时，太阳能热发电技术和装备实现突破，首座商业化运营的电站投入运行，产业链初步建立。太阳能热利用持续稳定发展，并向供暖、制冷及工农业供热等领域扩展。

截至 2017 年底，中国太阳能光伏发电累计装机容量达到 130.25 GW，而此前太阳能光伏发电累计装机容量“十三五”规划目标仅为 105 GW，已经提前并超额完成了“十三五”规划目标，如图 10-1 所示。

新增装机容量方面，2017 年中国太阳能光伏发电新增装机容量为 53.06 GW，同比增加 18.52 GW，增速高达 53.62%，再次刷新历史高位，如图 10-2 所示。从新增装机布局方面看，由西北地区向中东部地区转移的趋势明显。华东地区新增装机容量为 1467 万千瓦，同比增加1.7 倍，占全国的 27.7%；华中地区新增装机容量为 1064 万千瓦，同比增长 70%，占全国的 20%；西北地区新增装机容量为 622 万千瓦，同比下降 36%。

在装机格局上，受补贴拖欠、土地资源和指标规模有限、分布式光伏的爆发式增长等多重因素的制约，光伏电站增速开始呈现放缓迹象。2017 年，我国太阳能光伏电站新增装机容量为

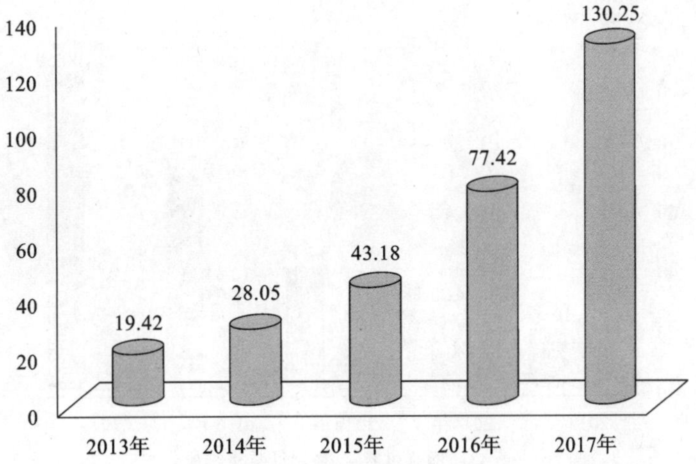

图 10-1 2013—2017 年我国太阳能光伏发电累计装机容量(单位:GW)

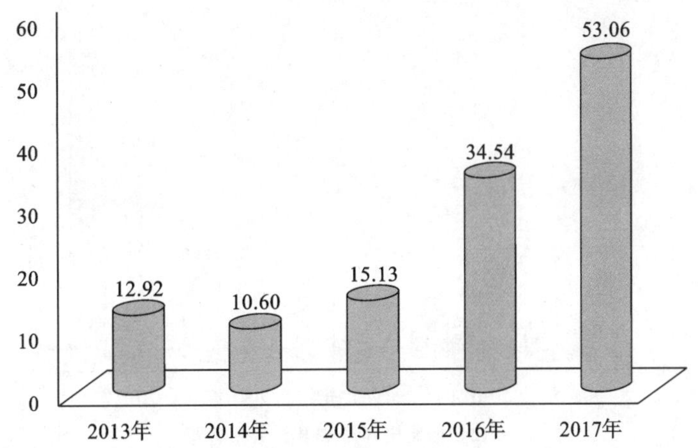

图 10-2 2013—2017 年我国太阳能光伏发电新增装机容量(单位:GW)

33.62 GW,同比增加 3.31 GW,增幅仅有 11%,而 2016 年的增幅却高达 121%,2015 年增幅也超过了 60%,如图 10-3 所示。

相比之下,太阳能分布式光伏装机容量则出现爆发式增长。2017 年,我国太阳能分布式光伏新增装机容量为 19.44 GW,同比增加 15.21 GW,增幅高达 3.7 倍,占总的新增装机容量的比重为 36.64%,较 2016 年提升了 24.39 个百分点,并创历史新高,如图 10-4 所示。

根据《太阳能发展"十三五"规划》,到 2020 年底,太阳能发电装机容量达到 1.1 亿千瓦以上,其中光伏发电装机容量达到 1.05 亿千瓦以上,在"十二五"规划的基础上每年保持稳定的发展规模,太阳能热发电装机容量达到 500 万千瓦,太阳能热利用集热面积达到 8 亿平方米。到 2020 年,太阳能年利用量达到 1.4 亿吨标准煤以上。

分布式光伏加速普及。分布式光伏电站采用"自发自用、余电上网"的模式,弃光率低,大部分电量可实现就地消纳。这种模式能够对局部区域用电压力起到较好的缓解作用,经有效调度调剂,能够降低区域电网的运行压力。随着太阳能消费占比的逐步提升,结合分布式光伏电站在开发建设上的优越性,未来分布式光伏电站项目将加速铺开建设。

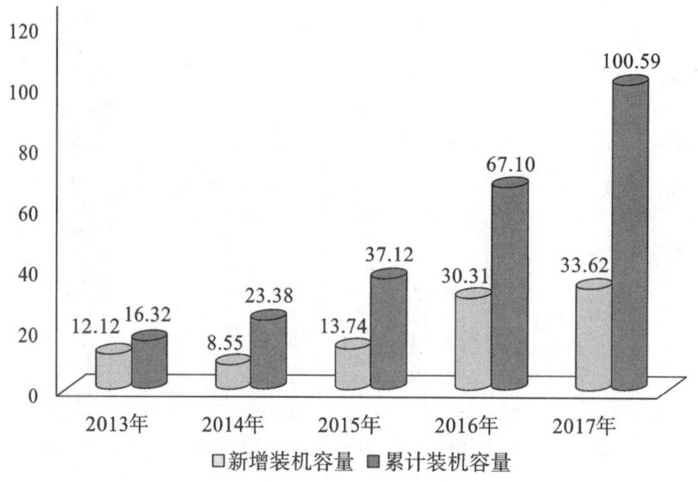

图 10-3 2013—2017 年我国太阳能光伏电站累计及新增装机容量(单位:GW)

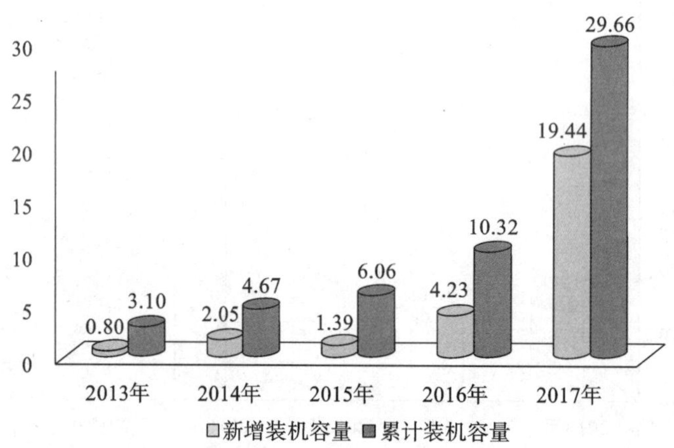

图 10-4 2013—2017 年我国太阳能分布式光伏累计及新增装机容量(单位:GW)

二、我国风能发电现状

2016 年的风电市场由中国、美国、德国和印度引领,法国、土耳其和荷兰等国的表现超过预期,尽管在年新增装机容量上,2016 年未能超过创纪录的 2015 年,但仍然达到了一个相当令人满意的水平。根据全球风能理事会发布的《全球风电发展年报》显示,2016 年全球风电新增装机容量为 54 600 MW,同比下降 14.2%,其中中国风电新增装机容量达 23 328 MW,占 2016 年全球风电新增装机容量的 42.7%。到 2016 年年底,全球风电累计装机容量达到 486 749 MW,累计同比增长 12.5%,如图 10-5 所示,其中截至 2016 年底,中国风电累计装机总量达到 168 690 MW,占全球风电累计装机总量的 34.7%。

目前,我国已经成为全球风力发电规模最大、增长最快的市场。根据全球风能理事会的统计数据,全球风电累计装机容量从截至 2001 年 12 月 31 日的 23 900 MW 增至截至 2016 年 12 月 31 日的 486 749 MW,年复合增长率为 22.25%,而同期我国风电累计装机容量的年复合增长率为 49.53%,年复合增长率位居全球第一;2016 年,我国新增风电装机容量为 23 328 MW,占当年全球新增装机容量的 42.7%,位居全球第一。

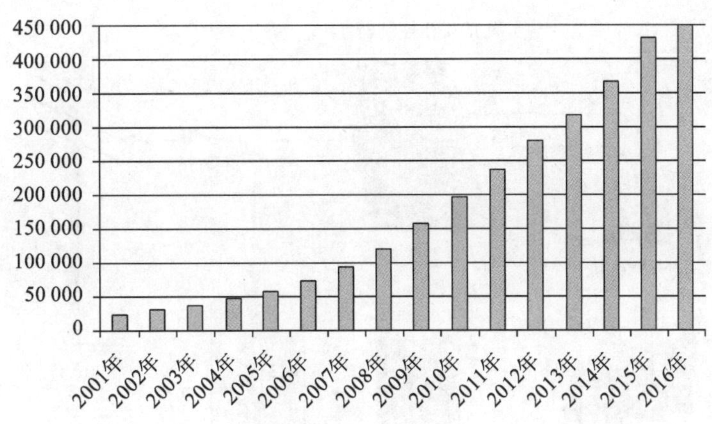

图 10-5 2001—2016 年全球风电累计装机容量(单位:MW)

三、太阳能/风能的综合利用

太阳能和风能都是具有不确定性的能源,受到自然环境的制约。风能主要随季节变化,而且具有间歇性地瞬时变化的特征;太阳能不但受制于季节变化,而且只能在白天使用。单独利用太阳能和风能都有很多弊端,但风能和太阳能在时间分布上有很强的互补性,这种互补性表现在两个方面:一是季节互补,在中国,冬天太阳能较弱,风能充足,夏天风能较弱,太阳能充足;二是白天夜晚互补,白天太阳能充足时风能较弱,到了晚上没有太阳能时,由于地表温差较大,风能就较为充足。因此,这两种能源互补使用,比单独使用其中一种能源更为有效稳定,不但提高了能源利用率,而且能够降低成本,扩大系统的应用范围,提高产品的可靠性。风光互补独立供电系统将风能和太阳能互补使用,为用户提供清洁、环保的电能。风光互补发电站采用风光互补发电系统,风光互补发电系统主要由风力发电机、太阳能电池方阵、智能控制器、蓄电池组、多功能逆变器、电缆及支撑和辅助件等组成。夜间和阴雨天无阳光时由风能发电,晴天时由太阳能发电,在既有风又有太阳的情况下两者同时发挥作用,实现了全天候的发电功能,比单用风能或太阳能更经济、科学、实用,适用于道路照明、农业、牧业、种植业、养殖业、旅游业、广告业、服务业、港口、山区、林区、铁路、石油、部队边防哨所、通信中继站、公路和铁路信号站、地质勘探和野外考察工作站及其他用电不便的地区。

风光互补发电系统是一套发电应用系统,该系统利用太阳能电池方阵、风力发电机(将交流电转换为直流电)将发出的电能存储到蓄电池组中,当用户需要用电时,逆变器将蓄电池组中储存的直流电转变为交流电,通过输电线路送到用户负载处;对于富余的电能,则将其送入外电网。由于是风力发电机和太阳能电池方阵两种发电设备共同发电,因此可以在资源上弥补风电和光电独立系统的缺陷:实现昼夜互补——中午太阳能发电,夜晚风能发电;季节互补——夏季日照强烈,冬季风能强盛;稳定性高——利用风光的天然互补性,大大提高系统供电的稳定性。

小型风光互补发电系统一般由一个或几个中小型的风力发电机与若干太阳能电池组件组成。电力送入风光互补控制器后先转换成直流电,根据控制需要可向蓄电池组充电,或者将直流电逆变成交流电。小型风光互补发电系统可以是离网的独立供电系统,发出的交流电供用户自己使用,也可以组成并网系统,把多余的交流电送向电网。图 10-6 所示是小型风光互补发电系统示意图。

图 10-7 所示是小型风光互补发电系统主电路示意图,该系统由有风电的直流变换电路、光伏输入的直流变换电路、产生工频的逆变电路以及相关的检测与控制电路组成。为了使系统能

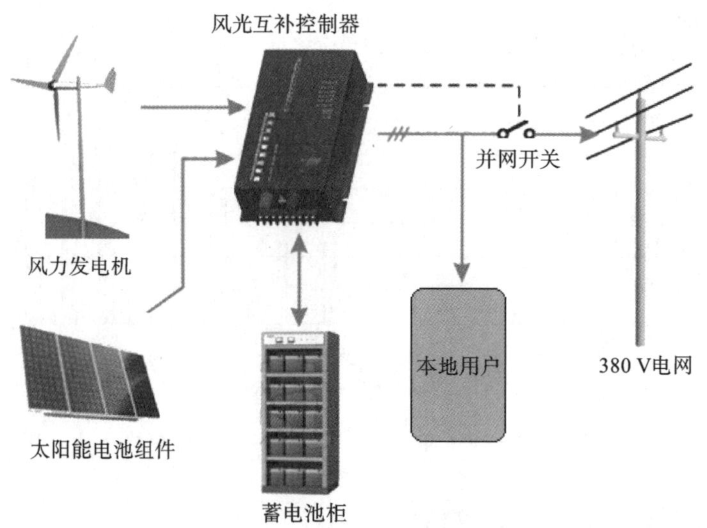

图 10-6　小型风光互补发电系统示意图

满足常用电器的需要,系统多余的电量送入外电网,系统输出为 380 V 三相交流电。逆变器具有并网功能,它由三相桥式逆变电路组成,输出电路有滤波器,滤波器的类型根据本地负荷与电网的特性选择。逆变器的输出供本地用户使用,可通过并网开关连接外电网。逆变器从直流母线输入,为了使逆变器正常工作,直流母线电压应在 650 V 左右。小型逆变器若蓄电池电压较低,直流母线电压也会较低,故需在逆变器直流输入侧增加升压电路。一般风力发电机的输出为交流电,1 kW 以下的微型风力发电机有低压单相交流输出或三相交流输出,1 kW 以上的小型风力发电机为三相交流输出。小型风力发电机多自带整流器,许多小型风力发电机可选配各种控制器。

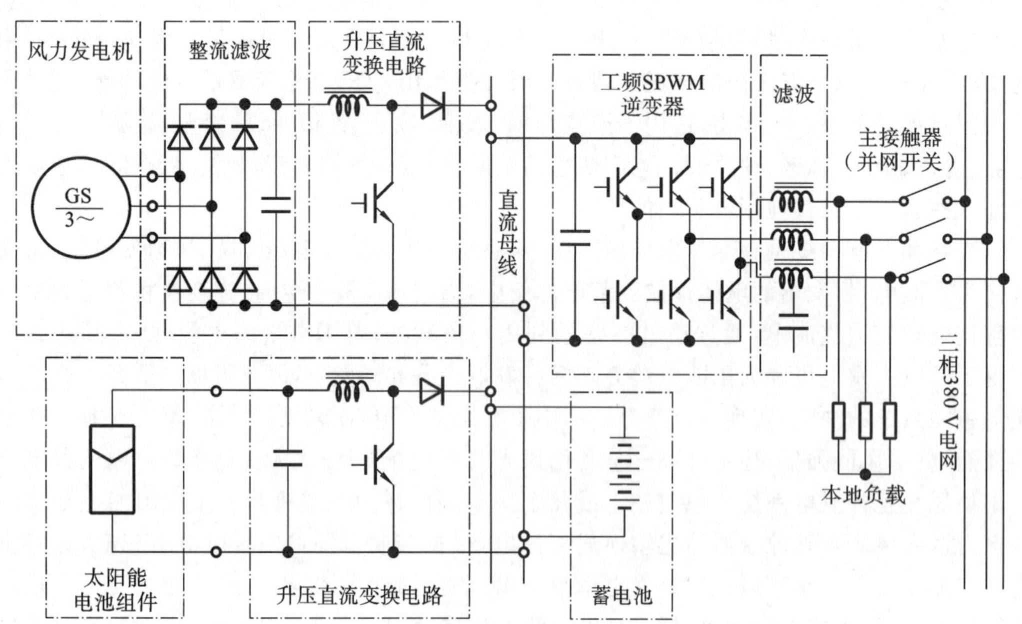

图 10-7　小型(容量为数千瓦至数十千瓦)风光互补发电系统主电路示意图

四、柴油发电机组

1. 柴油发电机组的特点和组成

柴油发电机组是一种小型发电设备，是指以柴油等为燃料，以柴油机为原动机带动发电机发电的动力机械。整套机组一般由柴油机、发电机、控制箱、燃油箱、启动和控制用蓄电瓶、保护装置、应急柜等部件组成。整体可以固定在基础上，供定位使用；亦可装在拖车上，供移动使用。柴油发电机组属于非连续运行发电设备，若连续运行超过 12 h，其输出功率约低于额定功率的 90%。尽管柴油发电机组的功率较低，但由于其体积小、灵活轻便、配套齐全、便于操作和维护，所以广泛应用于矿山、铁路、野外工地、道路交通维护，以及工厂、企业、医院等，作为备用电源或临时电源。柴油发电机组适用于市电电网不能输送到通信局站、矿区、林区、牧区和国防工程等场合，要求能独立供电，作为动力和照明的主电源。

2. 柴油、机油和冷却液的选用

(1)柴油的选用。

应根据柴油机的使用环境温度来选择柴油。在气候炎热的南方地区，可选用凝点高的轻柴油；在寒冷的北方地区，需选用凝点低的轻柴油。柴油中所含水分和机械杂质越少越好，否则易引起滤清器堵塞和零件锈蚀。柴油的凝点起码要比柴油机的使用环境温度低 10～16 ℃，以保证其必要的流动性。

(2)机油的选用。

机油主要用来润滑柴油机的运动件并对这些运动件起到冷却散热、带走杂质和防止锈蚀的作用。所用机油的等级及品质除对柴油机有影响外，还对机油的使用期限有一定影响。为此，用户应根据不同的柴油机型号和使用环境温度等来选用适当规格的机油。

(3)冷却液的选用。

冷却液主要用于冷却系统或者直接冷却柴油机。常用的冷却液为清洁的淡水，如雨水、自来水或澄清的河水，如果直接采用井水或地下水(硬水)，因它们含有较多的矿物质，容易在柴油机水腔内形成水垢，影响冷却液效果而造成故障，如果条件限制而只有硬水，必须将其轻软化处理后才可使用。

3. 柴油发电机组在高原地区使用时应注意的问题

由于高原地区自然条件的特殊性，柴油发电机组在这类地区与在平原地区使用时具有一些不同的特点，这就给柴油发电机组在性能和使用上带来了许多变化。由于高原地区气压低、空气稀薄、含氧量少、环境温度低，自然进气的柴油发电机组常因进气不足而使燃烧条件变差，致使柴油发电机组不能发出原定的标称功率。一般来说，柴油发电机组在高原地区使用时，海拔每升高 1000 m，出力率降低为 10%左右。考虑到高原条件下着火延迟的倾向，为了提高柴油发电机组运行的经济性，应适当调整通常使用的非增压型柴油发电机组的喷油提前角。

海拔的升高将导致柴油发电机组的动力性降低、排气温度上升，因此在选用柴油发电机组时应考虑其高原工作能力，以避免其投入使用后超负荷运行。

近年的试验证明，在高原地区使用的柴油发电机组，可采用废气涡轮增压的方法作为高原功率下降的补偿。采用废气涡轮增压的方法，不但可以适当弥补柴油发电机组在高原条件下工作功率的下降，而且还可改善烟色、恢复动力性和降低燃油消耗率。随着海拔的升高，高原地区的环境温度将比平原地区的低，一般海拔每升高 100 m，环境温度下降 0.6 ℃左右，再加上高原地区空气稀薄，因而柴油发电机组的启动性能要比平原地区的差，所以在高原地区使用柴油发电机组时，应采取与低温启动相适应的辅助启动措施。海拔的升高将导致水的沸点降低，使冷却空气的风压和质量减小，每千瓦功率单位时间内的散热量增加，从而使得柴油发电机组冷却系统的散热条件比平原地区的差。所以，一般在高海拔地区不宜使冷却液在其沸点温度下使用。

10.2 偏远地区的供电模式

我国农村偏远地区主要采用低压交流微电网结构形式。根据微电源情况，微电网可分为独立微源类微电网和多能互补类微电网两大类。

一、农村偏远地区的微电网

1. 独立微源类微电网

独立微源类微电网是指仅以一种分布式电源为主供电源，适当配置储能设备的微电网，主要包括以风力发电、光伏发电、小水电、燃气轮机发电、生物质能发电或其他分布式电源为主的微电网。独立微源类微电网（以风力发电为例）的结构示意图如图 10-8 所示。

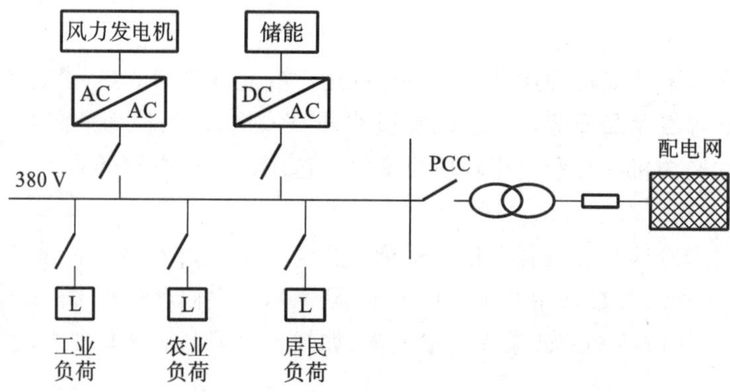

图 10-8 独立微源类微电网的结构示意图

风力发电和光伏发电是比较成熟的可再生能源发电形式，已经形成了一定的产业化规模。以风力发电为主的微电网比较适合应用于风力资源较好但大电网未能覆盖的偏远地区，包括山区、海岛和草原等。并网型光伏微电网适合应用于经济较发达且太阳能资源较好的地区，离网型光伏微电网则适合应用于偏远地区的工业应用及无电地区的居民用电。

农村小水电多为径流式，流量小且存在枯水期的问题，构建以小水电为主的微电网需要配置一定容量的储能装置，增加了建设成本。

以微型燃气轮机发电为主的微电网，可实现冷热电联供，能源利用效率大幅度提高。由于这种微电网出力比较稳定，一般不需要额外配置储能装置。该类型的微电网通常采用冷热定电模式，首先满足热负荷需求，所发电力就地消纳。

以生物质能发电为基础构造的微电网，既能有效利用废弃资源，又能为周边负荷提供电力，提高了供电可靠性，适宜推广应用于生物质资源丰富的农村地区。

除以上资源可作为微电网中可利用的分布式电源之外，还可利用的其他分布式电源有海洋能、地热能等。随着一些新兴清洁能源利用方式的出现,分布式电源的种类更加多元化。

2. 多能互补类微电网

多能互补类微电网是指采用多种可再生能源互补发电的微电网,主要包括风光储互补、风光柴储互补、风光水互补等形式。多能互补类微电网(以风光储互补为例)的结构示意图如图 10-9 所示。

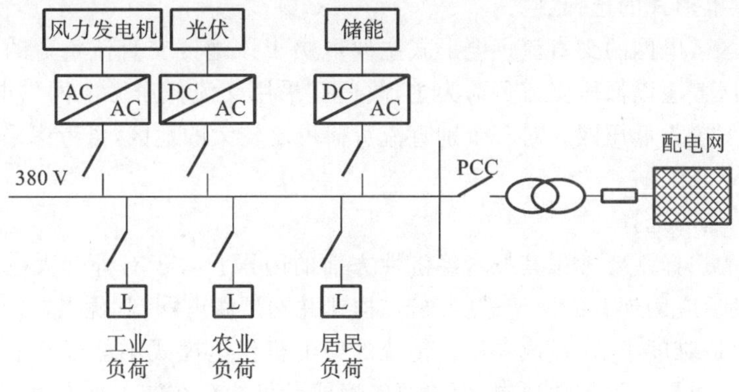

图 10-9　多能互补类微电网的结构示意图

风光储微电网是指以风力发电和光伏发电为主要供电形式的微电网。利用风能和太阳能在时间分布上的互补性,合理配置风、光的发电比例,并配置一定容量的储能装置,以提高供电可靠性。该类型的微电网使用较为广泛,在城市、农村及海岛均有应用。

在风光储互补形式的基础上添加柴油机,以稳定出力,即构成风光柴储微电网。该类型的微电网在自然资源丰富的海岛和农村地区有很大的应用价值,既可采用集中电站供电的形式,又可采用以屋顶光伏和小型风力发电机为主的分散式发电形式。

对于海岛地区,还可以考虑采用风光储加各类海洋能的微电网供电模式,海洋能包括波浪能、潮汐能、潮流能、海流能、海水盐差能和海水温差能等形式。

二、农村偏远地区用电负荷分类及微电网规划

1. 农村偏远地区用电负荷分类

农村偏远地区的用电负荷大致可分成三类,即农村工业负荷、农村农业负荷和农村居民负荷。

农村工业负荷包括传统工业负荷和加工工业负荷,用电设备种类繁多。农村工业负荷普遍对供电可靠性要求较高,可以自备柴油机等备用电源。一些偏远地区存在军用设施,其对可靠性要求较高,故纳入此类负荷。

农村农业负荷一般可分为种植农业负荷和养殖农业负荷两大类,用电设备主要包括灌溉水泵、循环水泵、消毒设备等。部分养殖农业负荷对可靠性要求较高。

农村居民用电设备主要有各类家用电器、照明装置等,在夜间有明显的用电高峰,这类负荷对用电可靠性要求相对较低。

2. 农村偏远地区微电网规划的基本原则

在开展农村偏远地区微电网规划设计时应遵循的基本原则为:

(1)以自然村的形式,结合当地电源和负荷的特性,充分利用自然资源;

(2)分布式发电就地消纳,容量配置和设备选型适当考虑当地的经济、负荷发展情况;

(3)微电网应结构简单、安全可靠,实现实用化组网目标。

三、农村偏远地区微电网供电模式的配置方法

农村偏远地区微电网供电模式的优化配置主要考虑交直流供电形式、离并网类型、微电源接入形式、微电源类型这四个方面。

(1)交直流供电形式的选择。

农村偏远地区微电网的交直流供电形式主要取决于该地区交直流负荷的数量情况。由于广大农村偏远地区普遍以低压交流负荷为主,故适宜采用交流低压微电网供电形式,少量直流负荷可以通过逆变接入低压网。对于个别直流负荷占比较大的地区,可考虑采用直流微电网供电形式。

(2)离并网类型的选择。

离并网类型的选择主要考虑其技术经济性方面的因素。对于有外部大电网供电支持的农村偏远地区,应灵活应用现有的网架进行改造,构建并网型微电网,其优点在于可以将大电网作为备用电源,且改造难度小,建设成本低。传统的柴油机供电模式不能很好地保证当地居民和工农业负荷的供电质量和可靠性要求,而输电走廊建设可能存在施工难度大、造价高等问题,此时宜构建离并网型的微电网。

(3)微电源接入形式的选择。

微电源接入形式主要根据负荷及可再生能源的分布特点来确定。对于用户分散居住的地区、具有多个分布式电源的地区以及一些因供电半径过长而导致电压偏低的地区,适宜利用分布式资源构建微电网;对于可再生能源较为集中、负荷相对较大的地区,可以采用集中电站形式的微电网。

(4)微电源类型的选择。

微电源类型的选择主要从最大限度地利用当地自然资源的角度考虑,并兼顾技术经济性。

并网型结构中,对于农村工业和农业负荷用户,可考虑构建基于屋顶光伏系统的微电网,如风能和生物质能较为丰富,可以利用小型风力发电机和生物质能作为主要的分布式电源;对于可靠性要求极高的养殖业用户,可考虑采用柴油机或储能设备;对于有冷热负荷需求的用户,可以建立微型燃气轮机冷热电联供系统。

离网型微电网需要考虑采用柴油机发电、微型燃气轮机发电、小水电发电、生物质能发电或储能等设备,以稳定出力和调节频率。对于具有重要负荷的偏远地区,建议采用风光柴储、风光水储等多能互补的微电网形式;对于海岛地区,还可以考虑风光储加各类海流能互补的微电网形式;对于水利资源丰富的地区,可以考虑构建以小水电为主的微电网形式。

四、微电网应用案例

以广东某偏远山区为例。

1. 基本情况

该偏远山区面积近 30 km^2,远离最近的乡镇约 20 km,共有 177 家用户,以分散居住为主。该地区用电负荷基本为农村居民用电,含有少量农业负荷,典型的日负荷曲线图如图 10-10 所示。

该地区供电半径大,部分用户电压偏低;该地区属于三类太阳能资源区,日照强度约为 0.1 W/cm^2;该地区属于四类风能资源区,多年最大风速约为 21.0 m/s;该地区其他可再生资源

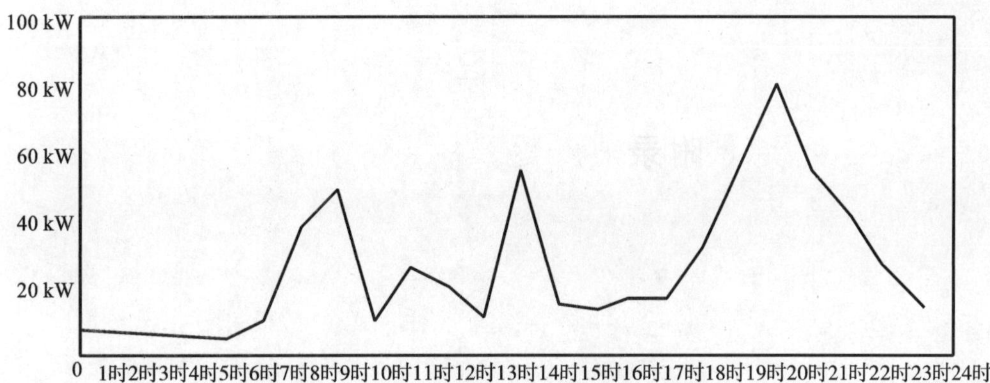

图 10-10　某地区典型的日负荷曲线图

较少。

2. 初步分析

通过分析可知，该地区原来建有的低压配电网络可改造为并网型低压交流微电网。由于该地区用户较分散，以居民用电为主，存在部分农业负荷，远端用户低电压问题突出，故可考虑采用分布式电源分散接入的形式解决用电问题。该地区的资源主要为风光资源，可考虑小型直驱风力发电机和屋顶光伏供电，必要时可辅以一定容量的储能设备，构成风光储型微电网。

3. 改造后的微电网应用效果

根据当地的实际情况，增加了两台小型风力发电机和若干个屋顶光伏发电站，接入改造后的并网型低压交流微电网，低压回路沿线各用户电压均有所改善，最低电压从 321 V 提升至 380 V，应用效果良好。

练习与提高

1. 解决偏远地区供电困难的途径有哪些？
2. 偏远地区的供电模式有哪些？各有什么特点？

附录

附录A 风电场场址选择技术规定

第一章 总则

第一条 为了统一和规范风电场场址选择的内容、深度和技术要求，制定《风电场场址选择技术规定》（以下简称本规定）。

第二条 本规定适用于规划建设的大型风电场项目，其它风电场项目可参照执行。

第二章 工作内容和深度

第三条 风能资源。

1. 建设风电场最基本的条件是要有能量丰富、风向稳定的风能资源，选择风电场场址时应尽量选择风能资源丰富的场址。

2. 现有测风数据是最有价值的资料，中国气象科学研究院和部分省区的有关部门绘制了全国或地区的风能资源分布图，按照风功率密度和有效风速出现小时数进行风能资源区划，标明了风能丰富的区域，可用于指导宏观选址。有些省区已进行过风能资源的测量，可以向有关部门咨询，尽量收集候选场址已有的测风数据或已建风电场的运行记录，对场址风能资源进行评估。

3. 某些地区完全没有或者只有很少现成测风数据；还有些区域地形复杂，即使有现成资料用来推算测站附近的风况，其可靠性也受到限制。在风电场场址选择时可采用以下定性方法初步判断风能资源是否丰富。

（1）地形地貌特征判别法。

可利用地形地貌特征，对缺少现成测风数据的丘陵和山地进行风能资源粗估。地形图是表明地形地貌特征的主要工具，应采用1∶50 000的地形图，能够较详细地反映出地形特征。

①从地形图上可以判别发生较高平均风速的典型特征是：a. 经常发生强烈气压梯度的区域内的隘口和峡谷；b. 从山脉向下延伸的长峡谷；c. 高原和台地，强烈高空风区域内暴露的山脊和山峰；d. 强烈高空风，或温度/压力梯度区域内暴露的海岸；e. 岛屿的迎风和侧风角。

②从地形图上可以判别发生较低平均风速的典型特征是：a. 垂直于高处盛行风向的峡谷；b. 盆地；c. 表面粗糙度大的区域，例如森林覆盖的平地。

（2）植物变形判别法。

植物因长期被风吹而导致永久变形的程度可以反映该地区风力特性的一般情况。特别是树的高度和形状能够作为记录多年持续的风力强度和主风向证据。树的变形受几种因素影响，包括树的种类、高度、暴露在风中的程度、生长季节和非生长季节的平均风速、年平均风速和持续的风向。已经发现年平均风速是与树的变形程度最相关的因素。

（3）风成地貌判别法。

地表物质会因风而移动和沉积，形成干盐湖、沙丘和其它风成地貌，表明附近存在固定方向的强风，如在山的迎风坡岩石裸露，背风坡砂砾堆积。在缺少风速数据的地方，利用风成地貌有助于初步了解当地的风况。

（4）当地居民调查判别法。

有些地区由于气候的特殊性，各种风况特征不明显，可通过对当地长期居住居民的询问调查，定性了解该地区风能资源的情况。

第四条　风电场联网条件。

1. 风电场场址选择时应尽量靠近合适电压等级的变电站或电网，并网点短路容量应足够大。

2. 各级电压线路的一般使用范围如附表 A-1 所示。

附表 A-1　各级电压线路的一般输送容量和输电距离

额定电压/kV	输送容量/MW	输电距离/km
35	2～10	20～50
60	3.5～30	30～100
110	10～50	50～150
220	100～500	100～300
330	200～800	200～600
500	1000～1500	150～850
750	2000～2500	500 以上

第五条　交通运输和施工安装条件。

1. 对外交通。

风能资源丰富的地区一般都在比较偏远的地区，如山脊、戈壁滩、草原、海滩和海岛等，大多数场址需要拓宽现有道路并新修部分道路以满足设备的运输。在风电场选址时，应了解候选风电场周围交通运输情况，对风况相似的场址，尽量选择那些离已有公路较近，对外交通方便的场址，以利于减少道路的投资。

2. 施工安装条件。

收集候选场址周围地形图，分析地形情况。地形复杂，不利于设备的运输、安装和管理，装机规模也受到限制，难以实现规模开发，场内交通道路投资相对也大。场址选择时在主风向上要求尽可能开阔、宽敞，障碍物尽量少、粗糙度低，对风速影响小。另外，应选择地形比较简单的场址，以利于大规模开发及设备的运输、安装和管理。

第六条　装机规模。

为了降低风电场造价，风电场工程投资中，对外交通以及送出工程等配套工程投资所占比例不宜太大。在风电场规划选址时，应根据风电场地形条件及风况特征，初步拟定风电场规划装机规模，布置拟安装的风力发电机组位置。对风电特许权项目，应尽量选择那些具有较大装机规模的场址。

第七条　工程地质条件。

在风电场选址时，应尽量选择地震烈度小，工程地质和水文地质条件较好的场址。作为风力发电机组基础持力层的岩层或土层应厚度较大、变化较小、土质均匀、承载力能满足风力发电机组基础的要求。

第八条　其它因素。

1. 环境保护要求。

风电场选址时应注意与附近居民、工厂、企事业单位(点)保持适当距离，尽量减少噪声污染；应避开自然保护区、珍稀动植物地区以及候鸟保护区和候鸟迁徙路径等。另外，候选风电场场址内树木应尽量少，以便在建设和施工过程中少砍伐树木。

2. 风电发展原则。

规模开发与分散开发相结合，在“三北”地区（西北、华北和东北）和东部沿海风能资源丰富地区规模化发展，其它地方因地制宜发展。

第三章　工作成果

第九条　风力发电的经济效益取决于风能资源、联网条件、交通运输、地质条件、地形地貌和社会经济等多方面复杂的因素，风电场选址时应按照以上要求对候选风电场进行综合评估，并编写风电场场址选择报告。

附录 B　风力发电场设计技术规范（DL/T 5383—2007）

一、范围

本标准规定了风力发电场设计的基本技术要求。本标准适用于装机容量 5 MW 及以上风力发电场设计。

二、规范性引用文件

GB 50059 35 kV～110 kV 变电所设计规范

GB 50061 66 kV 及以下架空电力线路设计规范

DL/T 5092 110 kV～500 kV 架空送电线路设计技术规程

DL/T 5218 220 kV～500 kV 变电所设计技术规程

三、总则

3.0.1 风力发电场的设计应执行国家的有关政策，符合安全可靠、技术先进和经济合理的要求。

3.0.2 风力发电场的设计应结合工程的中长期发展规划进行，正确处理近期建设与远期发展的关系，考虑后期发展扩建的可能。

3.0.3 风力发电场的设计，必须坚持节约用地的原则。

3.0.4 风力发电场的设计应本着对场区环境保护的原则，减少对地面植被的破坏。

3.0.5 风力发电场的设计应考虑充分利用场区已有的设施，避免重复建设。

3.0.6 风力发电场的设计应本着“节能降耗”的原则，采用先进技术、先进方法，减少损耗。

3.0.7 风力发电场的设计除应执行本规范外，还应符合现行的国家有关标准和规范的规定。

四、风力发电场总体布局

4.0.1 风力发电场总体布局依据：可行性研究报告、接入系统方案、土地征占用批准文件、地质勘测报告、环境影响评价报告、水土保持评价报告及国家、地方、行业有关的法律、法规等技术资料。

4.0.2 风力发电场总体布局设计应由以下部分组成：

1. 风力发电机组的布置。

2. 中央监控室及场区建筑物布置。

3. 升压站布置。

4. 场区集电线路布置。

5. 风力发电机组变电单元布置。

6. 中央监控通信系统布置。

7. 场区道路。

8. 其他防护功能设施(防洪、防雷、防火)。

4.0.3 风力发电场总体布局,应兼顾以下因素:

1. 应避开基本农田、林地、民居、电力线路、天然气管道等限制用地的区域。

2. 风力发电机组的布置应根据机组参数、场区地形与范围、风能分布方向确定,并与本场规划容量、接入系统方案相适应。

3. 升压站、中央监控室及场区建筑物的选址应根据风力发电机组的布置、接入系统的方案、地形、地质、交通、生产、生活和安全要素确定,不宜布置在主导风能分布的下风向或不安全区域内。

4. 场区集电线路的布置应根据风力发电机组的布置,升压站的位置及单回集电线路的输送距离、输送容量、安全距离确定。

5. 风力发电机组变电单元布置依据场区集电线路的形式而不同:采用架空线路时,该单 元应靠近架空线路布置,采用直埋电缆时,该单元应靠近风力发电机组布置,并要保证其安全距离,必要时设置安全防护围栏。

6. 中央监控通信网络布置应根据风力发电机组的布置,中央监控室的位置及通信介质的传送距离、传送容量确定。

7. 场区道路应能满足设备运输、安装和运行维护的要求,并保留可进行大修与吊装的作业面。

8. 场区内道路、场区集电线路、中央监控通信网络、其他防护功能设施之间的布置应满足其相关规程、规范的电磁兼容水平和安全防护的要求。

五、风力发电机组

5.1 风力发电机组布置

5.1.1 风力发电机组在风力发电场内的布置,应根据场地的地形、地貌及场内已有设施的位置综合考虑,充分利用场地范围,选择布置方式。

5.1.2 风力发电机组布置尽量紧凑规则整齐,有一定规律,以方便场内配电系统的布置,减少输电线路的长度。

5.1.3 风力发电机组按照矩阵布置,行必须垂直风能主导方向,同行风力发电机组之间距离不小于 $3D$,行与行之间距离不小于 $5D$,各列风力发电机组之间交错布置。

5.1.4 风力发电机组布置要考虑防洪问题,布置点要躲开洪水流经场地。

5.1.5 风力发电机组距离场内架空线路保证一定的安全距离。主要满足以下方面:

1. 风力发电机组塔架、叶片吊装时的安全距离。

2. 风力发电机组维护时,工作人员从机舱放下的吊装绳索,在风力或其他外力作用下荡起后的安全距离。

3. 风力发电机组正常运行时，不对线路的安全运行造成影响的距离。

5.1.6 风力发电机组作为建筑物，其距场内穿越公路、铁路、煤气石油管线等设施的最小距离，要满足有关国家法律、法规的有关规定。

5.1.7 风力发电机组距有人居住建筑物的最小距离，需满足国家有关噪声对居民影响的法律、法规的有关规定。

5.1.8 风力发电机组布置点要满足机组吊装、运行维护的场地要求。

5.1.9 对拟定的风力发电机组布置方案，需用风力发电场评估软件进行模拟计算，尽量减少尾流影响，进行经济比较，选择最佳方案，标出各风力机地图坐标。

5.2 风力发电机组基础

5.2.1 风力发电机组基础设计内容。

1. 地基的承载能力。

2. 塔身与基础的连接。

3. 基础结构的强度计算。

4. 抗倾覆。

5.2.2 荷载。

1. 荷载分类。

(1)永久荷载。

(a)结构自重：塔架及设备、基础自重。

(b)土压力：基础上部回填土。

(2)可变荷载。

(a)风荷载；

(b)裹冰荷载；

(c)地震作用；

(d)安装检修荷载；

(e)温度变化；

(f)地下水位变化；

(g)地基沉陷；

(h)紧急制动。

(3)偶然荷载、叶片断脱等。

2. 基础结构强度计算。

3. 变形计算。地基变形计算值，不应大于地基变形允许值，主要分为：沉降量、沉降差、倾斜、局部倾斜。

4. 稳定性计算。计算基础受滑动力矩作用时的基础稳定性，用以确定基础距坡顶边缘的距离和基础埋深。

六、风力发电场电气设备及系统

6.1 接入电力系统

6.1.1 接入系统方案设计应从全网出发，合理布局，消除薄弱环节，加强受端主干网络，增强抗事故干扰能力，简化网络结构，降低损耗，并满足以下基本要求：

1. 网络结构应该满足风力发电场规划容量送出的需求，同时兼顾地区电力负荷发展的需要。

2.电能质量应能够满足风力发电场运行的基本标准。

3.节省投资和年运行费用,使年计算费用最小,并考虑分期建设和过渡的方便。

6.1.2 网络的输电容量必须满足各种正常运行方式并兼顾事故运行方式的需要。事故运行方式是在正常运行方式的基础上,综合考虑线路、变压器等设备的单一故障。

6.1.3 选择电压等级应符合国家电压标准,电压损失符合规程要求。

6.2 电气主接线

6.2.1 风力发电场集电线路方案。

1.根据场区现场条件和风力机布局来确定集电线路方案。

2.在条件允许时应对接线方案在以下方面进行比较论证:

(1)运行可靠性;

(2)运行方式灵活度;

(3)维护工作量;

(4)经济性。

3.在设计风力发电场接线上应该满足以下要求:

(1)配电变压器应该能够与电网完全隔离,满足设备的检修需要。

(2)如果是架空线网络,应考虑防雷设施。

(3)接地系统应满足设备和安全的要求。

6.2.2 升压站主接线方式。

1.根据风力发电场的规划容量和区域电网接线方式的要求进行升压站主接线的设计,应该进行多个方案的经济技术比较、分析论证,最终确定升压站电气主接线。

2.选定风力发电场场用电源的接线方式。

3.根据风力发电场的规模和电网要求选定无功补偿方式及无功容量。

4.符合其他相关的国家或行业标准的要求。

5.对于分期建设的风力发电场,说明风力发电场分期建设和过渡方案,以适应分期过渡的要求,同时提出可行的技术方案和措施。

6.对于已有的和扩建的升压站,应校验原有电气设备,并提出改造措施。

6.3 主要电气设备

6.3.1 短路电流计算。

叙述短路电流计算基本资料,列表提出短路电流计算成果,包括短路点、短路点平均电压、短路电流周期分量起始值(有效值)、全电流最大有效值、短路电流冲击值。

6.3.2 主要电气设备选择。

1.在选择电气设备时,可以参考地区电网其他升压站、变电所的电气设备型号和厂商。风电场变电站宜按用户站考虑。

2.根据环境条件、短路容量等要求对电气设备进行选择,提出主要电气设备的型号或形式、规格、数量及主要技术参数。

3.变压器组的选择。

(1)周围环境正常的,宜采用普通变压器组或导电部件进行封闭的变压器组(环境正常系指无爆炸和火灾危险,无腐蚀性气体,无导电尘埃和灰尘少的场所。普通变压器组是指变压器、变台、避雷器、高压熔断器、隔离开关等)。

(2)选择主变压器容量时,考虑风力发电场负荷率较低的实际情况,及风力发电机组的功率因数在1左右,可以选择等于风电场发电容量的主变压器。

4.采用新型设备和新技术时必须进行专门论证。

5.对电力设备大、重件运输及现场组装、吊装等特殊问题作专门说明。

6.4 电气设备布置

6.4.1 一般规定。

1.电气设备布置应适应风力发电场生产的要求,并做到:设备布局和空间利用合理;箱式变压器组、线路等连接短捷、整齐;场区内部电气设备布置紧凑恰当;巡回检查的通道畅通,为风力发电场的安全运行、检修维护创造良好的条件。

2.风力发电场电气设备布置应为运行检修及施工安装人员创造良好的工作环境,场区内的电气设备布置应采取相应的防护措施,符合防触电、防火、防爆、防潮、防尘、防腐、防冻等有关要求。电气设备布置还应为便利施工创造条件。

3.电气设备布置应注意到场区地形、设备特点和施工条件等的影响,合理安排。

4.风力发电场的电气设备的色调应柔和并与风力发电机组保持协调。

5.风力发电场电气设备布置应根据总体规划要求,考虑扩建条件。

6.4.2 电气设备的布置。

1.高压架空集电线路走向应尽量结合风力发电机组排布进行设计,距离风力发电机组塔架应满足本规程5.1.5中的规定。

2.汇流电力电缆、风力发电机组—变压器汇流柜的电力电缆宜采用直埋方式。

3.根据经济技术比较确定箱式变压器组高压集电线路所采用单元集中汇流或分段串接汇流方式。

6.4.3 风力发电机组变压器。

1.普通变压器组距离风力发电机组的距离满足本规程5.1.5中的规定。箱式变压器组距离风力发电机组不应小于10 m。

2.普通变压器组周围应设安全围栏和警示牌,防止人员误入带电区域。

6.5 过电压保护及接地

6.5.1 过电压保护。

1.风力发电场的变压器组及箱式变压器组存在雷电侵入波过电压以及操作过电压,应装设避雷器进行保护。

2.10 kV集电线路或电缆单相接地电容电流大于30 A,35 kV集电线路或电缆单相接地电容电流大于10 A时,均应在变电所装设消弧线圈。

3.在中性点非直接接地的变压器组及箱式变压器组,应防止变压器高、低压绕组间绝缘击穿引起的危险。变压器低压侧的中性线或一个相线上应装设击穿保险器。

4.集电线路的过电压保护按照GB 50061、DL/T 5092的规定执行。

6.5.2 接地。

1.风力发电机组接地电阻应满足风机制造厂对设备接地要求。

2.风力发电机组和变压器组及箱式变压器组使用一个总的接地体时,接地电阻应符合其中最小值的要求。

3.风力发电机组的变压器组及箱式变压器组周围应设置均压带。

4.风力发电机组塔架、控制柜、变压器组及箱式变压器组应接地。

6.6 自动控制及继电保护

6.6.1 风力发电机组的自动控制及继电保护应具备对功率、风速、重要部件的温度、叶轮和发电机转速等信号进行检测判断，出现异常情况（故障）相应的保护动作停机，同时显示已发生的故障名称。

6.6.2 电脑控制器应有历史数据，如历史故障报警内容、发电量和发电时间，应有累加存储功能。

6.6.3 风力发电机组远方集中控制应具有远方操作风力发电机组的功能和一定的风力发电机组数据统计分析功能。

6.7 通信

6.7.1 风力发电场风力发电机组远方集中控制计算机系统应通过通信电缆/光缆连接到每台风力发电机组，实现对每台风力发电机组的监视、控制。监控系统采用分层、分布、开放模式。

6.7.2 风力发电场内通信包括两种设施：风力发电机组与控制室监控主机的数据通信；各风力发电机组之间，风力发电机组塔顶与地面之间，风力发电机组与控制室语音通信。

6.7.3 风力发电机组与监控主机的数据通信，通信速率要满足实时监控的要求。

6.7.4 为保证通信的可靠性，整个风力发电场通信回路可分为若干通信支路，每条通信支路单独带若干台风力发电机组，不相互干扰。

6.7.5 各风力发电机组之间，风力发电机组塔顶与地面之间，风力发电机组与控制室语音，在风力发电场通信距离小于 5 km 时，可选用对讲机或车载台进行通信。

6.7.6 风力发电场内通信电缆/光缆可采用直埋敷设方式，当场内架空线路走向与通信电缆走向相同时，可利用场内架空线路同杆架设方式，以减少电缆沟的施工；电缆宜选用铠装电缆/光缆。

6.7.7 通信设备的工作接地和保护接地，应可靠地接在风力发电场的接地网上。通信电缆的金属外皮和屏蔽层应可靠地接地。

七、风力发电场内建筑物

7.0.1 风力发电场区房屋建筑工程按房屋建筑设计的有关技术要求进行。

7.0.2 风力发电场区房屋建筑设计应考虑当地风力发电场的风荷载及温度变化给建筑物带来的不利影响，设计时考虑以下几个环节：

1. 中央监控室的设置宜便于对风力发电机组的观测。

2. 房屋建筑的朝向布置在设计时宜避开风力发电场的主导风向，以免门窗开启时被损坏。

附录 C　风电发展“十三五”规划

风电技术比较成熟，成本不断下降，是目前应用规模最大的新能源发电方式。发展风电已成为许多国家推进能源转型的核心内容和应对气候变化的重要途径，也是我国深入推进能源生产和消费革命、促进大气污染防治的重要手段。

“十三五”时期是我国推进“四个革命，一个合作”能源发展战略的重要时期。为实现 2020 年和 2030 年非化石能源分别占一次能源消费比重的 15%和 20%的目标，推动能源结构转型升级，促进风电产业持续健康发展，按照《中华人民共和国可再生能源法》要求，根据《能源发展“十三五”规划》和《可再生能源发展“十三五”规划》，制定了风电发展“十三五”规划。

风电发展“十三五”规划明确了2016年至2020年我国风电发展的指导思想、基本原则、发展目标、建设布局、重点任务、创新发展方式及保障措施，是“十三五”时期我国风电发展的重要指南。

一、发展基础和形势

(一)国际形势

随着世界各国对能源安全、生态环境、气候变化等问题日益重视，加快发展风电已成为国际社会推动能源转型发展、应对全球气候变化的普遍共识和一致行动，主要表现在：

(1)风电已在全球范围内实现规模化应用。风电作为应用最广泛和发展最快的发电新能源，已在全球范围内实现大规模开发应用。到2015年底，全球风电累计装机容量达4.32亿千瓦，遍布100多个国家和地区。“十二五”时期，全球风电装机容量新增2.38亿千瓦，年均增长17%，是装机容量增幅最大的新能源发电技术。

(2)风电已成为部分国家新增电力供应的重要组成部分。2000年以来风电占欧洲新增装机容量的30%，2007年以来风电占美国新增装机容量的33%，2015年风电在丹麦、西班牙和德国用电量中的占比分别达到42%、19%和13%。随着全球发展可再生能源的共识不断增强，风电在未来能源电力系统中将发挥更加重要的作用。美国提出到2030年20%的用电量由风电供应，丹麦、德国等国把开发风电作为实现2050年高比例可再生能源发展目标的核心措施。

(3)风电开发利用的经济性显著提升。随着全球范围内风电开发利用技术的不断进步及应用规模的持续扩大，风电开发利用成本在过去五年下降了约30%。巴西、南非、埃及等国家的风电招标电价已低于当地传统化石能源上网电价，美国风电长期协议价格已下降到化石能源电价同等水平，风电开始逐步显现出较强的经济性。

(二)国内形势

1.发展基础

“十二五”期间，全国风电装机规模快速增长，开发布局不断优化，技术水平显著提升，政策体系逐步完善，风电已经从补充能源进入替代能源的发展阶段，突出表现为：

(1)风电成为我国新增电力装机的重要组成部分。“十二五”期间，我国风电新增装机容量连续五年领跑全球，累计新增9800万千瓦，占同期全国新增装机总量的18%，在电源结构中的比重逐年提高。中东部和南方地区的风电开发建设取得积极成效。到2015年底，全国风电并网装机容量达到1.29亿千瓦，年发电量为1863亿千瓦时，占全国总发电量的3.3%，比2010年提高了2.1个百分点。风电已成为我国继煤电、水电之后的第三大电源。

(2)产业技术水平显著提升。风电全产业链基本实现国产化，产业集中度不断提高，多家企业跻身全球前10名。风电设备的技术水平和可靠性不断提高，基本达到世界先进水平，在满足国内市场的同时出口到28个国家和地区。风力发电机组对高海拔、低温、冰冻等特殊环境的适应性和并网友好性显著提升，低风速风电开发技术的经济性明显增强，全国风电技术可开发资源量大幅度增加。

(3)行业管理和政策体系逐步完善。“十二五”期间，我国基本建立了较为完善的促进风电产业发展的行业管理和政策体系，出台了风电项目开发、建设、并网、运行管理及信息监管等各关键环节的管理规定和技术要求，简化了风电开发建设管理流程，完善了风电技术标准体系，开展了风电设备整机及关键零部件形式认证，建立了风电产业信息监测和评价体系，基本形成了规范、公平、完善的风电行业政策环境，保障了风电产业的持续健康发展。

2. 面临的形势与挑战

为实现2020年和2030年非化石能源占一次能源消费比重的15%和20%的目标，促进能源转型，我国必须加快推动风电等可再生能源产业发展。但随着应用规模的不断扩大，风电发展也面临着不少新的挑战，突出表现为：

(1)现有的电力运行管理机制不适应大规模风电并网的需要。我国大量煤电机组发电计划和开机方式的核定不科学，辅助服务激励政策不到位，省间联络线计划制定和考核机制不合理，跨省区补偿调节能力不能充分发挥，需求侧响应能力受到刚性电价政策的制约，多种因素导致系统消纳风电等新能源的能力未有效挖掘，局部地区风电消纳受限问题突出。

(2)经济性仍是制约风电发展的重要因素。与传统的化石能源电力相比，风电的发电成本仍比较高，补贴需求和政策依赖性较强，行业发展受政策变动影响较大。同时，反映化石能源环境成本的价格和税收机制尚未建立，风电等清洁能源的环境效益无法得到体现。

(3)支持风电发展的政策和市场环境尚需进一步完善。风电开发地方保护问题较为突出，部分地区对风电"重建设、轻利用"，对优先发展可再生能源的政策落实不到位，设备质量管理体系尚不完善，产业优胜劣汰机制尚未建立，产业集中度有待进一步提高，低水平设备仍占较大市场份额。

二、指导思想和基本原则

(一)指导思想

全面贯彻党的十八大和十八届三中、四中、五中、六中全会精神，落实创新、协调、绿色、开放、共享的发展理念，遵循习近平总书记能源发展战略思想，坚持清洁低碳、安全高效的发展方针，顺应全球能源转型大趋势，不断完善促进风电产业发展的政策措施，尽快建立适应风电规模化发展和高效利用的体制机制，加强对风电全额保障性收购的监管，积极推动技术进步，不断提高风电的经济性，持续增加风电在能源消费中的比重，实现风电从补充能源向替代能源的转变。

(二)基本原则

坚持消纳优先，加强就地利用。把风电在能源消费中的比重作为指导各地区能源发展的重要约束性指标，把风电消纳利用水平作为风电开发建设管理的基本依据。坚持集中开发与分散利用并举的原则，优化风电建设布局，大力推动风电就地和就近利用。

坚持推进改革，完善体制机制。把促进风电等新能源发展作为电力市场化改革的重要内容，建立公平竞争的电力市场和节能低碳的调度机制。完善和创新市场交易机制，支持通过直接交易和科学调度实现风电多发满发。完善政府公益性、调节性服务功能，确保风电依照规划实现全额保障性收购。

坚持创新发展，推动技术进步。把加强产业创新能力作为引导风电规模化发展的主要方向，鼓励企业提升自主研发能力，完善和升级产业链，推动关键技术创新，促进度电成本快速下降，提高风电产品的市场竞争力。完善风电产业管理和运行维护体系，提高全过程专业化服务能力。

坚持市场导向，促进优胜劣汰。充分发挥市场配置资源的决定性作用，鼓励以竞争性方式配置资源。严格风电产品市场准入标准，完善工程质量监督管理体系，加强产品检测认证与技术检测监督，推广先进技术，淘汰落后产能，建立公开、公平、公正的市场环境。

坚持开放合作，开拓国际市场。加强风电产业多种形式的国际合作，推动形成具有全球竞争力的风电产业集群。大力支持和鼓励我国风电设备制造和开发企业开拓国际风电市场，促进我国风电产业在全球能源治理体系中发挥重要作用。

三、发展目标和建设布局

（一）发展目标

总量目标：到 2020 年底，风电累计并网装机容量确保达到 2.1 亿千瓦以上，其中海上风电累计并网装机容量达到 500 万千瓦以上；风电年发电量确保达到 4200 亿千瓦时，约占全国总发电量的 6%。

消纳利用目标：到 2020 年，有效解决弃风问题，“三北”地区全面达到最低保障性收购利用小时数的要求。

产业发展目标：风电设备制造水平和研发能力不断提高，3～5 家设备制造企业全面达到国际先进水平，市场份额明显提升。

（二）建设布局

根据我国风电开发建设的资源特点和并网运行现状，“十三五”时期风电主要布局原则如下：

1. 加快开发中东部和南方地区陆上风能资源

按照“就近接入、本地消纳”的原则，发挥风能资源分布广泛和应用灵活的特点，在做好环境保护、水土保持和植被恢复工作的基础上，加快中东部和南方地区陆上风能资源规模化开发。结合电网布局和农村电网改造升级，考虑资源、土地、交通运输以及施工安装等建设条件，因地制宜推动接入低压配电网的分散式风电开发建设，推动风电与其他分布式能源融合发展。

到 2020 年，中东部和南方地区陆上风电新增并网装机容量 4200 万千瓦以上，累计并网装机容量达到 7000 万千瓦以上。为确保完成非化石能源比重目标，相关省（区、市）制定本地区风电发展规划不应低于规划确定的发展目标（见附表 C-1）。在确保消纳的基础上，鼓励各省（区、市）进一步扩大风电发展规模，鼓励风电占比较低、运行情况良好的地区积极接受外来风电。

附表 C-1　2020 年中东部和南方地区陆地风电发展目标

片　区	地　区	风电累计并网容量（单位：万千瓦）
华东	上海市	50
	江苏省	650
	浙江省	300
	安徽省	350
	福建省	300
	华东合计	1650

续表

片　　区	地　　区	风电累计并网容量(单位:万千瓦)
华中	江西省	300
	河南省	600
	湖北省	500
	湖南省	600
	重庆市	50
	四川省	500
	西藏自治区	20
	华中合计	2570
南方	贵州省	600
	云南省	1200
	广东省	600
	广西壮族自治区	350
	海南省	30
	南方合计	2780
中东部和南方地区合计陆地风电累计并网容量		7000

2. 有序推进“三北”地区风电就地消纳利用

弃风问题严重的省(区),“十三五”期间重点解决存量风电项目的消纳问题。风电占比较低、运行情况良好的省(区、市),有序新增风电开发和就地消纳规模。

到 2020 年,“三北”地区在基本解决弃风问题的基础上,通过促进就地消纳和利用现有通道外送,新增风电并网装机容量 3500 万千瓦左右,累计并网容量达到 1.35 亿千瓦左右。

相关省(区、市)在风电利用小时数未达到最低保障性收购小时数之前,并网规模不宜突破规划确定的发展目标(见附表 C-2)。

附表 C-2　2020 年“三北”地区陆地风电发展目标

片　　区	地　　区	风电累计并网容量(单位:万千瓦)
华北	北京市	50
	天津市	100
	河北省	1800
	山西省	900
	山东省	1200
	蒙西地区	1700
	华北合计	5750

续表

片区	地区	风电累计并网容量(单位:万千瓦)
东北	辽宁省	800
	吉林省	500
	黑龙江省	600
	蒙东地区	1000
	东北合计	2900
西北	陕西省	550
	甘肃省	1400
	青海省	200
	宁夏回族自治区	900
	新疆维吾尔自治区(含兵团)	1800
	西北合计	4850
“三北”地区合计陆地风电累计并网容量		13 500

3. 利用跨省跨区输电通道优化资源配置

借助“三北”地区已开工建设和已规划的跨省跨区输电通道,统筹优化风、光、火等各类电源配置方案,有效扩大“三北”地区风电开发规模和消纳市场。

“十三五”期间,有序推进“三北”地区风电跨省跨区消纳 4000 万千瓦(含存量项目)。利用通道送出的风电项目在开工建设之前,需落实消纳市场并明确线路的调度运行方案(见附表 C-3)。

附表 C-3 “十三五”期间“三北”地区跨省跨区外送风电基地规划(含存量项目)

地区	风电基地	依托的外送输电通道	开发范围
内蒙古	锡盟北部风电基地	锡盟-泰州特高压直流输电工程	锡盟地区
	锡盟南部风电基地	锡盟-山东特高压交流输电工程	锡盟地区
	鄂尔多斯东部周边风电基地	蒙西-天津南特高压交流输电工程	蒙西地区
	鄂尔多斯西部周边风电基地	上海庙-山东特高压直流输电工程	蒙西地区
	通辽风电基地	扎鲁特-山东特高压直流输电工程	东北地区
山西	晋北风电基地	山西-江苏特高压直流输电工程	大同、忻州、朔州
甘肃	酒泉风电基地二期	酒泉-湖南特高压直流输电工程	酒泉
宁夏	宁夏风电基地	宁东-浙江特高压直流输电工程	宁夏
新疆	准东风电基地	准东-皖南特高压直流输电工程	准东

4. 积极稳妥推进海上风电建设

重点推动江苏、浙江、福建、广东等省的海上风电建设,到 2020 年这四省海上风电开工建设规模均达到百万千瓦以上。积极推动天津、河北、上海、海南等省(市)的海上风电建设。探索性推进辽宁、山东、广西等省(区)的海上风电项目。到2020年,全国海上风电开工建设规模达到1000万千瓦,力争累计并网容量达到500万千瓦以上(见附表C-4)。

附表 C-4　2020 年全国海上风电开发布局

序　　号	地　　区	累计并网容量(单位:万千瓦)	开工规模(单位:万千瓦)
1	天津市	10	20
2	辽宁省	—	10
3	河北省	—	50
4	江苏省	300	450
5	浙江省	30	100
6	上海市	30	40
7	福建省	90	200
8	广东省	30	100
9	海南省	10	35
合计		500	1005

四、重点任务

(一)有效解决风电消纳问题

通过加强电网建设、提高调峰能力、优化调度运行等措施,充分挖掘系统消纳风电能力,促进区域内部统筹消纳以及跨省跨区消纳,切实有效解决风电消纳问题(见附表C-5)。

附表 C-5　“十三五”期间促进风电消纳的重点措施

地　　区	重点措施
华北	(1)京津冀蒙统筹规划、协调运行,加强内蒙古与京津冀联网,实现河北风电、内蒙古风电在区域内统筹消纳。 (2)结合大气污染防治,积极推动电能替代。 (3)大力推进需求侧响应和管理,提高智能化调度水平。 (4)实现特高压外送通道配套风电和煤电协调运行,保障外送风电高效消纳
东北	(1)进行供热机组深度调峰技术改造,提高供热机组调峰能力。 (2)积极推进电能替代,增加用电负荷。 (3)补强吉林、辽宁电网局部薄弱环节,解决风电送出受限问题
西北	(1)推进自备电厂参与系统调峰等辅助服务。 (2)充分发挥西北五省(区)之间水火风光互补互济效益,优化联络线运行和考核方式。 (3)加强甘肃酒泉等地区电网建设,提高风电输送能力。 (4)实现特高压外送通道配套风电和煤电协调运行,保障外送风电高效消纳

合理规划电网结构,补强电网薄弱环节。电网企业要根据《电力发展“十三五”规划》,重点加强风电项目集中地区的配套电网规划和建设,有针对性地对重要送出断面、风电汇集站、枢纽变电站进行补强和增容扩建,逐步完善和加强配电网和主网架结构,有效减少因局部电网送出能力、变电容量不足导致的大面积弃风限电现象。加快推动配套外送风电的重点跨省跨区特高

压输电通道建设，确保按期投产。

充分挖掘系统调峰潜力，提高系统运行灵活性。加快提升常规煤电机组和供热机组运行灵活性，通过技术改造、加强管理和辅助服务政策激励，增大煤电机组调峰深度，尽快明确自备电厂的调峰义务和实施办法，推进燃煤自备电厂参与调峰，重视并推进燃气机组调峰，着力化解冬季供暖期风电与热电联产机组的运行矛盾。加强需求侧管理和响应体系建设，开展和推广可中断负荷试点，不断提升系统就近就地消纳风电的能力。

优化调度运行管理，充分发挥系统接纳风电潜力。修订完善电力调度技术规范，提高风电功率预测精度，推动风电参与电力电量平衡。合理安排常规电源开机规模和发电计划，逐步缩减煤电发电计划，为风电预留充足的电量空间。在保证系统安全的情况下，将风电充分纳入网调、省调的年度运行计划。加强区域内统筹协调，优化省间联络线计划和考核方式，充分利用省间调峰资源，推进区域内风电资源优化配置。充分利用跨省跨区输电通道，通过市场化方式最大限度地提高风电外送电量，促进风电跨省跨区消纳。

(二)提升中东部和南方地区风电开发利用水平

重视中东部和南方地区风电发展，将中东部和南方地区作为我国“十三五”期间风电持续规模化开发的重要增量市场。

做好风电发展规划。将风电作为推动中东部和南方地区能源转型和节能减排的重要力量，以及带动当地经济社会发展的重要措施。根据各省(区、市)资源条件、能耗水平和可再生能源发展引导目标，按照“本地开发、就近消纳”的原则编制风电发展规划。落实规划内项目的电网接入、市场消纳、土地使用等建设条件，做好年度开发建设规模的分解工作，确保风电快速有序开发建设。

完善风电开发政策环境。创新风电发展体制机制，因地制宜出台支持政策措施。简化风电项目核准支持性文件，制定风电与林地、土地协调发展的支持性政策，提高风电开发利用效率。建立健全风电项目投资准入政策，保障风电开发建设秩序。鼓励企业自主创新，加快推动技术进步和成本降低，在设备选型、安装台数方面给予企业充分的自主权。

提高风电开发技术水平。加强风能资源勘测和评价，提高微观选址技术水平，针对不同的资源条件，研究采用不同的机型、塔筒高度以及控制策略的设计方案，加强设备选型研究，探索同一风电场因地制宜安装不同类型机组的混排方案。

在可研设计阶段推广应用主机厂商带方案招投标。推动低风速风电技术进步，因地制宜推进常规风电、低风速风电开发建设。

(三)推动技术自主创新和产业体系建设

不断提高自主创新能力，加强产业服务体系建设，推动产业技术进步，提升风电发展质量，全面建成具有世界先进水平的风电技术研发和设备制造体系。

促进产业技术自主创新。加强大数据、3D打印等智能制造技术的应用，全面提升风力发电机组性能和智能化水平。突破10兆瓦级大容量风力发电机组及关键部件的设计制造技术。掌握风力发电机组的降载优化、智能诊断、故障自恢复技术，掌握基于物联网、云计算和大数据分析的风电场智能化运行维护技术，掌握风电场多机组、风电场群的协同控制技术。突破近海风电场设计和建设成套关键技术，掌握海上风力发电机组基础一体化设计技术并开展应用示范。鼓励企业利用新技术，降低运行管理成本，提高存量资产运行效率，增强市场竞争力。

加强公共技术平台建设。建设全国风资源公共服务平台，提供高分辨率的风资源数据。建设近海海上试验风电场，为新型机组开发及优化提供试验场地和野外试验条件。建设10兆瓦级风力发电机组传动链地面测试平台，为新型机组开发及性能优化提供检测认证和技术研发的保障，切实提高公共技术平台服务水平。

推进产业服务体系建设。优化咨询服务业，鼓励通过市场竞争提高咨询服务质量。积极发展运行维护、技术改造、电力电量交易等专业化服务，做好市场管理与规则建设。创新运营模式与管理手段，充分共享行业服务资源。建立全国风电技术培训及人才培养基地，为风电从业人员提供技能培训和资质能力鉴定，与企业、高校、研究机构联合开展人才培养，健全产业服务体系。

(四)完善风电行业管理体系

深入落实简政放权的总体要求，继续完善风电行业管理体系，建立保障风电产业持续健康发展的政策体系和管理机制。

加强政府管理和协调。加快建立能源、国土、林业、环保、海洋等政府部门间的协调运行机制，明确政府部门管理职责和审批环节手续流程，为风电项目健康有序开发提供良好的市场环境。完善分散式风电项目管理办法，出台退役风机置换管理办法。

完善海上风电产业政策。开展海上风能资源勘测和评价，完善沿海各省(区、市)海上风电发展规划。加快海上风电项目建设进度，鼓励沿海各省(区、市)和主要开发企业建设海上风电示范项目。规范精简项目核准手续，完善海上风电价格政策。加强标准和规程制定、设备检测认证、信息监测工作，形成覆盖全产业链的成熟的设备制造和建设施工技术标准体系。

全面实现行业信息化管理。结合国家简政放权要求，完善对风电建设期和运行期的事中事后监管，加强对风电工程、设备质量和运行情况的监管。应用大数据、“互联网＋”等信息技术，建立健全风电全生命周期信息监测体系，全面实现风电行业信息化管理。

(五)建立优胜劣汰的市场竞争机制

发挥市场在资源配置中的决定性作用，加快推动政府职能转变，建立公平有序、优胜劣汰的市场竞争环境，促进行业健康发展。

加强政府监管。规范地方政府行为，纠正“资源换产业”等不正当行政干预。规范风电项目投资开发秩序，杜绝企业违规买卖核准文件、擅自变更投资主体等行为，建立企业不良行为记录制度、负面清单等管理制度，形成市场淘汰机制。

构建公平、公正、公开的招标采购市场环境，杜绝有失公允的关联交易，及时纠正违反公平原则、扰乱市场秩序的行为。

强化质量监督。建立覆盖设计、生产、运行全过程的质量监督管理机制。充分发挥行业协会的作用，完善风力发电机组运行质量监测评价体系，定期开展风力发电机组运行情况综合评价。落实风电场重大事故上报、分析评价及共性故障预警制度，定期发布风力发电机组运行质量负面清单。充分发挥市场调节作用，有效进行资源整合，鼓励风电设备制造企业兼并重组，提高市场集中度。

完善标准检测认证体系。进一步完善风电标准体系，制定和修订风力发电机组、风电场、辅助运行维护设备的测试与评价标准，完善风力发电机组关键零部件、施工装备、工程技术，以及风电场运行、维护、安全等标准。加强检测认证能力建设，开展风力发电机组项目认证，推动检测认证结果与信用建设体系的衔接。

(六)加强国际合作

紧密结合“一带一路”倡议及国际多边、双边合作机制，把握全球风电产业发展大势和国际市场深度合作的窗口期，有序推进我国风电产业国际化发展。

稳步开拓国际风电市场。充分发挥我国风电设备和开发企业的竞争优势，深入对接国际需求，稳步开拓北非、中亚、东欧、南美等新兴市场，巩固和深耕北美、澳洲、欧洲等传统市场，鼓励采取贸易、投资、园区建设、技术合作等多种方式，推动风电产业领域的咨询、设计、总承包、装备、运营等企业整体走出去。提升融资、信保等服务保障，形成多家具有国际竞争力和市场开拓能力的风电设备骨干企业。

加强国际品牌建设。坚持市场导向和商业运作原则，加强质量信用，建立健全风电产品出口规范体系，包括质量监测和安全生产体系、海外投资项目的投资规范管理体系等。

严格控制出口风电设备的质量，促进开发企业和设备制造企业加强国际品牌建设，塑造我国风电设备质量优异、服务到位的良好市场形象。

积极参与国际标准体系建设。鼓励国内风电设计、建设、运行维护和检测认证机构积极参与国际标准制定和修订工作。鼓励与境外企业和相关机构开展技术交流合作，增强技术标准的交流合作与互认，推动我国风电认证的国际采信。积极运用国际多边互认机制，深度参与可再生能源认证互认体系合格评定标准、规则的制定、实施和评估，提升我国在国际认证、认可、检测等领域的话语权。

积极促进国际技术合作。在已建立的政府双边合作关系基础上，进一步深化技术合作，建立新型政府间、民间的双边、多边合作伙伴关系。鼓励开展国家级风电公共实验室国际合作，在大型公共风电数据库建设等方面建立互信与共享。

鼓励国内企业设立海外研发分支机构，联合国外机构开展基础科学研究，支持成立企业间风电技术专项国际合作项目。做好国际风电技术合作间的知识产权工作。

（七）发挥金融对风电产业的支持作用

积极促进风电产业与金融体系的融合，提升行业风险防控水平，鼓励企业降低发展成本。

完善保险服务体系，提升风电行业风险防控水平。建立健全风电保险基础数据库与行业信息共享平台，制定风电设备、风电场风险评级标准规范，定期发布行业风险评估报告，推动风电设备和风电场投保费率差异化。建立覆盖风电设备及项目全过程的保险产品体系。创新保险服务模式，鼓励风电设备制造企业联合投保。鼓励保险公司以共保体、设立优先赔付基金的方式开展保险服务，探索成立面向风电设备质量的专业性相互保险组织。推进保险公司积极采信第三方专业机构的评价结果，在全行业推广用保函替代质量保证金。

创新融资模式，降低融资成本。鼓励企业通过多元化的金融手段，积极利用低成本资金降低融资成本。将风电项目纳入国家基础设施建设鼓励目录。鼓励金融机构发行绿色债券，鼓励政策性银行以较低利率等方式加大对风电产业的支持，鼓励商业银行推进项目融资模式。鼓励风电企业利用公开发行上市、绿色债券、资产证券化、融资租赁、供应链金融等金融工具，探索基于互联网和大数据的新兴融资模式。

积极参与碳交易市场，增加风电项目经济收益。充分认识碳交易市场对风电等清洁能源行业的积极作用，重视碳资产管理工作，按照规定积极进行项目注册和碳减排量交易。

完善绿色证书交易平台建设，推动实施绿色电力证书交易，并做好与全国碳交易市场的衔接协调。

五、创新发展方式

(一)开展省内风电高比例消纳示范

在蒙西等一批地区,开展规划建设、调度运行、政策机制等方面创新实践,推动以风电为主的新能源消纳示范省(区)建设。制定明确的风电等新能源的利用目标,开展风电高比例消纳示范,着力提高新能源在示范省(区)内能源消费中的比重。推动实施电能替代,加强城市配电网与农村电网建设与改造,提高风电等清洁能源的消纳能力,在示范省(区)内推动建立以清洁能源为主的现代能源体系。

(二)促进区域风电协同消纳

在京津冀周边区域,结合大气污染防治工作以及可再生能源电力消费比重目标,开展区域风电协同消纳机制创新。

研究适应大规模风电受入的区域电网加强方案。研究建立灵活的风电跨省跨区交易结算机制和辅助服务共享机制。统筹送受端调峰资源为外送风电调峰,推动张家口、承德、乌兰察布、赤峰、锡盟、包头等地区的风电有序开发和统筹消纳,提高区域内风电消纳水平与比重。

(三)推动风电与水电等可再生能源互补利用

在四川、云南、贵州等地区,发挥风电与水电的季节性、时段性互补特性,开展风电与水电等可再生能源综合互补利用示范,探索风水互补消纳方式,实现风水互补协调运行。

借助水电外送通道,重点推进凉山州、雅砻江、金沙江、澜沧江、乌江、北盘江等地区与流域的风(光)水联合运行基地规划建设,优化风电与水电打捆外送方式。结合电力市场化改革,完善丰枯电价、峰谷电价及分时电价机制,鼓励风电与水电共同参与外送电市场化竞价。

(四)拓展风电就地利用方式

在北方地区大力推广风电清洁供暖,统筹电蓄热供暖设施及热力管网的规划建设,优先解决存量风电消纳需求。因地制宜地推广风电与地热及低温热源结合的绿色综合供暖系统。开展风电制氢、风电淡化海水等新型就地消纳示范。结合输配电价改革和售电侧改革,积极探索适合分布式风电的市场资源组织形式、盈利模式与经营管理模式。推动风电的分布式发展和应用,探索微电网形式的风电资源利用方式,推进风光储互补的新能源微电网建设。

六、保障措施

(一)完善年度开发方案管理机制

结合简政放权有关要求,鼓励以市场化方式配置风能资源。对风电发展较好、不存在限电问题的地区放开陆地风电年度建设规模指标,对完成海上风电规划的地区放开海上风电年度建设规模指标。结合规划落实、运行消纳等情况,滚动调整风电发展规划。

(二)落实全额保障性收购制度

结合电力体制改革,督促各地按照《中华人民共和国可再生能源法》和《可再生能源发电全额保障性收购管理办法》的要求,严格落实可再生能源全额保障性收购制度,确保规划内的风电项目优先发电。在保障电力系统安全稳定运行以外的情况下,若因化石能源发电挤占消纳空间和线路输电容量而导致风电限电,由相应的化石能源发电企业进行补偿。

(三)加强运行消纳情况监管

加强对风电调度运行和消纳情况的监管,完善信息监测体系,定期发布风电运行消纳数据。由国家能源局及派出机构定期开展弃风限电问题专项监管,及时发布监管报告,督促有关部门和企业限期整改。建立风电产业发展预警机制,对弃风限电问题突出、无法完成最低保障性收购小时数的地区,实施一票否决制度,不再新增风电并网规模。

(四)创新价格及补贴机制

结合电力市场化改革,逐步改变目前基于分区域标杆电价的风电定价模式,鼓励风电参与市场竞争,建立市场竞价基础上固定补贴的价格机制,促进风电技术进步和成本下降。

适时启动实施可再生能源发电配额考核和绿色电力证书交易制度,逐步建立市场化的补贴机制。

七、规划实施效果

(一)投资估算

“十三五”期间,风电新增装机容量 8000 万千瓦以上,其中海上风电新增装机容量 400 万千瓦以上。按照陆地风电投资 7800 元/千瓦、海上风电投资 16 000 元/千瓦测算,“十三五”期间风电建设总投资将达到 7000 亿元以上。

(二)环境社会效益

(1)2020 年,全国风电年发电量将达到 4200 亿千瓦时,约占全国总发电量的 6%,为实现非化石能源占一次能源消费比重达到 15%的目标提供重要支撑。

(2)按 2020 年风电发电量测算,相当于每年节约 1.5 亿吨标准煤,减少排放二氧化碳 3.8 亿吨,二氧化硫 130 万吨,氮氧化物 110 万吨,对减轻大气污染和控制温室气体排放起到重要作用。

(3)“十三五”期间,风电带动相关产业发展的能力显著增强,就业规模不断增加,新增就业人数 30 万人左右。到 2020 年,风电产业从业人数达到 80 万人左右。

参考文献 CANKAOWENXIAN

[1]王承煦,张源.风力发电[M].北京:中国电力出版社,2003.

[2]卢为平.风力发电基础[M].北京:化学工业出版社,2011.

[3]王亚荣,耿春景,邵联合,等.风力发电技术[M].北京:中国电力出版社,2012.

[4]何道清,何涛,丁宏林.太阳能光伏发电系统原理与应用技术[M].北京:化学工业出版社,2012.

[5]姚兴佳,宋俊.风力发电机组原理与应用[M].3版.北京:机械工业出版社,2017.

[6]叶杭冶.风力发电机组的控制技术[M].3版.北京:机械工业出版社,2015.

[7]王建录,赵萍,林志民,等.风能与风力发电技术[M].3版.北京:化学工业出版社,2015.

[8]刘靖.光伏技术应用[M].2版.北京:化学工业出版社,2016.